욕망과 상상의 과학사

욕망과 상상의 과학사

인간, 사회, 과학기술, 우주

조수남 지음

생각의힘

차례

내가 연구하는 분야는 과학기술사다. 그동안 과학기술사를 공부하면서 과학기술을 바라보는 나의 관점은 근본적으로 바뀌었다. 예전에는 과학기술이 그 자체의 논리를 통해 발전하는 객관적이고 보편적인 산물이라고 여겼다면, 이제는 과학기술 역시 다른 것들처럼 당시의 정치적, 경제적, 혹은 종교적인 맥락 속에서 사회와 치열하게 상호작용하면서 발전해 온 것임을 깨닫는다.

이 과정에서 역사 속의 과학자나 기술자들에 대한 생각도 완전히 바뀌었다. 오늘날 우리가 과학자나 기술자로 알고 있는 19세기 이전의 인물들은 당시에는 수학자나 신학자, 의사, 군인, 법학자, 철학자 혹은 예술가이기도 했다. 그들은 자신의 업적과 관련된 특정한 분야만을 연구하지 않았다. 그들은 다양한 분야의 사람들과 교류하고 또 논쟁하면서 자신의 생각을 정리하고 발전시켜 나갔다. 과학이 전문

직업화되기 시작한 19세기 이후에도 과학자·기술자들의 연구는 사회와 무관하지 않았다. 그들의 연구는 사회에 변화를 가져왔고, 다양한 부문에서 상상을 자극했으며, 그것에 적극적으로나 부정적으로 반응했던 다양한 이들과 활발하게 상호작용했다. 그와 함께 때로는 비윤리적이거나 이후 사회에 치명적일 수 있는 것들에 대한 욕망이 자라났다. 오늘날 우리가 알고 있는 과학기술은 바로 이러한 과정을 통해 탄생했다. 과학기술은 다양한 관심과 생각 그리고 복잡한 사회적 논쟁과 욕망이 얽히면서 구성된 '역사적' 산물인 것이다.

이렇기에 과학기술은 상아탑 아래에만 갇혀 있지 않았다. 과학기술과 관련된 주제들은 사회의 각 부문에서 활발하게 다루어졌고, 다양한 방식으로 표출되었다. 그것은 때로 커피하우스나 연극 공연장, 혹은 대중 강연장 등에서 논의되기도 했고, 소설이나 연극, 영화, 발레, 오페라, 회화, 풍자화, 사진, 음악 등을 통해 새롭게 창조되기도 했다. 너무나 전문적으로 보이는 과학기술의 주제들이 과학자나 기술자의 영역만이 아닌 대중문화의 영역에서도 활발하게 다루어졌다는 사실이 놀랍게 여겨질 수도 있을 것이다. 그러나 그것은 보편적이며 예외 없는 현상이었다.

현재의 과학기술은 2,000년이 넘는 세월 동안 다양한 창조와 변형을 통해 서서히 지금의 모습으로 발전한 결과이다. 따라서 현재의 과학기술과 그것을 둘러싼 사회를 제대로 이해하기 위해서는 과학기술이 현재의 모습으로 발전하기까지의 과정을 살펴볼 필요가 있다. 그럴 때 그 과학기술의 성격은 어떻게 변화해 왔고, 사회와 어떻게 상호작용해 왔으며, 또한 지금의 모습으로 발전한 까닭은 무엇인지를 이해할 수 있는 것이다. 이때, 과학기술과 사회에 대한 이해가 더 풍성해지고 새로워질 수 있음은 물론이다.

이 책에서 나는 역사적으로 과학기술이 다양한 상상과 욕망을 불러일으키며 사회의 각 주체들과 만나 활발하게 상호작용해 왔던 장면들을 포착하고자 했다. 그리고 다양한 주체들의 상상과 욕망에 주목하되, 되도록 광범한 내용들을 포괄하고자 편의상 인간, 사회, 과학기술 그리고 우주라는 카테고리로 나누어 다양한 과학기술적 주제들을 다루었다. 각각의 카테고리에는 그 당시는 물론이고 현재까지도 의미 있는 논점들을 제공하며 동시에 다양한 대중문화 장르들을 통해 활발하게 작품화되고 재해석되는 주제들을 담고자 노력했다. 대중문화라는 창을 통해 과학기술의 주제들을 바라볼 때, 서양 문명에서의 과학기술의 발전 및 그 사회적 의미를 더 잘 이해할 수 있기 때문이다.

이를 조금 더 구체적으로 살펴보면, 우선 첫 번째 '인간'이라는 카테고리의 경우, 크게 인간과 기계 및 몸과 마음이라는 주제와 생명 창조를 둘러싼 욕망과 그 결과라는 주제로 구성하였다. 근대에 들어 인간은 자신의 이성에 대한 자신감에 충만하여 피조물의 위치에 만족하지 않고, 신의 자리를 넘보기 시작했다. 인간은, 신이 인간을 창조했듯, 새로운 인간을 창조하려는 욕망에 사로잡혔던 것이다. 처음에 그것은 인간을 닮은 기계를 만드는 것으로, 곧이어 죽은 인간의 시체에 생명을 불어 넣어 다시 인간을 재창조하려는 욕망으로 이어졌다. 전자가 근대의 로봇이라 할 수 있는 '자동인형automata'을 통해 시도되었다면, 후자는 대표적으로 소설 『프랑켄슈타인』에 반영되었다고 할 수 있을 것이다.

　현재에도 여전히 진행형인 이 주제들은 그동안 서양 대중문화를 통해 활발하게 논의되어 왔다. 우선, 시계 기술 및 기계 철학의 발전 등을 통해 나타났던 자동인형은 소설, 영화, 발레, 오페라 등을 통해 다양한 방식으로 재해석되고 재창조되어 왔다. 마찬가지로, 전기 및 생리학 연구의 연장선 위에서 발전한 프랑켄슈타인식 생명 창조 역시 소설, 영화, 드라마, 연극, 뮤지컬 등을 통해 계속해서 창조적으로 재해석되고 있다. 이 주제들은 장기 이식이나 인공지능 기술 등이 논의되고 있는 현재에도 여전히 유의미한 문제들과 생각거리들을 제공해준다. 인간을 닮은 자동인형과 프랑켄슈타인식 생명 창조를 둘러싼 과학사의 논의들은 인간에 관한 과학기술에 대해 진지하게 다시 고민해보는 시간을 선사할 것이다.

　두 번째 카테고리에서는 과학기술이 만드는 사회와 사회가 만드는 과학기술이라는 주제로 과학기술과 사회 사이의 관계에 대해 살펴볼 것이다. 서양 근대는 정치, 경제, 종교적 측면에서 매우 혼란스러운 시기를 겪었다. 그러나 이 시기에 과학기술은 그 어느 때보다도 놀라운 발전을 이루었다. 그러다 보니 이 시기 과학기술은 근대 사회에 새로운 해방의 도구 및 모범의 전형으로 기능했다. 열악한 시대적 상황에서 나타난 과학기술적 성과들은 새로운 발전을 통한 과학기술적 유토피아를 꿈꾸게 했다. 그리고 새로운 과학기술적 방법은 시대적 논쟁 속에서 일종의 대안적인 방법론으로 기능했다. 전자가 베이컨의 『새로운 아틀란티스』에서 드러나듯 과학기술적 유토피아에 대한 상상으로 나타났다면, 후자는 17세기 보일과 홉스의 공기 펌프 논쟁에서 드러나듯 과학기술의 실험적 방법론이 근대 사회의 정치적, 종교적 논쟁을 둘러싼 개별 주체들의 욕망과 갈등 속에서 발전한 역사적인 산물임을 보여준다.

세 번째 카테고리는 과학기술 그 자체인데, 여기에서 다룰 과학기술은 교통 기술과 원자폭탄이다. 19세기 이후 과학기술의 영향은 보다 광범하고 때로는 매우 치명적인 것으로 발전해 갔다. 당시 기차나 자동차는 다른 어떤 기술보다도 사람들의 일상을 변화시키는 데 주요한 역할을 했다. 그것이 만들어낸 선로나 고속도로 등은 거주 공간을 나누고 관통했으며, 사람들의 삶과 인식에 분명한 영향을 미쳤다. 그 결과, 당시의 풍경화나 풍자화 그리고 사진 등에는 그러한 변화가 인상적으로 포착되었다. 시간이 흐르면서 그러한 과학기술적 변화에는, 가령 모제스의 뉴욕 고속도로 계획이나 미국 교외의 독특한 발전에서 드러나듯, 인종주의적 욕망이나 부르주아적 삶을 향한 열망 등이 각인되었다. 기차와 자동차가 남긴 물리적 흔적은 매우 광범하고 지속적이며, 교통 기술은 사회가 지속되는 한 꾸준히 논란을 일으킬 가능성이 크다.

또한, 원자폭탄만큼 사람들의 뇌리에 두려움을 각인시킨 과학기술도 없을 것이다. 독특한 시대적 욕망 속에서 창조된 원자폭탄은 그것의 개발자는 물론이고, 원자폭탄 이후를 살아간 이들 사이에서 큰 논란을 불러 일으켰다. 전쟁은 끝났지만 원자폭탄을 개발했던 과학자들의 고뇌는 끝나지 않았고, 그들의 삶에 각기 다양한 방식으로 자국을 남겼다. 그 자국은 영화, 드라마, 연극, 오페라와 같은 다양한 대중문화 장르를 통해 활발하게 작품화되었고, 사회적으로도 큰 반향을 불러 일으켰다.

그런데, 과학자들 사이에서 원자폭탄에 관한 논의가 치열하게 전개되던 와중에도 원자폭탄에 대해 대중들이 가지고 있었던 지식은 매우 소박한 수준에 머물러 있었다. 그것은 당시의 라디오나 뉴스, 드라마, 음악, 홍보 영상 등을 통해 잘 드러나는데, 군인들을 포함하여 당시 일반 대중들이 원자폭탄에 대해 제대로 알지 못하고 있었다는 사실은 시간이 흐른 뒤에야 밝혀질 수 있었다. 교통 기술과 원자폭탄은 현대 사회에서도 더 없이 논쟁적인 기술들이다. 3부의 내용들을 통해 과학기술의 장기적인 영향에 대해 다시 한 번 생각해볼 시간을 가질 수 있을 것이다.

마지막으로 우리가 살펴볼 주제는 우주다. 우주는 우리에게 매우 익숙하면서도 한없이 낯선 존재다. 사실 대부분의 사람들이 지구를 제외하고는 우주를 직접 경험한 적이 없다. 그러나 하늘을 바라볼 때마다 접하게 되는 행성이나 위성 등은 끊임없이 호기심을 불러일으킨다. 그 결과 그것은 수학자나 천문학자들에게는 우주 모형의 개발이라는 방식으로, 작가들에게는 과학 소설 쓰기라는 방식으로 꾸준히 상상력을 자극해왔다.

그러한 상상들이 만약 그저 상상으로만 끝났다면, 지금 와서 군이 다시 논의할 의미가 없을 것이다. 그러나 역사를 돌이켜 보면, 그러한 상상은 계속해서 새로운 연구를 자극하였고, 새로운 연구들은 또 다른 상상을 부추겨 왔다. 루키아누스나 고드윈 등의 소설은 이후 구스망이나 몽골피에 형제의 열기구로 이어졌고, 에드가 앨런 포나 쥘 베른의 상상은 20세기 우주선 개발 및 달 탐험으로 이어졌다. 최근의 우주 엘리베이터에 대한 연구에서도 드러나듯, 그러한 상상은 현재에도 여전히 과학기술자들의 연구를 자극하고 있다.

한편, 경험하지 못한 우주를 다양한 방식으로 상상하고 구체적인 이미지로 표현하는 작업 역시 꾸준히 진행되어 왔다. 우주에 대한 생각은 우주론이나 천문학 연구를 통해 계속해서 변화했고, 그 과정에서 나타난 다양한 시각적 이미지들은 늘 새로운 상상과 연구를 자극했다. 현대에 이르러 우주와 관련하여 복잡한 개념이나 수식들이 발전하면서, 우주를 시각적으로 표현하는 것은 매우 힘들고 때로는 과학적으로 큰 의미 없는 일이 되었다. 하지만 SF 영화에서 경험하지 못한 우주를 시각화하는 것은 더욱 중요한 작업이 되었다. 마지막 장에서는 우주에 관한 다양한 소설이나 SF 영화들 그리고 천문학 및 우주론의 연구 등을 통해 당시의 우주에 대한 상상이 이후의 과학기술 및 우주의 구체적인 이미지를 형성하는 데 어떤 영향을 미쳤는지를 살펴볼 것이다.

이 책의 아이디어는 서울대학교에서 강의했던 '과학과 문화', '과학기술과 대중문화', '서양문명과 과학기술'이라는 강좌들에서 시작되었다. 줄곧 '과학사' 강의만 하다, 2008년 '과학과 문화'라는 강의를 맡으면서 과학사나 과학기술과 관련된 다양한 소설이나 영화, 다큐멘터리, 그림, 음악 등을 챙겨볼 기회를 얻을 수 있었다. 이후 '서양문명과 과학기술'이라는 강의를 맡으면서는 다양한 대중문화를 살펴보면서 서양 문명과 과학기술이 조우했던 역동적인 상호작용의 역사를 내 나름의 방식으로 그려볼 수 있었다. 이러한 과정을 거치면서 책속에 담은 이야기들이 하나둘 정리되어 갔다.

그리고 강의를 통해 학생들을 만나면서, 학생들이 과학기술과 관련된 훌륭한 작품들을 직접 읽거나 보고, 그것이 전하는 메시지들을 진지하게 고민해보길 간절히 기대하게 됐다. 사실 이미 잘 알려진 작품들 중에도 과학사나 기술사와 관련된 작품들이 많고, 언뜻 과학기술과 관련이 없을 것 같은 작품들 중에도 과학사나 기술사의 관점에서 바라볼 때 새롭게 이해할 수 있는 것들이 많다. 그런 것들을 경험할 때 과학기술 및 그 역사에 대해 흥미를 갖게 될 뿐만 아니라, 우리의 이해가 훨씬 더 풍성해질 수 있다. 또한 최근 우리 사회가 강조하는, 창의적이고 융합적인 것이 어떤 것인지도 자연스럽게 이해할 수 있게 된다.

이러한 생각을 가지고 있던 중에 생각의힘 출판사의 김병준 대표님과 만난 자리에서 내가 머릿속에 가지고 있던 생각들을 책으로 펴낼 것을 제안받았다. 이 책이 탄생하는 순간이었다.

이 책의 목적은 크게 두 가지다. 우선, 독자들이 다양한 작품을 통해 과학사와 기술사를 접하면서 서양 문명과 그 속에서 태어난 과학기술에 대해 새롭게 이해하길 바란다. 이를 위해 이 책에서는 과학사나 기술사와 관련된 이야기를 하면서도 최대한 다양한 대중문화 작품들을 통해 그 주제들을 새롭게 바라보고 생각할 수 있도록 했다. 또한 이 책을 통해 다양한 대중문화 및 개별 작품들을 접한 뒤에는 일부라도 직접 읽고 보면서 새로운 경험을 할 수 있기를 바란다. 책의 분량이 한정적임에도 최대한 개별 작품들의 맛을 볼 수 있도록 문장이나 대사, 혹은 가사 등을 인용하고자 노력했던 것은 일부라도 직접 접하도록 해서 호기심을 불러일으키고 싶었기 때문이다. 이 책을 통해 내가 공부하고 강의하면서 느꼈던 흥분과 감동을 독자들 역시 직접 경험해보았으면 한다.

이 책을 준비하면서 여러 사람들의 도움을 받았다. 우선 매 학기 강의에 열심히 참여해주었던 학생들에게 고마움을 표현하고 싶다. 나는 학생들이 매주 강의를 듣고 나면 수업을 통해 관심을 가지게 된 주제에 대해 조사한 후 그 내용을 사이버 강의실에 올리도록 했다. 또한 학기말에는 그 주제에 대해 연구 논문을 작성하도록 지도했다. 자연히 학생들을 지도하고 채점하는 과정에서, 강의 주제들에 대해 좀 더 깊이 생각하고 공부하는 기회를 얻을 수 있었다. 무엇보다도 흥미롭고 유익한 시간들이었다.

'과학과 예술'에 관한 생각이나 '과학기술과 대중문화'에 대한 관점을 발전시키는 데도 여러 분들의 도움을 받았다. 우선 박사과정 지도 교수님이셨던 홍성욱 선생님과 프로젝트를 함께 하면서, 과학과 예술에 대한 다양한 연구와 시각을 접할 수 있었던 것은 책을 쓰는 데 밑거름이 되었다. 꾸준히 책 쓰는 일을 격려해주시고, 기꺼이 추천의 글을 써주신 것에 대해서도 이 자리에서 감사의 인사를 드리고 싶다. 또한 석사과정 때부터 김명진 선생님께서 소개하고 번역해주신 과학기술 영화 및 다큐멘터리를 즐겨 보았던 것 역시 다양한 관점과 시각을 넓히는 데 도움이 되었다.

교회에서 중·고등학생들을 대상으로 문학 동아리를 열었던 것은 이 책을 쓰는 직접적 계기가 되었다. 동아리에서는 아직 전공을 선택하지 않은 중·고등학생들에게 도움이 될 만한 작품들이나 과학기술사의 내용들을 소개하였다. 그러면서 학생들이 과학기술에 대한 자신만의 시각을 갖게 되기를 바랬는데, 그러한 생각을 출판사 대표님과 나누었던 것이 결국 이 책을 쓰게 되는 출발점이 되었다.

또한 부족한 원고가 책으로 출판되기까지 많은 분들의 도움을 받았기에 이 자리에서 감사의 인사를 드리고 싶다. 우선 오승현 선생님은 책의 초고 단계에서 많은 지적과 조언을 해주셨다. 색인 작업에 대해서는 이종찬 선생님으로부터 많은 도움을 받았다. 무엇보다 생각의힘 편집부 여러분들과의 논의를 통해 이 책의 완성도가 높아질 수 있었다.

마지막으로 가족의 도움 역시 빼놓을 수 없다. 책을 준비하는 긴 기간 동안 바쁜 부인과 엄마를 위한 가족의 배려가 없었다면 이 작업을 완성하기 힘들었을 것이다. 더욱이 바쁜 중에도 원고를 직접 읽고 조언을 해준 남편 형운과 첫째 딸 가연에게 감사를 표하고 싶다. 특히 가연이는 원고를 꼼꼼히 읽으며 이 책이 쉽게 읽힐 수 있도록 여러 지적을 해주었다. 둘째 딸 주희에게는 이 책이 아직은 어렵겠지만, 나중에 컸을 때 주희에게 부끄럽지 않은 책이 되었으면 좋겠다. 마지막으로 이 책을 읽는 모든 분들께 유익한 독서가 될 수 있기를 진심으로 기대한다.

I

인간

욕망과 책임 사이

1

인간과 기계

인간을 닮은 기계, 자동인형

사람들은 흔히 로봇을 최근의 발명품으로 생각하지만, 로봇은 아주 오래전부터 만들어졌다. 가령, 수차는 가장 오래된 로봇 가운데 하나라고 할 수 있을 것이다. 근대에 들어서는 과학기술자들이 인간의 외관과 행동을 닮은 로봇들을 만들었는데, 이와 함께 철학적인 질문이 제기되기 시작했다. 인간과 기계의 차이는 무엇이며, 인간에게 본질적인 것은 무엇인지 그리고 인간의 정신은 과연 기계적으로 설명될 수 있는지와 같은 질문들이 바로 그것이었다. 이러한 질문들은 당대 사회와 문화 그리고 예술 등에 다양한 방식으로 영향을 미쳤다. 아래에서는 일종의 로봇이라고 할 수 있는 '자동인형automata'을 중심으로, 서양 사회와 문화에서 '인간과 기계'나 '몸과 마음'에 관한 논의들이 얼마나 오래전부터 치열하고 다양하게 논의되어 왔는지를 살펴볼 것이다.

최근 세계 각국에서 사람을 닮은 로봇 개발이 활발히 이루어지고 있다. 가사를 도와주는 로봇부터 사고 현장 등에 투입될 재난구조 로봇까지 로봇 개발의 열기는 매우 뜨겁다. 특히 2016년 5월 구글의 알파고 AlphaGo와 이세돌 9단 사이의 바둑 대결은 세계적인 화제를 불러일으키며 인공지능에 대한 관심을 폭발적으로 증가시켰다. 인간과 기계 사이의 괴리가 점점 더 좁혀지고 있는 것이다.

'인간과 기계'는 역사가 꽤 오래된 주제다. '인간'과 '기계'에 대한 문제의식은 사회가 변화하고 과학기술이 발전하면서 계속해서 변화 발전해 왔다. 그러한 발전 과정을 살펴보는 것은 그 자체로 흥미로울 뿐 아니라, 그것이 서구 사회와 문화에 미친 영향 그리고 최근의 논의들을 이해하는 데도 도움을 줄 수 있다. 그렇다면 '인간과 기계'라는 문제는 어떻게 제기된 것일까? 이에 답하기 위해서는 무엇보다도 르네 데카르트René Descartes(1596~1650)의 기계적 철학Mechanical Philosophy과 그의 인간론에 대해 살펴볼 필요가 있다.

데카르트의 기계적 철학은 근대 이전 유럽 사회가 경험했던 불확실성과 회의의 산물이었다. 15~16세기 유럽에서는 새로이 소개된 문헌과 사상을 통해 전통적인 지식이 부정되기 시작했다. 이와 함께 성경 해석의 문제를 놓고 기존의 종교적 권위가 부정되면서 종교 개혁 운동이 확산되었다. 또한 유럽 각국에서 왕위 계승 문제를 두고 정치적 갈등이 고조되었으며, 경제적 어려움과 대규모 전염병으로 사회가 매우 불안정했다. 마녀사냥으로 수많은 이들이 희생되었던 것도 바로 이 시기였다.

이런 시대적 분위기에서 갈릴레오 갈릴레이Galileo Galilei(1564~1642)
나 프랜시스 베이컨Francis Bacon(1561~1626) 같은 일부 학자들은 절대
적으로 확실한 지식은 아니더라도 감각을 통한 경험적 지식이나 기
계에 관한 지식, 혹은 실용적인 수학적 지식 등은 충분히 훌륭한 지
식이라고 주장했다. 그러나 이들과는 달리, 당시의 회의론적 시각을
정면에서 반박하며 완전히 새로운 지식의 체계를 세우려는 이들도
있었다.[1] 데카르트는 그 대표적인 인물이었다.

데카르트는 참담한 불확실성의 시대의 한복판에서 태어났다. 그
가 십 대였던 1610년 프랑스에서는 가톨릭과 개신교를 중재하며 종
교적 관용을 주장했던 국왕 앙리 4세가 가톨릭 광신도에 의해 암살
당하는 사건이 벌어졌다. 곧이어 유럽 역사상 가장 끔찍한 전쟁 가
운데 하나로 기억되는 30년 전쟁(1618~1648)이 벌어졌다. 서로 의견
이 다르다는 이유로 30년에 걸쳐 무자비한 학살과 파괴가 자행되었
는데, 데카르트는 전투에 참전해 전쟁을 몸소 경험하였다. 이후 데카
르트는 인간과 세계에 관한 연구에 집중하였으나, 1633년 저명한 갈
릴레오가 종교재판을 받았다는 소식을 접하면서 그의 연구는 극도로
위축되었다. 그는 자신의 이전까지의 연구[2]를 출판하려던 계획을 접
은 채, 연구와 사색을 이어갔다.

극도로 불확실하고 회의적인 시대 상황에서 데카르트는 절대적으
로 확실한 진리의 토대를 새롭게 구축하고자 했다. 불확실하고 불완
전한 지식 속에서 그 누구도 의심하지 않을 절대 확실한 요소가 무엇
일지를 고민하던 데카르트는 공간을 점하는 미세한 물질과 그것의

운동이 가장 근본적인 요소라는 결론에 이르렀다. 주변의 모든 것을 의심한다 해도, 세상에는 일정한 공간을 점하는 무엇인가가 존재하고 운동이 이루어진다는 것을 부정하기는 힘들었기 때문이었다. 이후 그는 세상의 모든 현상을 물질과 그것의 운동만으로 설명하는 기계적 철학을 발전시켰다. 그리고 지상에서의 물체의 운동은 물론이고, 천체의 운동까지도 물질과 운동만으로 설명해나갔다.[3]

데카르트의 철학이 독특했던 것은 그가 기계적 철학으로 운동의 다양한 문제를 성공적으로 설명했기 때문은 아니었다. 당시에는 데카르트 외에도 (제각각 내용이 다르긴 했지만) 기계적 철학을 연구했던 사람들이 있었다. 그럼에도 기계적 철학을 이야기할 때 데카르트를 대표적인 인물로 다루는 이유는 그가 물리적인 운동 외에도 시각이나 청각과 같은 감각 지각은 물론이고, 심장 박동이나 호흡, 성장, 음식물의 소화와 같은 생체 현상까지도 모두 물질과 운동만으로 설명하는, 우주 전체를 아우르는 완전히 새로운 철학적 체계를 발전시켰기 때문이었다. 그 결과, 이전까지 생명의 원리가 비물질적인 영혼의 속성이라고 여겼던 것과 달리, 이제 생명 역시 물질과 그 운동에 의해 나타나는 현상으로 볼 수 있게 되었다. 모든 신체 활동 및 기능이 기계와 같이 그 자체로 작동하고 설명될 수 있다고 생각한 것이다.

물론 데카르트는 생각하는 자기 자신을 포함하여 인간이 지적인 사고나 감정 그리고 영적인 측면 등을 지니고 있음을 인정하였다. 그러나 정신적이고 영적인 작용을 관장하는 이성적 영혼rational soul 이 육체와 분리되어 존재함에도 불구하고, 영혼과 신체는 뇌 속의 송과선pineal gland[4]이라는 물리적인 신체 부위를 중심으로 서로 상호작

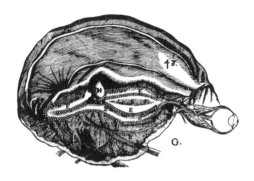

| 그림 1 | 데카르트의 『인간론』(1664)에 실린 삽화. 송과선인 H 부위가 뇌 심실의 중앙에 놓여 있다.

용한다고 보았다. 그에 따르면, 송과선에서 흘러나온 '동물의 영animal spirit'[5]은 신경을 따라 흐른다. 이 신경은 가느다란 섬유 다발로 이루어져 있고, 양 끝으로 감각 기관과 뇌 심실 벽의 작은 밸브들을 서로 연결하고 있다. 외부의 자극을 통해 감각 기관이 흥분되어 움직이면, 그 감각 기관과 연결된 신경 섬유가 잡아당겨지면서 그 섬유와 연결된 뇌 심실 벽의 작은 밸브가 당겨서 열린다. 이때 뇌 심실 속의 동물의 영의 일부가 신경 섬유를 타고 빠져나가면, '자연은 진공을 싫어하므로'[6] 대신 감각 인상이 송과선의 표면에 나타나고, 이것이 송과선을 자극하면서 외부 자극을 인지하게 된다고 보았다.

좀 더 구체적으로 시 지각 과정을 설명하는 데카르트의 설명을 살펴보자. 그림 2에서 인간이 눈이라는 감각 기관을 통해 화살 AC를 바라보면, 화살의 상이 눈을 자극해 망막에 거꾸로 된 상(그림의 1, 3, 5)을 만들어낸다. 그 상은 신경 미세 섬유를 자극하고, 뇌 심실 벽의 작은 밸브(그림의 2, 4, 6)가 당겨져 열리면서 송과선에 다시 거꾸로 된 상

(그림의 a, b, c)을 만들어낸다. 송과선에 상이 투사되면 송과선을 자극하게 되고, 그로 인해 송과선이 움직이면 영혼은 화살을 보고 있다는 것을 인지하게 된다.[7]

데카르트는 그가 물리적 실체라고 여겼던 뇌 속의 송과선이야말로 영혼이 들어 있는 곳이자 모든 생각이 이루어지는 장소라고 생각했다. 그는 신체와 영혼을 구분하는 이원론적 관점을 취했음에도 불구하고, 정신적이고 인지적인 측면들까지도 송과선이라는 모호한 대상과 결부시켜 설명했다. 이러한 그의 시도는 동시대인들에게 매우 의미심장한 인상을 남겼다. 그는 인간에게 이성적 영혼이 있다는 차이를 제외하면, 인간이나 동물의 생체 작용은 모두 기계적인 방식으로 이해될 수 있다고 보았다.[8] 바로 이런 태도가 이후 인간을 완전히 기계적으로 설명하려 했던 유물론적 인간기계론자들을 위한 길을 열어 주었다.

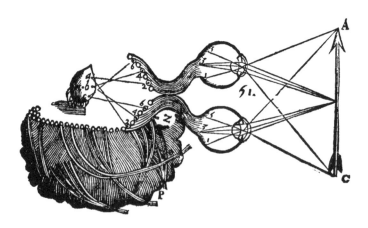

| 그림 2 | 데카르트의 『인간론』에 실린 삽화. 시각의 인지 과정을 송과선을 통해 설명하고 있다.

데카르트가 기계적인 인체론을 발전시킨 데는 당대의 외과학 및 해부학의 성과 역시 중요한 역할을 했다. 전통적으로 의학에서는 오랫동안 외과에 비해 내과의 지식이 중시되었다. 내과의 경우, 실질적인 임상 경험을 통해 인체 및 질병에 관한 지식을 증진시키려 하기보다는 인체에 대한 철학적 고찰에 치중하는 경향이 있었다. 내과의들에게는 고대 의학을 제대로 이해하기 위해 라틴어를 공부하는 것이 중요한 과제였고, 해부와 같은 수작업이나 피를 흘리는 수술 등은 내과의가 할 만한 고상한 작업이 아니었다.

그러나 잦은 전염병과 빈번한 전쟁으로 인해 실질적인 치료가 중시되면서 외과에 대한 인식이 서서히 변화하기 시작했다. 심각한 환자들 앞에서 대학 출신 내과의의 전통적인 의학 지식은 아무런 도움이 되지 않았다. 이에 반해, 이름 모를 질병으로 고통받는 환자들을 돌보고, 전쟁터를 종군하며 부상 군인들을 수술했던 외과의들의 처치는 실질적인 도움이 되었다. 그 결과 외과의에 대한 사회적 인식이 달라지면서, 외과 지식의 우수성을 주장하며 자신들의 실용적인 의학 지식을 전파하기 위해 외과학 서적을 집필하는 의사들이 나타났다.[9]

이러한 외과학 서적들은 효과적인 외과 시술을 위해 인체에 대한 해부학적 지식이 중요함을 강조하였다. 이는 기존의 대학 의학 교육에 대한 일종의 반작용에 의한 것이었다. 근대 초까지도 의학 지식의 규범으로 여겨지던 것은 2세기 로마 제국에서 의학자 겸 철학자

로 활동했던 클라우디오스 갈레노스Claudius Galenus(129~199)의 견해
였다. 그런데 2세기에 집필된 그의 책에 기술된 인체에 대한 설명은
의철학의 체계 안에서 돼지나 원숭이 해부 등을 통해 얻은 지식을 유
추하고 짜 맞춘 수준이었다. 그렇다 보니 실제 질병 치료 및 외과적
시술에 갈레노스의 설명은 그다지 도움이 되지 못했다. 더구나 그의
책에 실린 삽화들에는 정교함이나 사실성이 결여되어 있었다.[10] 이는
고대 그리스와 아랍의 의학을 집대성한 이븐 시나(라틴어로 Avicenna,
980~1037)의 책에 실린 삽화(그림 3)에서도 확인할 수 있다.

결국 효과적인 외과 치료를 위해서는 상세한 인체 해부 지식을 확
보할 필요가 있었다. 또한 해부가 흔하지 않던 상황에서 구체적인 인
체 해부 지식을 많은 의사들에게 효율적으로 전달하기 위해서는 삽화
가 획기적으로 개선되어야 했다. 이런 상황에서 인쇄술의 발전을 통
해 책 속 삽화의 기능이 재인식되면서 외과의들이 집필한 외과학 서
적에는 이전 시기보다 훨씬 더 실용적이고 섬세한 인체 해부 삽화들
이 실리기 시작했다. 그림 4는 볼로냐 대학의 외과학 및 해부학 교수
였던 자코포 베렝가리오 다 카르피Jacopo Berengarius da Carpi(1460~1530)
의 해부학 서적『이사고게Isagoge Breves』(1523)에 실린 삽화로, 척추를
상세히 묘사하고 있는 것을 볼 수 있다.

외과학과 해부학의 가치가 인식되면서 대학의 의학부에서도 보
다 개선된 외과학과 해부학 교육이 이루어졌다. 일부 외과학 및 해부
학 교수들은 효과적인 의학 교육을 위해 보다 세밀한 해부 삽화를 담
은 해부학 서적을 집필하였다. 파두아Padua 대학의 외과학 및 해부학
교수였던 안드레아스 베살리우스Andreas Vesalius(1514~1564)의『인체의

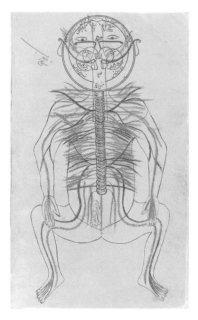

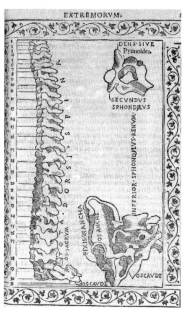

| 그림 3 | 이븐 시나의 『의학 정전Canon of Medicine』에 실린 삽화. 5권으로 된 『의학 정전』은 유럽에서 번역되어 17세기까지 유럽 대학들의 의학 기본 교재로 사용되었다. 이 그림은 1632년에 출판된 판본의 삽화로, 신경 시스템을 설명하고 있으나 삽화의 정교함이 크게 떨어짐을 확인할 수 있다.

| 그림 4 | 카르피의 『이사고게』(1523)에 실린 삽화. 카르피는 해부 삽화의 가능성을 인식하여 해부 삽화와 텍스트 사이의 관계를 제대로 이해했던 최초의 해부학자 중 한 사람으로 기억된다.

구조에 관하여De humani corporis fabrica』(1543)는 가장 대표적인 해부학 서적이었다. 그는 보수적인 의사들이 외과와 해부를 경시하는 풍조를 비판하며, 인체에 대한 보다 명확한 이해를 위해서는 정확한 해부도를 제작하는 것이 중요하다고 생각했다. 이를 위해 그는 화가였던 얀 스테판 반 칼카르Jan Stefan van Kalkar(1499~1546)[11]에게 해부도를 부탁하였다. 그 결과 한 단계 도약한 삽화가 만들어졌다. 특히, 베살리우스의 『인체의 구조에 관하여』의 권두 삽화에는 이전 해부학 서적

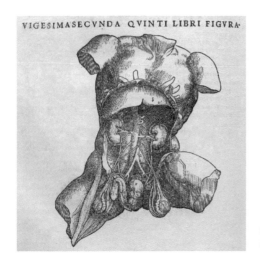

VIGESIMASECVNDA QVINTI LIBRI FIGVRA·

들과는 달리, 해부학자가 갈레노스의 해부학 책을 들고 손으로 지휘
만 하는 것이 아니라, 직접 메스를 들고 해부를 하는 모습이 묘사되
어 있었다. 해부 실습을 할 기회가 많지 않았던 당시 상황에서 그의
책은 인체 해부의 중요성과 명확한 해부 지식을 전달하는 데 중요한
역할을 담당하였다.[12]

해부학적 지식을 통해 인체의 구조가 알려지면서, 인체 내부의 장
기, 뼈, 힘줄 등이 만들어내는 역학적인 움직임도 관심을 받게 되었다.
겉에서 바라보던 인체는 자연의 비밀스런 영역으로 보였지만, 해부
를 통해 들여다본 인체는 다양한 생체 기관들의 역학적인 움직임을
통해 살아 움직이는, 일종의 복잡한 기계처럼 보였다.

이 시기에 발전한 의수 및 의족 기술은 이런 생각을 더욱 부추겼다. 당시 포 기술이 발전하면서 전쟁터에서 팔이나 다리에 심각한 상처를 입은 이들이 늘어났다. 이들을 살리기 위해서는 빠른 외과 처치가 중요했기에 자연스럽게 절단술과 의수 및 의족 기술이 발전하였다. 앙부르아즈 파레Ambroise Paré(1510~1590)는 그 대표적인 인물이었다. 이때까지도 유럽에서는 전투에서 총상을 입은 군인들을 치료할 적절한 수술법이나 소독제 등이 개발되어 있지 않았다. 외과의들은 총상 부위의 세균 감염이나 절단 이후의 출혈 등을 막기 위해 상처 부위에 뜨거운 기름을 쏟아 붓거나 절단 부위를 인두로 지지는 방법을 이용하였다. 이는 상처를 더욱 심각하게 만들었고, 그로 인해 많은 환자들이 전쟁터에서 죽어갔다. 전쟁터의 참상을 경험했던 파레는 뜨거운 기름 대신 연고를 개발하고, 인두로 지지는 대신 동맥을 실로 압박하여 출혈을 막는 방법[13]을 개선하는 등 환자 중심의 외과 치료가 발전하는 데 크게 기여하였다.[14]

파레는 팔다리가 절단된 환자들을 위해 절단 부위에 장착할 수 있는 섬세한 의수나 의족을 개발하는 데도 큰 관심을 기울였다. 사실 파레 이전에도 이미 고대[15]부터 다양한 재료로 제작된 의수나 의족이 사용되고 있었다.[16] 그러나 파레가 활동할 즈음에는 의수나 의족이 신체의 작동 원리를 정교하게 모방하는 방식으로 제작되기 시작했다는 점에서 이전의 것들과는 달랐다. 가령 독일 용병 괴츠 폰 베를리힝엔Götz von Berlichingen(1480~1562)이 착용했던 의수는 대표적인 사례다. 그의 의수는 손가락의 세부 관절들이 모두 움직일 수 있었기 때문에, 의수로 말의 고삐를 잡거나 무기를 들고 전쟁터에 나가 싸울 수도 있었다.

그런데 당시에는 상류층이나 귀족들이 장인에게 개별적으로 문의해 제작했기 때문에 의수나 의족이 매우 귀했다. 더욱이 그 제작 원

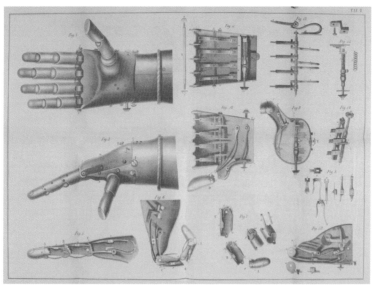

| 그림 6 | 독일 용병 베를리힝엔이 착용했던 의수(위)와 그 의수의 내부 구조를 묘사한 19세기의 삽화(아래). 파레가 의수를 고안할 무렵 기계적으로 보다 정교한 의수가 제작되고 있었음을 알 수 있다.

리 역시 공개되지 않고 있었다. 이런 상황에서 파레는 의수와 의족이라는 기계를 통해 손이나 발의 작동 원리를 구현하고자 했고, 그러한 원리를 책에 자세히 공개했다. 그의 의수는 각 손가락과 손가락의 관절 부위가 접혀지게 만들어졌고, 의족도 무릎이 구부러질 수 있는 방식으로 제작되었다. 베살리우스의 『인체의 구조에 관하여』를 보며 인체의 해부학적 구조를 익히는 데 몰두했던 그에게 인간의 몸과 연결된 인공 보철물들은 몸의 연장이었고, 몸의 일부였다.[17] 파레의 책 덕분에 기계식 의수나 의족이 보다 많이 만들어졌고, 그러한 의수나 의족은 인체의 작동이 기계적인 메커니즘과 연장선상에 있는 것처럼 보이게 만들었다.[18]

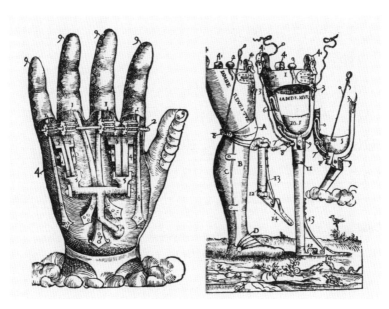

| 그림 7 | 파레의 『작품집』(1564)에 실린 의수와 의족 삽화

외과학 및 해부학의 발전을 통해 생리학적 지식이 개선되었던 것 역시 인체를 바라보는 관점을 변화시키는 데 기여하였다. 갈레노스에 따르면, 섭취된 음식물은 위와 장, 간을 거치면서 (갈레노스가 '자연의 영'이라고 보았던) 피로 바뀌고, 그것이 다시 정맥을 지나 심장에 이르면 공기를 만나 '생명의 영'으로 바뀐다. 생명의 영은 동맥을 타고 흐르는데, 최종적으로 뇌에 도착하면 인지 기능을 담당하는 '동물의 영'으로 바뀐다. 만약 갈레노스의 이론이 맞다면, 동맥에는 피가 없어야 하며, 피가 정맥을 지나 심장에서 생명의 영을 만들어내도록 하기 위해서는 엄청난 양의 피가 계속해서 만들어져야 한다. 그러나 해부학적 지식을 통해 동맥 내에 피가 가득하다는 사실 외에도 여러 오류가 드러나면서 점차 갈레노스의 생리학적 이론에는 비판이 제기되기 시작했다.

이런 상황에서 영국의 의사였던 윌리엄 하비William Harvey(1578~1657)는 근대 초 생리학 분야에서 획기적인 진전을 이루었다. 해부 및 동물 실험을 통해 갈레노스의 견해에 의문을 가졌던 하비는 그림 8에서처럼 결찰사 실험을 준비하였다. 그는 동맥과 정맥을 각각 압박했을 때 어떤 일이 벌어지는지를 관찰했는데, 가령 그림 8의 첫 번째와 같이 팔꿈치 위의 정맥을 압박할 경우 심장으로 흘러가야할 피가 제대로 흐르지 못해 울혈이 생겼다. 그림 8의 다른 경우들처럼 정맥의 일부를 손가락으로 눌러 막았을 때는 정맥 혈관의 일부가 비어 있는 상태가 되었으며, 손가락을 떼자 곧바로 주변의 피가 정맥 혈관

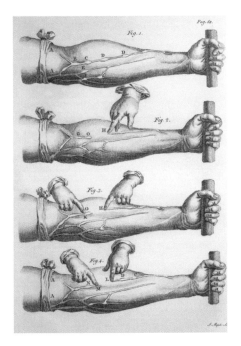

| 그림 8 |
『혈액의 순환에 관하여』에 실린
하비의 정맥 결찰 실험 그림

을 채우는 것을 확인하였다.

　하비는 갈레노스의 견해가 맞다고 가정할 때 계속해서 공급되어야 하는 피의 양을 구체적으로 계산하였다. 그의 계산에 따르면, 맥박이 한 번 뛸 때 피가 7g 정도 방출된다고 가정해도 30분에 적어도 1,000번 정도 방출되어야 하므로, 30분 동안에 심장에서 방출되는 양만 최소한 7Kg, 하루면 300Kg의 피가 방출되어야 했다. 문제는 과연 사람들이 이 정도의 피를 만들어낼 수 있을 정도로 많은 양의 음식물을 섭취하는가 하는 것이었다.[19] 이것이 합리적이지 않다고 판단한 하비는 일련의 실험과 계산을 통해 피의 순환을 확신하였고, 심장의 지속적인 수축을 통해 피가 온몸을 순환한다고 주장하였다. 그리고 이 내

용을 『혈액의 순환에 관하여de Motu Cordis』(1628)라는 책을 통해 소개하였다.[20]

이후 하비의 제자들을 통해 소화와 호흡의 기능 역시 새롭게 이해되었는데, 이는 인체 내의 생리적인 현상들을 기계적으로 이해하는 길을 열어 주었다. 즉, 피의 흐름이 유압 장치와 같은 심장의 수축을 통해 순환하는 것으로 설명될 수 있다면, 허파 기능은 송풍기의 운동과 비교될 수 있었고, 소화는 제분기의 운동으로 이해될 수 있었다. 이처럼 하비와 그 제자들의 연구는 인체의 생리적인 기능을 기계적인 유비를 통해 이해하는 길을 열어주었다.

이런 상황에서 데카르트는 인체에 관한 자신만의 철학적 고찰을 이끌어내기 위해 실제 해부를 하며 인체에 관한 해부학 및 생리학의 지식을 축적하였다. 그가 무척 많은 시간을 해부에 사용했음은 데카르트가 지인에게 보낸 편지에서도 잘 드러난다. 그는 살아 있는 토끼나 뱀장어를 해부해 심장과 혈관을 관찰하기도 했고, 사람의 사체 해부에 참여하기도 했다. 물론 데카르트의 인체에 관한 이론들 중에는 실험적으로나 경험적으로 검증되지 않은 사색적인 것들도 많았다.[21] 그러나 충분한 관찰 이전에는 인체나 동물에 관한 이론을 마무리하지 않으려 했던 태도는 그가 생명체를 이해하기 위해서는 해부 및 관찰이 선행되어야 한다고 생각하고 있었음을 보여준다. 데카르트는 이러한 해부학 및 생리학적 지식에 기반해 인체를 기계적으로 이해했고, 자신의 기계적 철학을 통해 인체를 기계적으로 설명했다.

시계 및 기계 기술의 발전

인체에 관한 데카르트식의 기계적인 논의가 발전한 배경에는 당시 시계 기술의 발전도 한몫했다. 중세에 발명된 시계의 기계적이고 규칙적인 움직임은 사람들에게 놀라움을 안겨주었다. 종소리는 도시와 시골 전체로 퍼져 나가 이내 중세 사회에 규칙성을 부여했고, 점차 도시나 농촌 사회의 중요한 공공 구조물로 자리 잡았다. 도시들마다 보다 더 화려한 시계를 만들어 자신들의 힘과 위용을 자랑하고자

| 그림 9 | 프라하 구시청의 천문 시계와 그것을 확대한 사진. 오른쪽의 맨 바깥 원은 옛 체코 시간이고, 그 다음 안쪽의 로마자가 현재의 시간이다. 태양 모형이 겹쳐져 있는 검은 띠의 원은 황도 12궁을 가리키고, 그 외에도 적도선, 지평선, 남회귀선 등이 그려져 있다.

했고, 이와 함께 시계 기술은 더욱 발전했다.[22]

특히, 천문 시계는 하늘의 움직임을 기계적으로 구현한 것으로 보였다. 천문 시계의 바늘에는 보통 태양과 달 그리고 지구가 달려 있었는데, 그 바늘이 지나가는 바탕 면에는 시간을 표시하는 로마 숫자 외에도, 태양이 지나는 황도 12궁 궤도와 해가 뜨고 지는 지평선 등이 포함되어 있었다. 따라서 천문 시계를 보고 있자면, 지구나 달, 그리고 태양 등이 하늘에서 어떻게 움직이고 있는지를 머릿속으로 그려보는 것이 가능했다.

르네상스기에는 시계 기술과 함께 기계학이 크게 발전하였다. 당시 유럽 사회에 알려지지 않았던 그리스 고전들이 새롭게 번역되었는데, 필론Philon과 헤론Heron 같은 고대 저자들의 기계학 서적 역시 함께 소개되었다. 이후 여러 저술가들이 이들 책의 내용에 주석을 달아 기계학의 논의들을 자세히 소개하였고, 특히 수력학hydraulics과 기체역학pneumatics의 내용들은 분수나 풍차 등의 원리로 활용되면서 큰 주목을 끌었다.[23]

건축가나 기계공들 중에는 필론이나 헤론의 저술에 주석을 다는 데서 더 나아가 소개된 기계의 가상의 분해 조립도를 그리거나, 자신의 아이디어를 이용하여 새로운 기계를 구체적으로 묘사하고 소개하는 이들이 나타났다. 스위스 출생의 이탈리아 기술자 아고스티노 라멜리Agostino Ramelli(1531~1608)가 1588년에 출판한 『여러 가지 정교한 기계』는 가장 대표적이고 성공적인 서적이었다. 이 책에서 라멜리는 194장이나 되는 도판을 통해 다양한 기계의 단면도와 조립도를 자세하게 묘사하였는데, 여기서 다루어진 기계들은 풍차나 회전펌프에

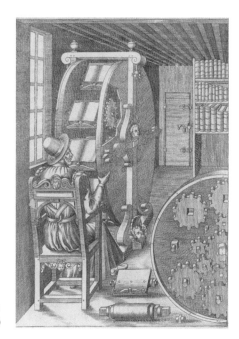

| 그림 10 |
라멜리의 책바퀴Bookwheel (1588)

서 군사용 기계나 독서 기계에 이르기까지 매우 다양했다.[24] 라멜리의 책이 출판된 이후 수력이나 풍력 등을 이용하는 양수 장치나 제분기, 기중기, 분수, 수차나 풍차 등이 활발하게 제작되었던 것은 이 시기의 기계에 대한 관심을 잘 보여준다.

당시의 군사 혁명 역시 기계학의 발전에 기여하였다. 이 시기에는 대포 개발 및 탄도학의 발전을 통해 대포와 총이 주력 병기로 자리 잡으면서 군사 기술의 혁명이 일어났다. 그 결과 수학과 기계학 그리고 역학 등의 분야가 군사 기술과 결합되었고, 기계 제작 기술도 크게 발전하였다. 가령, 포탄과 총탄이 총과 대포의 구경에 따라 호환되도록 하기 위해서는 정확한 계측과 정밀 가공이 요구되었다. 또한 성이나 요새를 공략하기 위해서는 적절한 군사용 기계 역시 개발되어야 했다.[25] 전쟁이 중요했던 시기, 군사 기계에 대한 수요는 기계 분야의 발전을 재촉하였다.

인간을 닮은 기계, 자동인형

이렇듯 기계에 대한 관심이 커지고 기술이 발전하면서 16세기 유럽에는 실용적인 기계 외에도 장식이나 여흥을 위한 기계들이 만들어졌다. 수도원, 왕실의 궁정, 귀족들의 정원에 설치된 자동인형은 대표적인 기계였다.[26] 고대 그리스로까지 거슬러 올라가는 자동인형은 르네상스기에 고대 부활의 분위기에서 재탄생하였는데, 당시 유럽에서 유행한 헤르메티씨즘Hermeticism의 마술적 세계관과 함께 당대인들에게 놀라움과 두려움을 선사하였다. 헤르메티씨즘은 우주가 신비롭고 마술적인 힘들로 연결되어 있고, 인간들 역시 그 힘들과 상호 작용할 수 있다고 보았던 사조였다. 이 사조는 메디치 가문이 소장하고 있던『헤르메스 전집Corpus Hermeticum』을 마르실리오 피치노Marsilio Ficino(1433~1499)가 번역하면서 유럽 사회에 널리 퍼졌다. 당시 사람들은『헤르메스 전집』의 저자인 헤르메스 트리스메기스투스Hermes Trismegistus가 모세와 같은 시대의 고대 이집트의 현인이라고 여겼다. 고대 이집트인들이 석상에 신이 거하도록 해 움직이게 할 수 있었다는 전집의 내용은 유럽인들 사이에서 마술에 대한 관심을 불러일으키는 데 크게 기여하였다.[27] 이런 분위기에서 수압을 이용해 사람이나 동물을 닮은 인형이 움직이도록 만든 자동인형은 보는 이들에게 마술을 보는 듯한, 일종의 섬뜩한 경험을 선사하였다.

생제르맹앙레Saint-Germain-en-Lay 궁정 정원의 작은 동굴 속 자동인형은 이 시기 기술의 정수를 보여주었다. 이탈리아의 건축가 겸 기계공이었던 토마소 프란치니Tommaso Francini(1571~1651)는 궁정 정원의 일부를 동굴과 분수 그리고 자동인형으로 이루어진 테라스들로 꾸몄다. 그는 수력학의 원리를 활용하여 라인 강에서 끌어온 물을 튜브와 파이프 등을 통해 흐르게 하고, 그 튜브와 파이프를 수차와 연결된 톱니바퀴의 체인을 통해 자동인형과 연결함으로써 조각상들이 스스로 움직이도록 연출하였다. 그 결과 한 테라스에서는 수력을 이용한 파이프 오르간이 연주되었고, 또 다른 테라스에서는 페르세우스와 안드로메다 모형이 천정에서 내려오면서 바닥에서 올라오는 용을 죽이는 모습이 연출되었다.[28]

생제르맹알레 정원의 자동인형은 데카르트에게 깊은 인상을 남겼다. 물의 흐름과 힘을 통해 기계적으로 움직이는 자동인형을 보면서, 데카르트는 인체라는 기계를 떠올렸다.[29] 데카르트에게, 물이 튜브를 타고 흐르면서 분수를 만들어내고 엔진과 스프링으로 구동되는 기계장치가 자동인형을 움직이게 하는 것은 심장의 열을 통해 뇌에 공급되는 동물의 영이 심실 벽의 구멍을 통해 온몸으로 흐르면서 근육을 움직이고 온몸을 조정하는 것과 유사해 보였다. 인체를 흙으로 만들어진 일종의 기계라고 생각했던 그는『인간론』에서 인간이라는 기계가 자동인형과 매우 유사함을 다음과 같이 강조하였다.

실제로 내가 묘사하려고 하는, [인간이라는] 기계의 신경들은 이러한 분수 기계 장치의 튜브들에, 그 근육과 힘줄들은 그 기계를 움직이는 데 사용되는 각양각색의 엔진들과 스프링들에, 그것의 동물의 영은 기계를 조정하는 물에, 심장은 샘에 그리고 뇌 [심실 벽]의 구멍은 급수관에 비교할 수 있다.[30]

더욱이 이 시기에는 구체적으로 인간을 닮은, 좀 더 정교한 자동인형도 등장했다. 건축가나 기계공들이 물이나 공기의 역학적 힘을 통해 자동으로 움직이는 거대한 기계 장치를 개발하고 있던 동안, 시계 장인들은 시계 메커니즘을 통해 인간과 동물의 미세하고 규칙적인

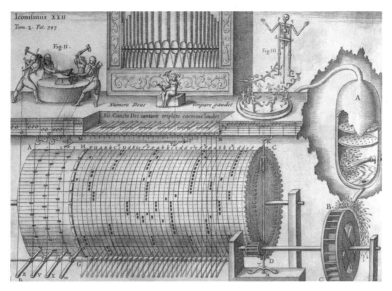

| 그림 11 | 프란치니와 동시대에 활동했던 살로몽 드 카우스Salomon de Caus(1576~1626)가 하이델베르그의 팔라틴 백작의 영지 정원에 설치했던 작품의 원리를 보여주는 그림(1620). 프란치니와 마찬가지로 자동인형과 수력학의 원리를 활용해 정원 장식을 완성하였다.

움직임을 실제로 구현하려는 시도를 하고 있었다. 이 시기에는 이미 해부학을 통해 동물이나 인체 내부의 역학적인 메커니즘 등이 알려지고 있었고, 세밀한 움직임을 모사하는 보다 정교한 시계 제작 기술 역시 발전해 있었다. 이런 상황에서 시계 제작의 숙련된 경험에 예술적 감성이 더해지면서 기계 공학의 결정체인, 인간이나 동물의 움직임을 모사하는 자동인형이 탄생하였다.

대략 15세기부터 만들어진 자동인형은 초기에는 주로 성당의 시계나 오르간 등을 장식하는 단순한 인형이었다. 시계 위에서 인형이 돌아가면서 종을 울리거나, 시계가 울릴 때 동방박사가 예수와 마리아 인형 앞에 고개를 숙이는 식이었다.[31] 인형은 하나의 단순한 동작을 제외하고는 움직이지 않았으며, 그 이전의 장식 인형과 크게 다를 바 없어 보였다.

그러다 16세기가 되자 인간을 닮은 정교한 자동인형이 만들어진다. 가령 스페인 국왕의 시계공이었던 지아넬로 델레 토레Gianello della Torre(1500~1585)는 초기 자동인형 분야에서 가장 뛰어난 장인 가운데 하나였다. 토레가 만든 '수도사' 자동인형은 지금 봐도 놀라움을 안겨준다. 그 인형은 걷고, 주먹으로 가슴을 치고, 왼손에 든 작은 나무 십자가와 묵주를 들어 올리거나 내린다. 때로는 고개를 돌리거나 끄덕이고, 가끔 눈동자도 굴린다.[32]

당시 사람들에게 자동인형은 마치 살아 있는 생명체처럼 여겨졌는데, 그것도 무리는 아니었다. 16세기는 여전히 악마와 천사, 난쟁이, 요정 등이 실제로 존재한다고 여겨지던 때였다. 더욱이 초기 자동인형은 종교적인 주제와 관련된 것들이 많았는데, 그것이 기독교인들

| 그림 12 | 토레의 수도사 자동인형

의 감정을 움직였다. 십자가 위에서 눈과 입술을 움직이고 찡그리는 모습을 연출하는 예수상이나 성인을 하늘로 인도하거나 악기를 연주하는 천사, 무서운 얼굴에 섬뜩한 소리를 내는 악마 모습의 자동인형들은 보는 이들의 감정을 자극하기에 충분했다.[33] 자동인형에 대해 설명한 당시의 글에는 공중을 나는 비둘기 등 다소 과장된 내용이 등장한다. 이는 당시 사람들이 날라 다니는 자동인형도 가능할 거라고 상상했음을 보여준다. 그만큼 자동인형은 마치 스스로 움직이는 생명체처럼 여겨지며, 유럽 사회에 하나의 충격으로 다가갔다.

데카르트 역시 그런 자동인형에 강한 인상을 받았다. 데카르트는 당초 스스로 움직이는 것은 물리적인 신체에는 해당되지 않으며, 비물질적인 영혼에만 해당되는 속성이라고 생각했다. 그러나 자동인형을 통해 스스로 움직이는 신체를 발견한 것에 매우 놀란 그는 자동인형 및 시계 메커니즘의 원리로부터 인간의 신체 역시 기계적으로 바라보는 관점을 발전시켰고, 그 결과 신체의 움직임을 영적이고 정신적인 인과의 측면에서 설명했던 과거의 방식에서 벗어날 수 있었다. 물론 데카르트는 영적이고 정신적인 측면을 구분하여 인간이 기계가 아님을 분명히 하였다. 하지만 시계나 자동인형이 평형추와 톱니바퀴의 배치에 따라 움직이는 것처럼, 인간의 신체적, 생리적 기능 역시 인체 기관들의 배치에 따라 완전히 기계적으로 움직이는 것으로 보았던 것은 분명했다. 상류층의 유흥거리로 제작되었던 자동인형은 이렇게 인간에 대한 철학적인 관점에도 영향을 미치고 있었다.

보렐리의 인체 역학적 연구

데카르트의 인간에 대한 관점은 당대 유럽에 큰 논란을 불러 일으켰다. 이원론적 관점에도 불구하고, 그의 인간에 대한 태도는 유물론적이고 무신론적인 관점으로 이어질 수 있었기 때문이다. 그런데 유럽 사회에서 인간 기계론의 관점이 발전하는 데에는 데카르트뿐 아니라 갈릴레오의 수제자로부터 수학과 물리학을 배우고, 의학자 말피기 Marcello Malphighi(1628~1694)와의 지적 교류를 통해 인체 역학 연구를 발전시켰던 지오바니 보렐리Giovanni Borelli(1608~1679) 역시 중요한 영향을 미쳤다.

보렐리는 인체에 대한 데카르트의 철학적 접근은 명백히 거부하였지만, 결과적으로 인체 역학적 연구를 통해 인체에 대한 기계적인 관점을 강화하는 데 크게 기여하였다. 보렐리의 연구는 유럽 학계에 널리 알려져 있었으나 생전에는 출판되지 않았고, 사후에『동물의 운

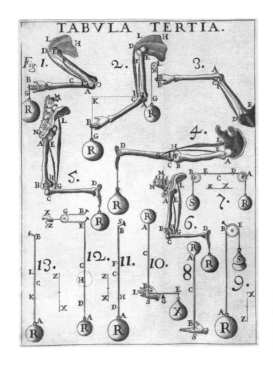

| 그림 13 | 보렐리의 『동물의 운동에 관하여』에 실린 삽화. 각각의 그림에서 사람의 다양한 관절 부위를 분석하고 있다.

동에 관하여De motu Animalium』(1680~1681)라는 책으로 출판되었다. 이 책에서 보렐리는 동물과 인간의 근골격 운동을 포함하여 다양한 인체의 운동을 역학적인 관점에서 설명하였다. 가령 그는 사람이 무거운 물건을 들 수 있는 이유를 사람의 팔 근육과 뼈대가 일종의 지렛대로 작동하기 때문이라고 설명하였다. 그에 따르면, 팔을 연결하는 부위가 일종의 지렛대의 받침점으로 기능함으로써 팔의 힘보다 훨씬 더 무거운 물건을 들어 올릴 수 있게 된다. 또한 무거운 물체를 들어 올릴 때 척추 근육만으로는 이를 지탱할 수 없고, 척추 뼈 사이의 디스크가 탄성을 지니고 있어 마치 스프링과 같은 역할을 해 무거운 짐을

지탱할 수 있다고 설명하기도 했다. 이외에도 그는 다양한 자세에서의 중력의 중심이나 근육과 뼈라는 지렛대가 효율적으로 기능할 수 있을 받침점의 위치 등 여러 인체 운동의 문제를 역학적인 관점에서 계산하였다.[34] 보렐리는 인간을 일종의 기계라고 여기는 관점을 적극적으로 부정하였지만, 인체 운동에 대한 그의 역학적인 접근은 당시의 기계학 및 자동인형에 대한 관심과 함께 인간을 기계적으로 바라보는 관점을 더욱 강화할 수밖에 없었다.

생명을 닮은 기계

인간을 기계적으로 바라보는 인식이 확산되면서 인간을 더욱 닮은 보다 정교한 자동인형 역시 늘어났다. 본격적으로 자동인형의 시대를 열었던 인물은 18세기 자동인형의 천재, 자크 드 보캉송Jacques de Vaucanson(1709~1782)이었다. 보캉송의 작품은 그 이전의 자동인형의 수준을 한 단계 넘어서는 매우 정교한 것들이었다. 그의 작품은 파리 상류층 사교계에서 큰 인기를 모았는데, 볼테르François Marie Arouet(1694~1778)나 디드로Denis Diderot(1713~1784) 같은 18세기 저명한 계몽주의 철학자들 역시 모두 보캉송과 교류했다.

특히, 1738년에 처음으로 전시된 '플루트 연주자Flute Player'는 큰 성공을 거두었다. 디드로와 달랑베르의 『백과전서』(1751~1772)의 첫 번째 권에도 '안드로이드Android'라는 항목과 함께 플루트를 연주하는 자동인형이 소개될 정도였다.[35] 이 자동인형이 놀라웠던 것은 오르골과 같은 음악 재생 기계가 아니라, 자동인형의 입술과 내부 근육 장치가 움직이면서 소리를 만들어냈기 때문이었다.

보캉송은 인간과 기계 사이에는 아무런 중요한 차이도 없다고 생각했다. 그는 자동인형이 인간의 숨쉬기를 모방할 수 있도록 가슴 부위의 세 개의 파이프에 여섯 대의 송풍기를 연결하였다. 입 안에는 들어오는 공기를 조절할 수 있도록 인공 혀를 만들고, 네 개의 레버도 준비하였다. 이렇게 해서 수많은 나사와 톱니바퀴, 레버, 실린더, 철선 등을 이용한 복잡한 메커니즘 구조물이 자동인형 내부에 감추어졌다. 마지막으로 인간의 플루트 연주를 최대한 자연스럽게 흉내 내기 위해 자동인형의 손가락에 진짜 피부를 구해 그 가죽을 씌웠다.[36] 너무나 인간다워진 자동인형이었다.

뒤이어 선보인 '소화하는 오리Digesting Duck' 역시 큰 놀라움을 선사하였다. 1738년에 '플루트 연주자', '파이프와 북 치는 인형Pipe-and-Tabor player'과 함께 처음 전시된 이 오리는 살아 있는 오리와 너무나 비슷했다. 우선 오리처럼 물을 마시거나 목구멍으로 음식물을 삼키고, 꽥꽥거리거나 일어섰다 앉을 수 있었다. 400여 개의 연결 부위로 제작된 날개는 너무나도 섬세했다.[37]

나는 해부학자들이 이 날개의 구조에서 어떤 결함도 찾아내지 못할 거라고 믿는다. 모든 뼈를 모방했을 뿐만 아니라 각 뼈의 모든 돌기까지도 그대로 본떠 만들었기 때문이다. 나는 이 뼈들과 여러 연결 부위를 꾸준히 관찰했는데, 굴절 부위와 강 그리고 날개를 이루는 세 개의 뼈는 매우 독특하다. 첫째 뼈인 상박골(위 팔뼈)은 견갑골(어깨뼈) 구실을 하는 뼈와 함께 자유

LE JOUEUR DE GALOUBET, LE CANARD ET LE JOUEUR DE TAMBOURIN
PIÈCES AUTOMATIQUES CONSTRUITES PAR VAUCASSON.

| 그림 14 | 1738년 보캉송이 제작한 자동인형 전시 안내서의 그림. 왼쪽부터 플루트 연주자, 소화하는 오리, 파이프와 북 치는 인형이다.

자재로 회전 운동을 한다. 둘째 뼈는 날개의 전박골(아래 팔뼈)인데, 이것은 해부학자들이 경첩 관절(경첩처럼 뒤에 있어 한쪽 방향으로만 굽어지는 관절)이라고 부르는 연결 부위를 따라 상박골과 함께 움직인다. 세 번째 뼈인 요골(허리뼈)은 상박강 속에서 회전하며, 살아 있는 오리의 경우와 마찬가지로 다른 쪽 끝이 날개의 맨 끝 부분에 고정되어 있다. 이 기계를 면밀히 살펴보면, 이것이 하나의 날개에 관한 상세한 해부학적인 묘사라기보다는 자연을 그대로 모방한 것임을 알 수 있을 것이다.[38]

무엇보다도 놀라웠던 것은 음식을 먹은 뒤 시간이 지나면 배설물로 보이는 물질이 오리 아래의 상자에서 발견된다는 점이었다. 이렇게 되자 오리가 정말 음식을 먹고 소화한 것인가를 놓고 논쟁이 벌어졌다. 보캉송의 기계 오리 이전에도 동물 모양의 자동인형들이 있었지만, 모두 겉으로 드러나는 동물의 형태와 간단한 동작 등을 모사한 수준에 불과했다. 이에 비해 보캉송의 기계 오리는 겉으로 드러나는 운동 외에도, 개체 내부의 장기들과 그것의 생리적인 작용까지 기계적으로 재연하고 있었다. 추후 배설물이 기계 오리의 것이 아니라 인간이 나중에 몰래 가져다 놓은 것임이 밝혀졌지만, 기계 오리가 안겨 준 놀라움은 쉽게 가라앉지 않았다.

보캉송의 기계 오리는 '인간과 동물의 생체 작용 역시 기계적으로 재생될 수 있는 것인가'라는 문제를 제기하며 인간 기계론의 논의에 불을 당겼다. 데카르트의 철학에서 인간은 영혼이 있다는 점에서는 동물과 차이가 있었으나, 이를 제외하면 동물과 사람 모두 기계라는

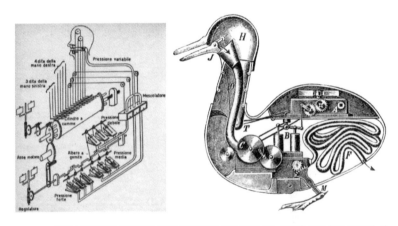

| 그림 15 | 보캉송의 플루트 연주자와 오리 자동인형의 내부 메커니즘. 왼쪽은 보캉송의 1738년 설명서를 참조해 재구성한 그림으로, 샤푸이스Alfred Chapuis와 드로Edmond Droz의 자동인형 역사서 (1928)에 실려 있다. 오른쪽은 19세기의 발명가가 소화하는 오리를 재구성한 그림이다.

점에 차이가 없었다. 따라서 동물의 장기와 생리 현상을 기계적으로 재생시킬 수 있다면, 인간에게도 똑같은 것이 가능하다고 볼 수 있었다. 이처럼 보캉송의 자동인형은 과연 인간과 기계 사이의 경계는 어떻게 나누어질 수 있으며, 기계는 인간의 어디까지를 모사할 수 있는가라는 문제들을 제기하였다.

이런 가운데 오스트리아 잘츠부르크에는 매우 장대하고 아름다운 '기계 극장Mechanisches Theater'이 만들어졌다. 이 기계 극장은 조화롭고 질서 잡힌 도시의 모습을 희망했던 야콥 폰 디트리히스타인Andreas Jakob Graf Dietrichstein(1747~1753) 대주교가 기술공 로렌쯔 로젠네거Lorenz Rosenegger(1708~1766)에게 의뢰해 1748년에서 1750년 사이에 제작된 것이었다. 이 기계 극장은 규칙적인 기계적 움직임을 통해 도

| 그림 16 | 헬브룬 궁 기계 극장의 내부 전경

시 전체가 한꺼번에 질서 정연하게 돌아가는 장관을 보여 주었다.

이 기계 극장의 내부에는 캠cam이라고 불리는 얇은 금속 조각들이 숨어 있었다. 캠의 둘레에 울퉁불퉁한 굴곡을 만들고 그 굴곡에 맞닿아 있는 막대 끝에 자동인형을 연결하면, 캠을 회전시킬 때마다 막대가 캠의 굴곡을 따라 위 아래로 움직이면서 그 막대에 연결된 자동인형의 움직임을 만들어낼 수 있었다. 현대의 프로그래밍과 비슷한 이러한 기술을 통해 200개 가량의 자동인형 시민들로 구성된 도시 전체가 제각각 동시에 움직일 수 있었다.[39] 기계화된 세상 그 자체였다.

18세기 유럽에서 자동인형이 부유한 궁정과 귀족 사회의 사치품으로 자리 잡으면서, 자동인형 기술은 더욱 정교해졌다. 시계 장인들은 부품을 더욱 소형화하였고, 캠 기술을 보다 더 발전시켰다. 18세기 유명한 시계 제조공이었던 자케 드로Jaquet Droz(1721~1790)의 '세 예술가'에 이르면 당대 자동인형 기술의 극치를 볼 수 있다. 그림 17의 맨 오른쪽의 붓을 든 '미술가The draughtman'는 루이 14세 부부와 드로의 애완견 등을 그렸고, 가운데 여성의 모양을 하고 있는 '음악가the musician'는 풍금 건반을 치며 연주하였다.

이 중 왼쪽의 '문필가The writer'는 현존하는 자동인형 가운데 가장 놀라운 작품이다. 그림 18에서처럼 '문필가'의 몸에는 소형화된 총 6,000개의 부품과 교체 가능한 캠들, 내부 동력원들이 그 안에 꼭 맞게 들어가 있다. 특히 이 인형의 경우에는 캠들을 교체하거나 재배열하는 것이 가능해, 소년이 쓸 문장을 자유자재로 프로그래밍 하는 것이 가능했다. 드로의 자동인형에 사용된 캠들 중에는 데카르트의 유명한 글귀, '나는 생각한다. 그러므로 나는 존재한다'를 휘갈겨 쓰도

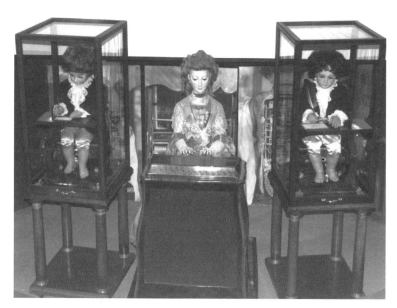

| 그림 17 | 드로의 자동인형, '세 예술가'

| 그림 18 |
드로의 자동인형, '문필가'

록 프로그래밍된 것도 있었다.[40] 이는 기계로 만들어진 자동인형이 마치 사고하는 능력을 소유하기라도 한 듯, 인간을 흉내 내기에 더 없이 적절한 문장이었다.

기계화된 정신과 영혼의 자리

어떤 시대이든지 사람들의 의식이나 철학은 당시 과학기술의 발전과 무관하지 않았다. 자동인형의 경우에도, 이전에는 상상하기 힘들 정도로 정교한 자동인형들이 나타나면서, 인간에 대한 관념과 태도 역시 변화하기 시작했다. 인간 역시 일종의 복잡한 기계에 다름 아니라고 생각하는 이들이 나타난 것이다. 프랑스의 의사이자 급진적인 유물론자였던 쥘리엥 오프루아 드 라메트리Julien Offray de La Mettrie(1709~1751)는 대표적인 인물이었다.

라메트리가 이런 생각에 도달한 데는 당시 의학 및 생리학의 발달에 더불어, 네덜란드의 천문학자이자 수학자였던 크리스티안 하위헌스Christiaan Huygens(1629~1695)의 천체 투영관과 보캉송의 자동인형과 같은 기계 기술도 큰 영향을 미쳤다.

시간을 보여주거나 알려주는 것보다는 행성들의 운동을 보여주는 데 더 많은 휠 부품과 스프링이 필요하다. 기계 모델 제작가인 보캉송이 플루트 연주자를 만드는 데는 오리보다 더 많은 기술이 필요했다. 이제 우리는 이 생각들을 더 확장해볼 수 있다. 말하는 자동인형을 만들기 위해서는 보캉송에게 훨씬 더 많은 기술이 필요했을 것이다. 그러나 새로운 프로메테우스가 말하는 기계를 발명하는 것이 불가능하다고 볼 수는 없다. 자연은 더 많은 기술과 기관들을 사용해 기계[인간을 의미]를 조립하고 심장 박동과 정신 작용을 계속해서 지속할 수 있도록 간수해왔다.[41]

그는 『인간 기계론L'Homme Machine』(1747)에서 "인간의 신체는 스스로 태엽을 감는 기계이며, 영구적인 운동의 살아 있는 표본"이라고 밝히기에 이르렀다.[42] 그는 시계가 태엽이 만들어내는 진동을 통해 움직이듯, 인간이란 기계도 '자연적인 진동natural oscillation'에 의해 유지되는 것이라고 보았다.[43] 더 나아가 인간의 정신적인 영역 역시

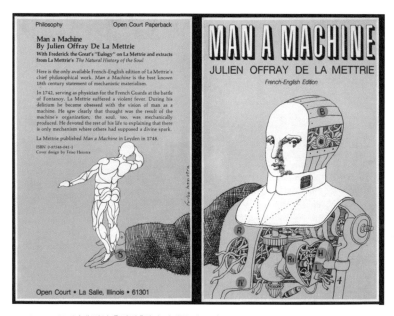

| 그림 19 | 1974년에 번역 출판된 『인간 기계론』의 표지

53

자신의 독특한 영혼 개념을 통해 기계적으로 설명하였다. 라메트리에 의하면, 외부의 물체가 인체의 감각 기관을 자극할 때, 감각 기관 내부의 신경이 교란되면서 미세한 움직임이 뇌의 감각 중추에 전달된다. 세기가 약하면 반응하지 않지만, 일정 세기를 넘어서면 감각을 관할하는 영혼이 그 자극에 반응한다. 이때 정상적인 정신적 상태에 변화가 일어나면서 신체의 변화를 촉구하기도 하고, 때로는 호기심이나 열정 등의 정신적 감정으로 표출되기도 한다.[44]

라메트리의 시도는 데카르트 이후 기계적 철학에 동조했던 많은 이들이 인간의 신체를 기계적으로 설명하면서도 정신적인 영역은 그 설명에서 제외시켰던 것과 달랐다. 그의 이론에서 영혼은 인간의 감각이나 물리적인 행동은 물론이고, 감정이나 의지 그리고 기억과 같은 정신적인 영역들 역시 관할하는 일종의 총체적인 원리였다. 그리고 그것은 인간의 신체와 구분되는 무형의 추상적인 무언가가 아니었다. 그것은 신체 외부의 물리적인 작용에 반응하여 인간의 감정이나 사고 그리고 기타 물리적인 행동 등을 드러내도록 관할하는 인체 내부의 물리적인 존재였다. 그것은 인체의 각 부분이 자율적으로 움직이도록 하는 총제적인 원리였고, 그러한 원리는 뇌로부터 연결된 모든 신경들을 통해 몸의 나머지 부분들로 전달되는 것이었다. 라메트리는 그러한 영혼의 형태나 위치 등을 정확히 규정하지는 못하면서도, 뇌의 어딘가에 위치하는 영혼을 통해 인간의 감각과 사유가 작동하는 원리를 설명할 수 있다고 보았다.[45]

결국 그의 이론에서 인간은 감각과 사유를 그 속성으로 하는, 물질로 이루어진 기계로 볼 수 있었다. "아무리 이 오만하고 몰상식한 존재들이 우쭐거리고 싶어도, 그들은 본질적으로 동물들, 즉 수직으로 서서 기어 다니는 기계들에 불과"[46]했다. 그가 보기에 인간은 원숭이와 같은 동물들과 너무나도 비슷했다. 의사였던 그가 자신의 의학적 경험을 이용해 생리학 및 비교해부학의 내용들로 자신의 이론을 정당화했던 것은 자연스러운 반응이었다.

신앙이 쇠퇴하던 시대에, 기계 기술의 혁신적인 발전과 기계로서의 인간에 대한 연구들은 이성을 찬양했던 계몽시대 철학자들에게 큰 영향을 미쳤다. 볼프강 폰 켐펠렌Baron Wolfgang von Kempelen(1734~1804)의 '체스 두는 인형Schachtürke'이 나타났던 것도 바로 이런 상황에서였다. 1769년에 제작된 이 인형은 사람들의 놀라움과 경탄을 불러일으켰다. 체스 두는 인형은 터키인의 복장을 하고 커다란 체스 판 앞에 앉아 있는 목각상이었는데, 기계적으로 움직이는 이 자동인형과의 체스 대결에서 웬만한 사람들은 이길 수가 없었다고 한다.

켐펠렌은 시합을 시작하기 전에 늘 체스 두는 인형이 기계임을 확인시켰다고 한다. 그는 인형 아래 상자의 문과 서랍을 열어 기어와 실린더, 톱니바퀴 등으로 구성된 기계를 보여주고는, 다시 뒤편으로 돌아가서 촛불로 안쪽을 비춰 기계 외에는 아무것도 없음을 확인시켰다. 그런 다음 터키 인형이 입고 있는 옷을 들추어 그 속에 감춰진 기계 구조를 보여준 뒤에야 시합을 시작하였다. 상자의 문과 서랍을 모두 잠그고 태엽을 감으면 인형이 움직이기 시작하는데, 상대가 말을 움직이면 체스판을 골똘히 쳐다본 후 톱니바퀴 움직이는 소리를 내며 팔을 움직여 체스 말을 이동시켰다. 이때 상대편이 체스 인형을 시험하기 위해 일부러 말을 잘못 두면 머리를 가로저으며 말을 본래의 위치로 이동시켰고, 체크 상황이 되면 머리를 두 번 끄덕였으며, 체크 메이트일 경우에는 머리를 세 번 끄덕이는 식으로 자신의 의사를 표현하였다고 한다.[47]

체스를 두기 위해서는 상당한 판단력과 사고력을 갖추어야 하는데, 체스 두는 자동인형은 놀라울 정도의 실력을 보여주었다. 자연히 이 자동인형의 비밀을 두고 사람들 사이에서는 논쟁이 이어졌다. 켐펠렌이 아무도 모르게 철사나 자석을 조작해서 움직인다거나 체스 두는 자동인형은 불가능하다고 이야기하는 이들도 있었고, 공개적인 조사를 요구하는 이들도 있었다. 어쨌든 이 인형이 인기를 끌면서 켐펠렌은 유럽 여러 나라와 미국까지 여행하였고, 논란도 역시 그와 그의 기계를 따라 다녔다.

체스 두는 인형에 대한 논란은 19세기까지도 계속되었는데, 그 비밀이 제대로 밝혀진 것은 1830년대에 이르러서였다. 자동인형 안에 들어가 대신 체스를 두던 인물이 이를 신문에 폭로한 것이었다. 기사에 따르면, 체스 선수는 켐펠렌이 터키 인형 아래의 문을 열어 관객들에게 아무것도 없음을 보여줄 때 칸막이로 가려진 옆 공간으로 재빨리 자리를 옮겨 숨었다. 그러다 켐펠렌이 문을 닫고 상자 앞쪽으로 나와 관객들을 상대할 때 다시 상자 안에서 제대로 자리를 잡았다. 인형의 팔과 체스 말에는 자석이 붙어 있어 팔이 체스 말을 움직일 수 있었고, 체스판의 각 칸마다 그 아래에 자석이 달려 있어 체스 말이 움직일 때 상자 안에 있는 사람이 체스판 칸막이에 매달려 있는 금속 바늘의 움직임을 통해 말이 체스판의 어느 위치로 이동하는지를 알 수 있는 구조였다.[48]

| 그림 20 | 켐펠렌의 체스 두는 터키 인형(1789). 체스 두는 인형의 원리를 설명하기 위한 삽화이나, 실제로는 제대로 설명하지 못했다. 원리를 설명하는 정확한 삽화는 「미국 헤리티지 매거진」(1960)에 실린 '체스Échec!'에서 볼 수 있다.

이 비밀이 폭로되기 전까지 많은 사람들이 이 자동인형을 보며 낯섬과 경이, 혹은 두려움을 느꼈다. 악마가 조정한다고 생각하는 이들도 있었고, 졸도하는 여자들도 있었다. 체스 두는 자동인형은 당시 유럽인들에게 인간과 기계에 대한 철학적인 질문을 던졌다. 아무리 정교하다고 하더라도 그 인형에 영혼이 없다면, 이성적인 사고가 가능할 것인가? 그렇다면 이성적인 사고를 하는 것처럼 보이는 자동인형 속에 깃든 영혼은 누구의 것인가? 인간의 이성은 진정으로 영혼이 깃든 자동인형을 만들 수 있는 것인가? 이 모든 질문들은 너무도 인간다운 자동인형이 던져준 문제였다.

체스 두는 자동인형이 전 유럽을 여행하며 논란을 불러일으키던 동안, 독일에서는 E.T.S 호프만Ernst Theodor Amadeus Hoffmann(1776~1822)이 『모래 사나이Der Sandman』(1816)를 발표했다.[49] 독일의 후기 낭만주의 작가 중 한 사람으로 잘 알려진 호프만은 주로 이성적이거나 합리적으로 설명이 어려운 초현실적인 환상이나 꿈 그리고 인간 내부의 광기, 충동, 불안 등을 다루었다. 그의 작품에서는 현실과 환상의 세계가 서로 연결되었고, 인간 내부의 두 가지 세계, 즉 합리적이고 이성적인 측면과 괴팍한 광기와 일탈 등이 공존하는 모습이 그려졌다. 호프만이 살았던 19세기 초 독일에서는 영국이나 프랑스와는 달리, 봉건적인 정치 체제가 지속되고 있었다. 이런 상황에서 작가들을 포함한 시민 계급에는 소외와 억눌림, 내적 갈등이 잠재되어 있었고, 호프만은 『모래 사나이』에서 바로 그러한 인간 내부의 두 세계의 갈등과 그 속에서의 일탈과 광기 등을 다룬 것이다.[50]

『모래 사나이』는 단편임에도 불구하고, 호프만의 작품 중에서 가장 많이 연구되고 회자되는 작품에 속한다. 이 작품에는 여러 가지 상징과 모티브들이 사용되고 있어 내용을 한 눈에 파악하기가 쉽지 않고, 세 사람의 편지로 구성되어 있어 하나의 통일된 시각에서 바라보기도 힘들다. 더구나 중요하게 다뤄지는 사건들에 대한 친절한 설명도 없고 결론을 열어 놓아, 많은 이들이 다양한 시각에서 이 작품을 연구하였다. 주인공 나타나엘의 사고를 정신분석학적 측면에서 바라보거나, 작품에서 중요하게 다뤄지는 '눈'을 중심으로 그것이 무엇을 상징하며 그것을 통해 주인공의 내면이 어떻게 투사되는지에 관심을 기울이는 경우도 있었다.

이 작품에서 나의 관심을 끄는 부분은 나타나엘이 사랑하게 되는 자동인형 올림피아다. 주인공 나타나엘은 유년 시절에 의문의 남자 코펠리우스를 만나며 끔찍한 상황을 경험하고, 이후 코펠리우스가 나타나 아버지와 비밀스러운 실험을 하던 중 아버지가 사망하는 아픈 기억을 간직하고 살아간다. 이런 상황에서도 이성적이고 합리적이었던 나타나엘은 대학생이 된 후 스팔란차니 교수의 딸, 올림피아를 만나면서 현실과 환상의 경계를 넘나든다. 자동인형인 올림피아를 살아 있는 여성이라고 생각하고 사랑하게 되는 것이다.

올림피아는 매우 화려하고 멋들어지게 차려입고 모습을 드러냈다. 사람들은 그녀의 아름다운 얼굴과 몸매에 찬탄을 금하지 못했다. 아주 야릇하게 살짝 굽은 등과 말벌과 같이 잘록한 몸매는 허리를 너무 꽉 조여서 그렇게 보이는 것 같았다. 그녀의 걸음걸이와 자세도 뭔가 규칙적이고 딱딱해서 어떤 사람들의 눈에는 거북하게 보였으나, 많은 사람들 앞에 나서는 부담감 때문에 그런 것이라고들 여겼다.

음악회가 시작되었다. 올림피아는 아주 숙련된 솜씨로 피아노를 연주했으며, 유리 종소리처럼 청아하고 칼로 베는 듯이 가는 목소리로 화려한 기교의 아리아를 불렀다. 나타나엘은 완전히 넋이 나갔다. 그는 맨 뒷줄에 서 있었으며, 촛불에 눈이 부셔 올림피아의 표정을 제대로 알아볼 수가 없었다. 그래서 그는 눈에 띄지 않게 코폴라의 망원경을 꺼내들고 아름다운 올림피아를 바라보았다. 아! 그 순간 그는 알게 되었다. 그는 올림피아가 자신을 열망이 가득한 시선으로 바라보고 있다는 것을 깨달았고, 그 사랑의 눈길 속에서 그녀 노래의 한 음 한 음이 그의 가슴에 불을 붙이며 파고드는 것을 느꼈다. 나타나엘에게는 기교적이고 장식적인 연속음이 사랑에 빠져 행복한 감정을 외치는 환희의 탄성처럼 들렸다. 그리고 마침내 카덴차에 이어 긴 트릴(떨림음)이 요란하게 홀에 울려 퍼지자, 나타나엘은 갑자기 뜨겁게 달아오른 팔이 자신을 감싸는 것 같은 참을 수 없는 고통과 매혹에 사로잡혀 자신도 모르게 부르짖었다.

　"올림피아!"[51]

18세기에 자동인형이 사치품으로 유행하면서 인간을 닮은 자동인형들이 만들어졌을 때, 많은 경우 그것은 아동 아니면 여성의 모습을 하고 있었다. 당시 아동은 이성적인 성인 인간과 겉으로는 유사하지만, 영적이나 정신적인 측면은 결여되거나 부족한 존재로 여겨

| 그림 21 | 데이비드 뢴트겐David Roentgen의 마리 앙투아네트 자동인형(1784)

졌다. 자동인형이 인간의 행동은 기계적으로 구현하였지만 정신을 담지는 못했다는 점에서, 성인 남성보다는 아동이 훨씬 더 잘 어울렸던 것이다.

자동인형이 여성의 모습을 하게 될 때, 그것은 에로틱한 모습으로 나타났다. 하얀 피부에 불긋한 뺨, 풍성한 금발 머리에 화려한 드레스를 입은 여성 인형은 주로 노래를 부르거나 악기를 다루는 모습으로 만들어졌다. 이는 남성의 시각에서의 이상적인 여성상을 보여주는 것이었는데, 이러한 자동인형은 남성의 성적 욕망의 대상으로 받아들여질 수 있었다.[52]

더욱이 당시는 산업화와 근대화의 물결이 거셌던 시기였다. 산업혁명 기간 동안 수공업 노동자들의 일거리를 빼앗은 방직기에서 드러났듯, 기계는 인간에 대해 파괴적이고 억압적인 방식으로 작용할 수 있었다. 그래서 사람들은 자동인형에서 억압적인 남성의 모습보다는 포근한 엄마나 사랑스러운 애인처럼 자연 친화적이면서도 통제 가능한 여성의 모습을 원했다.[53]

또한 이 시기에는 여성의 사회적 역할이 변화하고 있었음에도 불구하고, 여성에 대한 사회적 인식 및 제약은 과거의 모습을 그대로 유지하고 있었다. 여성의 자리는 여전히 가부장적 가족의 테두리 안이었고, 고등 교육의 기회도 주어지지 않았다. 집 안에서 우아하게 차려 입고 피아노를 치는 여성의 이미지는 가부장적이고 남성 중심적인 근대 유럽 사회의 일종의 여성 길들이기에 해당한다고도 볼 수 있었다.

『모래 사나이』의 올림피아 역시 통제되고 길들여져야 하는, 성적 욕망의 대상으로 그려졌다. 소설에서 나타나엘은 올림피아처럼 훌륭한 경청자를 본 적이 없다고 이야기한다. 그에게 그녀는 몇 시간을 이야기해도 조용히 경청하며, "자리를 옮기거나 몸을 움직이지도 않은 채 굳은 시선으로 사랑하는 사람의 눈을 응시"할 줄 아는 여인이었다. 또한 나타나엘이 손을 덥석 잡으며 자신을 감싸 안고 춤을 추어도, 손에 키스를 하고 입술에 입을 맞추어도, 더 나아가 포옹하고 청혼을 해도 그저 모든 것을 사랑의 시선으로 받아들이는 존재였다.

따라서 그런 올림피아가 자동인형이라는 것을 알게 되었을 때, 그로 인해 나타나엘 자신의 사랑이 부정되고 거부되었을 때, 나타나엘의 광기는 폭발한다.

그 순간 맹렬히 불타는 광기의 발톱이 그를 움켜잡았고, 내면까지 파고들어 모든 감각과 생각을 갈기갈기 찢어 놓았다.

"휘이, 휘이, 휘이! 불의 동그라미여, 불의 동그라미여! 돌아라, 불의 동그라미! 신나게, 신나게! 나무 인형이여, 휘이, 아름다운 나무 인형이여, 빙빙 돌아라"

나타나엘은 이렇게 외치면서 교수에게 달려들어 그의 목을 졸랐다. 교수는 숨이 막혀 거의 죽을 뻔했으나, 소동을 듣고 몰려온 사람들이 미쳐 날뛰는 나타나엘을 떼어낸 덕분에 목숨을 구하고 상처도 곧 싸맬 수 있었다. 지그문트는 힘이 셌지만 미쳐 날뛰는 나타나엘을 혼자서 제압할 수는 없었다. 나타나엘은 소름 끼치는 목소리로 계속 외쳐댔다.

"나무 인형아! 빙빙 돌아라!"

그리고 불끈 쥔 주먹을 마구 휘둘렀다. 마침내 여러 사람이 힘을 모아

바닥에 쓰러뜨리고 묶음으로써 그를 제압할 수 있었다. 그가 내지르는 비명은 끔찍한 짐승의 울부짖음으로 변했다. 그는 그렇게 섬뜩한 광기에 사로잡혀 미쳐 날뛰면서 정신병원으로 실려 갔다.[54]

'모래 사나이'는 독일 구전 이야기의 인물 가운데 하나다. 전설에 따르면, 모래 사나이는 밤에 잠을 자지 않으려는 아이에게 나타나 그 아이의 눈에 모래를 뿌린 후 눈알을 뽑아 먹는 괴물이다. 눈이란 외부의 세계를 바라보는 내면의 창이라 할 수 있다. 나타나엘은 자신의 눈을 통해 자동인형을 인간 여인으로 바라보며 인형의 행동을 환상적으로 해석하는 비정상적인 인지 과정을 경험한다. 외부 세계의 현실을 객관적으로 바라보지 못하고 있다는 점에서 나타나엘은 모래 사나이에게 눈을 잃은 거나 다름없었다.[55] 내부 세계와 외부 세계가 서로 균형을 이루지 못하면서 나타나엘의 내면의 광기는 결국 그를 삼켜 버리고 만다.

다양한 버전의 『모래 사나이』

『모래 사나이』는 아름다운 여인을 닮은 자동인형을 사랑한다는 다소 환상적인 요소를 지니고 있다. 하지만 작품의 전체적인 분위기와 결말은 매우 우울하다. 소설은 독자로 하여금 왠지 모를 두려움을 갖게 하며, 결국에는 주인공의 비극적인 결말로 마무리된다. 이 소설을 읽고 있자면, 어느 순간 온몸에 소름이 끼치는 것 같은 느낌이 든다.

그런데 이 줄거리가 발레와 오페레타라는 형식을 통해 대중에게 다가갔을 때, 그것은 완전히 다른 이야기로 거듭났다. 우선, 발레 「코펠리어Coppélia」(1870)는 『모래 사나이』의 해피엔딩 버전이라 할 수 있다. 「코펠리어」에는 『모래 사나이』의 나타나엘 역할을 하는 프란츠와 나타나엘의 약혼자 클라라 역할을 하는 스와닐다가 주인공으로 나온다. 프란츠는 어느 날 발코니에 앉아 책을 읽고 있는 자동인형 코펠리어를 보고는 사랑에 빠진다. 자신의 약혼자가 다른 여성에게 구애하는 모습을 보고 상심한 스와닐다는 코펠리어를 만나기 위해 몰래 집에 숨어 들어가고, 코펠리어가 자동인형임을 알게 된다. 이후 코펠리어를 만든 코펠리우스 박사와 약혼자 프란츠가 집으로 들어오며 여러 가지 소동이 벌어지지만, 결국 약혼자 프란츠와 행복하게 결혼하는 이야기로 마무리된다.

| 그림 22 | 영국 국립발레단이 공연한 「코펠리어」(2015)의 한 장면. 코펠리우스 박사가 코펠리어의 동작을 시험해 보고 있다.

이 발레는 큰 인기를 끌었는데, 그것은 단지 이 작품이 심각한 주제를 버리고 해피엔딩으로 마무리되었기 때문만은 아니었다. 이유는 춤에 있었는데, 코펠리우스 박사가 만들었던 다양한 자동인형들의 기계적인 움직임을 모방해 다양하고 화려한 발레 무용을 선사했기 때문이었다.[56] 18세기 말 유럽에는 제국주의와 무역의 성장에 따라 이국적인 모습의 이방인들이 나타났고, 유럽 무역상들은 중국 무역을 염두에 두고 이방인을 닮은 자동인형을 만들었다. 발레 「코펠리어」에는 바로 그런 다양한 자동인형들이 등장했는데, 이들이 속한 지역적 특징에 따라 추는 춤 역시 다양했다. 「코펠리어」는 헝가리, 중국, 슬라브, 폴란드 등 다양한 지역의 춤을 화려한 볼거리로 제공하였는데, 여러 지역의 다양한 춤을 발레로 소개한 작품은 「코펠리어」가 처음이라고 한다.

이후 『모래 사나이』는 오페레타[57] 「호프만 이야기」(1881)를 통해 다시 한 번 새롭게 각색되었다. 「호프만 이야기」는 프랑스에서 활동한 자크 오펜바흐Jacques Offenbach(1819~1880)가 호프만의 단편 세 편을 기초로 작곡한 작품인데, 이 중 첫 번째가 『모래 사나이』에 등장하는 나타나엘과 자동인형 올림피아와의 사랑 이야기다. 오페레타에서는 나타나엘의 역할을 호프만이 맡는데, 이야기는 스팔란자니 교수가 자신의 자동인형 올림피아를 소개하는 장면부터 시작된다. 이후 호프만이 올림피아를 사랑하게 되고, 갑자기 나타난 코펠리우스로 인해 올림피아가 자동인형이라는 것을 알게 되는 것으로 마무리된다.

발레에서도 그랬지만, 오페레타에서도 호프만이 올림피아가 자동인형이라는 사실을 알게 되었다고 해서 광기로 치닫는 일은 없다.

사실을 안 후 호프만이 안락의자에 주저앉는 것으로 끝나고, 곧바로 2막으로 넘어간다. 자동인형이라는 소재를 사용한 것 자체가 정신적 교감이 없는 사랑의 덧없음을 이야기하기 위한 것이기 때문이다. 이렇듯 같은 소재를 다루는 경우에도, 그것이 어떤 매체를 통해 전달되는지 그리고 어떤 주제를 전달하기 위해 작품화되는지에 따라 해당 소재를 그리는 방식은 달라질 수 있다. 혁명과 전쟁에 휩쓸렸던 19세기 초의 프랑스에서는 불안하고 엄숙한 분위기가 지배적이었다면, 사회가 어느 정도 안정되고 문화적 감성이 되살아나던 19세기 말의 프랑스에서는 가볍게 즐길 수 있는 오페레타가 인기를 끌 수 있었다.[58] 당시의 시민들에게 인간과 기계라는 주제는 너무 진지하고 심오한 것이었다.

그림책에서 살아난 자동인형

근대의 자동인형은 이제 박물관에나 있는 골동품이 되었다. 그러나 자동인형은 현대에도 여전히 문학 작품에 나타나고 있다. 『위고 카브레The Invention of Hugot Cabret』(2007)는 그림책 작가 브라이언 셀즈닉Brian Selznick과 프랑스 영화 제작자인 조르주 멜리에스Georges Méliès(1861~1938)가 만나면서 탄생하였다. 멜리에스의 「달로의 여행 A Trip to the Moon」(1902)이라는 작품을 본 것이 계기가 되어 셀즈닉은 10년에 걸쳐 멜리에스에 대해 배우고 생각할 시간을 가졌다고 한다.

셀즈닉은 그러던 중 우연히 게이비 우드Gaby Wood의 『살아 있는 인형』(2003)[59]의 서평을 접하면서 그 책이 멜리에스와 그의 자동인형에 대해 다루고 있다는 것을 알게 되었다. 셀즈닉은 멜리에스의 자동인형들이 파리의 박물관에서 폐기된 걸 알고 있었는데, 우드의 책을 읽는 순간 쓰레기 더미에서 그 자동인형을 찾고 있는 소년, '위고 카브레'의 이미지가 분명하게 떠올랐다고 한다. 오랫동안 마술과 시계 제작의 원리에 관심을 가지고 있었던 셀즈닉은 우드의 책에서 마술과 시계 제작의 비밀, 자동인형, 영화의 마술이 서로 유기적으로 연결되는 것을 보며, 단숨에 『위고 카브레』의 스토리라인을 탄생시켰다고 한다.[60]

『위고 카브레』는 책의 표지부터가 무척 흥미롭다. 한 인터뷰에서 셀즈닉은 삽화가로 활동하다 자신만의 책을 준비하던 중 프랑스의 영화 감독 르네 끌레어René Clair(1898~1981)의 작품을 접하면서 큰 영감을 받았다고 밝혔다. 끌레어가 음악을 통해 자신의 무성 영화에 나래이션을 들려주고자 했던 것처럼, 그 역시 그림을 통해 이야기를 전달하고자 했다는 것이다.[61] 과연 책 속 삽화는 그 자체로 읽는 이의 주목을 끌만큼 흥미롭다.

『위고 카브레』의 줄거리는

| 그림 23 | 『위고 카브레』의 표지

『살아 있는 인형』의 멜리에스 이야기에서 많은 것을 빌려왔다. 그러나 그들이 초점을 맞춘 주제는 약간 다르다. 우선 『살아 있는 인형』은 마술에 관심을 가지고 있던 멜리에스가 영화라는 매체를 접하면서 영화 기술을 통해 일종의 마술을 선사하는 모습을 부각시켰다. 영화를 만들며 멜리에스는 인간과 자동인형 사이의 경계를 넘나들었다. 그가 만든 영화에서는 마분지에 그려진 조각상과 부채에 그려진 여성들, 혹은 시계공이 만든 시계 등이 살아 있는 여성이 되고, 그 여성들은 다시 갑자기 사라졌다가 해골이나 색종이 같은 다른 물질들로 바뀌었다.[62] 현실에서는 가능하지 않은 마술을 영화 촬영 기법을 통해 선보였던 것이다.

우드는 이를 두고 멜리에스의 작품을 설명하면서 "피그말리온 신화를 다룬 자신의 영화에서 멜리에스는 기계적인 자동인형이 지닌 '두려운 낯섦uncanny'의 신비를 잘 아는 마술사로서 영화의 마술에 대한 완벽한 은유를 만들어 냈다"고 소개했다. 영화에서 멜리에스가 자동인형을 인간으로 만들거나 또는 인간을 다른 형태로 만들면서, 프로이드Sigmund Freud(1856~1939)가 이야기한 '두려운 낯섦'의 느낌을 만들어냈고, 그러면서 일종의 마술을 구현했다는 것이다.[63] 뒤이어 우드는 멜리에스의 영화 이야기를 하면서 영화 제작 전후의 상황을 설명하였지만, 그것은 그저 부연 설명에 지나지 않았다. 우드가 주목한 것은 멜리에스 영화가 지닌 마술적인 특징이었다.

셀즈닉의 『위고 카브레』는 이와는 달리, 바로 그 부연 설명에 주목하였다. 멜리에스는 초기 영화 제작자 중 한 사람으로 수많은 영화를 제작하며 활발하게 활동했던 인물이었다. 그러나 미국 영화 산업이 발전하면서 그의 영화 사업은 위기에 몰렸고, 때마침 발발한 제1차 세계대전이 멜리에스가 활동하던 프랑스를 휩쓸면서 영화 제작자로서의 그의 삶은 더 이상 지속되기 어려웠다. 결국 자신이 사랑했던 영화와 관련된 모든 것을 잃게 된 그는 몽파르나스 기차역의 장난감 가게로 근근이 생계를 유지했다.

이후 영화 관계자들에 의해 멜리에스의 작품들이 발굴되고 복원되면서, 1929년 12월 플레옐 극장에서 멜리에스를 기리는 자리가 만들어졌다. 그곳에서 그의 영화들이 상영되었고, 그의 영화사적 위치가 재조명되었다. 말년에 프랑스에서 최고의 권위를 자랑하는 레지옹 도뇌르 훈장과 함께 국가 연금과 파리 근교 아파트가 지급되었던 것은 파란만장했던 그의 불운한 삶에 큰 위로가 되었을 것이다.[64] 『위고 카브레』는 바로 그러한 멜리에스의 운명적인 삶에 주목하여, 기차역 장난감 가게에 갇혀 살던 노년의 멜리에스가 기차역 시계탑 안에 살고 있던 위고를 통해 영화 제작자로서의 자신의 정체성을 회복해가는 과정을 담았다.

그런데 『위고 카브레』에서 멜리에스의 삶에 극적인 변화를 가져오며 이야기의 가장 중요한 요소로 사용되는 것은 주인공 위고의 자동인형이다. 박물관에서 일하던 위고의 시계공 아버지는 어느 날 박물관 다락에서 글 쓰는 자동인형을 발견하고, 그것을 아들 위고에게 보여준다. 위고가 이 자동인형에 대해 큰 애정을 보이자, 아버지는 위고에게 자동인형이 성공적으로 움직이는 것을 보여주기 위해 틈나는 대로 자동인형을 수리한다. 그러나 수리 도중 박물관에 불이 나면서 아버지는 위고에게 자동인형과 그 메커니즘 스케치만을 남긴 채 사망하고 만다.

갑자기 고아가 된 위고는 간신히 자동인형만을 챙긴 채 기차역 시계를 고치던 외삼촌에게 끌려간다. 그리고 그곳에서 외삼촌을 대신해 시계를 고치며 살아간다. 위고는 아빠가 자동인형에 마지막 유언을 남겼을 거라 생각하고, 그 인형을 고치기 위해 멜리에스의 장난감 가게를 드나들며 부품을 훔친다. 그 과정에서 멜리에스가 입양한 손

| 그림 24 | 『위고 카브레』의 삽화들. 오른쪽 위가 위고의 아버지가 남긴 자동인형 메커니즘의 스케치이다.

녀딸 이사벨을 만나고, 우여곡절 끝에 자동인형을 완성한다.

그런데 예상과 달리, 그 자동인형이 그리는 그림은 아빠의 유언이 아니었다. 영문을 모르던 위고와 이사벨은 영화의 역사를 접하며 그 그림이 멜리에스의 영화 장면이며, 자동인형 역시 멜리에스의 것임을 깨닫게 된다. 소설 후반부에서는 영화 역사가와 멜리에스의 만남을 통해 멜리에스에 대한 재평가가 이루어지고, 멜리에스의 가정에 입양된 위고가 새로운 가족을 만나는 이야기로 마무리된다.

『위고 카브레』에 나오는 자동인형의 운명과 실제 역사는 약간 다르다. 우드에 따르면, 멜리에스는 아버지의 유산으로 어릴 때부터 즐겨 찾았던, 마술가 장 외젠 로베르우댕Jean Eugene Robert-Houdin (1805~1871)의 극장을 구입하면서, 로베르우댕의 미망인으로부터 그가 만든 자동인형들도 함께 넘겨받았다. 로베르우댕은 젊은 시절 시계 제조 기술을 배우면서 시계 사업에 뛰어 들었으나, 마술 공부를 하고 기계 장치 제작 및 자동인형 수리 기술 등을 습득하면서 자동인형 제작에도 관심을 기울였다. 이후 로베르우댕은 시계 제작 외에 마술사로도 활동하면서 자동인형이 마술 공연에 중요하게 활용될 수 있음을 깨달았다. 그는 본격적으로 다양한 종류의 자동인형들을 만들었고, 그 자동인형들을 자신의 마술 공연의 일부로 사용했다. 그가 만든 자동인형 중에는 과자를 가져오는 요리사, 작은 프랑스 근위병, 작은 곡예사 인형 등이 있었다. 1844년 파리 박람회에서 상을 받은 '글 쓰는 인형'은 그의 수작 중 하나였다. 그 인형에게 '누가 생명을 주었는가'라는 질문을 하면, 로베르우댕의 글씨체로 그의 이름을 썼다고 한다.[65]

멜리에스는 인수한 로베르우댕 극장에서 자신이 스스로 마술 공연을 펼치며 자동인형을 관리하였다. 그러나 1913년에 사업 실패로 영화 제작이 완전히 중단되고 프랑스가 제1차 세계대전에 휩싸이면서 극장이 문을 닫게 되자, 자동인형들을 관리하기가 힘들어졌다. 적절한 매매처를 찾지 못한 멜리에스는 프랑스의 유명한 자동인형 제작자였던 보캉송을 기리기 위해 세워진 자동인형 박물관Musée des Automates de Grenoble에 자신의 자동인형들을 기증하였다.[66]

그러나 박물관에서는 멜리에스의 자동인형들을 전시하지 않았다. 이를 의아하게 여긴 그가 박물관 측에 문의하였을 때, 자동인형들을 보관하던 다락방이 극도의 더위와 추위에 노출되어 자동인형들이 모두 파손되었고, 더욱이 지붕이 무너지면서 산산조각 났다는 답을 듣게 되었다. 멜리에스는 "최상의 상태를 유지하도록 36년 넘게 정성을 다해 돌보아 온 걸작들"을 애도하며, "더구나 그것들이 박물관에서 이렇게 비참한 종말을 맞이할 거라고 누가 생각이나 했을까"라고 한탄했다고 한다.[67] 안타까운 것은 오늘날의 우리도 마찬가지다.

멜리에스와 로베르우댕의 자동인형은 이제는 사라지고 없다. 하지만 셀즈닉의 책에서 다시 살아난 멜리에스의 자동인형은 미국에서 제작된 영화 「휴고Hugo」(2011)[68]를 통해 3D 영상으로 생생하게 재현되었다. 「휴고」는 평소 멜리에스를 존경했던 마틴 스콜세지Martin Scorsese 감독이 『위고 카브레』를 읽자마자 제작 결심을 굳혔던 작품이라고 한다. 그는 멜리에스에 대한 헌사라 할 수 있는 이 영화에서, 소설에서 생략된 이야기들을 흥미롭게 영상화하였다. 가령, 스콜세지 감독은 영화에서 멜리에스의 장난감 가게는 물론이고, 그의 영

| 그림 25 | 영화 「휴고」의 자동인형이 그리는 그림

| 그림 26 | 영화 「휴고」의 자동인형 정면 모습

1.
인간과 기계

화 촬영장과 그가 제작한 영화 속 장면 등 다양한 장면들을 역동적으로 풀어냈다. 책『위고 카브레』의 흑백 삽화와 드문드문 끼어 있는 흑백 사진이 조용한 감동과 함께 때로는 궁금증을 안겨 주었다면, 영화「휴고」의 화려한 영상들은 흥미로운 볼거리를 제공하면서 책의 내용은 물론이고, 영화사의 주요 장면들과 멜리에스의 영화 이야기를 풍성하게 보완해준다.

영화에 나오는 자동인형의 움직이는 모습은 더욱 인상적이다. 특히 고장난 자동인형이 완성되어 펜을 움직이는 장면은 묘한 흥분을 자아낸다. 그리고 영화 후반부에서 주인공 휴고가 지쳐 잠이 들고 악몽을 꾸다 깨어났을 때, 휴고를 바라보는 자동인형의 눈빛은 마치 살아 있는 인간의 얼굴을 하고 있는 듯이 보인다. 마치 기계 속에 인간의 영혼이라도 담겨 있는 듯이 말이다. 발레나 오페라와 같이 어느 정도 거리를 두고 바라보는 공연의 경우에는 주인공이 자동인형을 바라볼 때 스쳐지나가듯 번쩍이는 눈빛이나 주인공의 시각에서 느껴지는 자동인형의 묘한 눈빛 등을 포착하기 힘들다. 이에 비하면, 영화란 매체는 순간의 장면을 포착하기에 가장 적절한 매체로 보인다. 영화「휴고」는 소설『위고 카브레』와 발레「코펠리어」 그리고 오페레타「호프만 이야기」가 제대로 보여주지 못한 자동인형의 이야기를 들려주는 것 같다. 이것이 바로 프로이드를 포함해 18~19세기 유럽인들이 자동인형을 보며 가졌던 '두려운 낯섦'의 감정일 것이다.

과거 인간을 닮은 기계를 만들고자 했던 욕망
과 상상 그리고 그것을 실현하기 위한 시도
는 현재에도 여전히 계속되고 있다. 최근
각국에서 진행되고 있는 휴머노이드
humanoid(인간의 형태를 닮은 로봇) 개발이
바로 그것이다. 소니Sony의 '큐리오
Qrio'와 혼다Honda의 '아시모Asimo' 그
리고 미국 보스턴 다이나믹스Boston
Dynamics의 '아틀라스Atlas' 등은 인간의
행동을 되도록 자연스럽게 모방하도록
계속해서 업그레이드되고 있다. 우리
나라에서도 카이스트KAIST의 오준호
교수팀에 의해 로봇 휴보Hubo가 개발

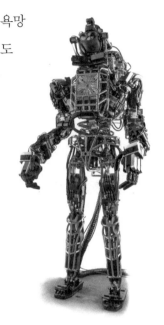

| 그림 27 | 보스턴 다이나믹스의 아틀라스

되었고, 더 나은 로봇 개발을 위해 연구에 박차를 가하고 있는 상황
이다. 로봇은 미래의 성장 동력으로 기대되는데, 공산품의 제조는 물
론이고, 의료, 재난 대처, 엔터테인먼트 등에 활용할 수 있도록 더욱
더 인간의 신체를 닮은 모습으로 개발되고 있다.[69]

이와 함께 다양한 기계에 장착될 인공지능 개발 역시 활발하게 이
루어지고 있다. OSRFOpen Source Robotics Foundation와 같은 비영리 단체
에 쏟아지는 투자금이나 애플, 구글, MS, IBM, 소프트뱅크 등의 연
구개발 투자는 어마어마하다. 2016년 3월 구글의 알파고와 이세돌

| 그림 28 | 알파고와 이세돌 9단의 대결 모습

9단 사이의 바둑 대결은 인공지능이 얼마나 높은 수준으로 발전하고 있는지를 극명하게 보여주었다. 이는 결국 인간의 몸은 물론이고, 마음까지 복제하고자 하는 인간 욕망의 산물일 것이다.

그런데 자동인형에서 본 것처럼 인간을 닮은 개체를 만들고자 하는 시도가 늘 긍정적으로만 받아들여졌던 것은 아니었다. 자동인형은 호기심과 경탄을 자아냈지만 동시에 두려움을 몰고 왔다. 18세기 방직기 도입이 보여주었듯이, 기계는 생산의 효율화와 대량 생산을 가능하게 했지만, 그로 인해 일자리를 잃은 이들에겐 끔찍한 악몽이었다. 19세기 초 기계파괴운동에서도 드러나듯, 기계의 위력을 경험한 이들은 기계에 격렬하게 저항하였다.[70] 그러나 기계화의 물결은 피할 수 없었고, 결국 노동 현장의 모습을 완전히 바꾸어 놓았다.

인간을 닮은 휴머노이드 로봇이나 인공지능 개발의 경우에도, 각국에서 열렬한 반응을 불러일으키고 있지만, 그것이 가져올 미래를 경험한 이들은 아직 없다. 그것이 우리에게 어떤 과제를 안겨줄지는 여전히 미지수지만, 먼 미래에 우리 사회를 변화시킬 것은 분명해 보인다. 서양 근대는 인간을 닮은 자동인형의 등장을 보고 인간과 기계의 차이는 무엇이며, 영혼의 실체와 그 자리는 어디인지에 대해 끊임없이 고민하였다. 그리고 그러한 고민들은 소설과 영화를 포함하여 다양한 대중문화 장르들을 통해 끊임없이 재구성되어 왔다. 멀지 않은 미래에 인간을 닮은 인공지능 로봇 개발을 앞둔 지금, 인간과 기계에 대한 우리의 철학적인 고민은 계속되어야 할 것이다.

2

생명과 마음의 자리

프랑켄슈타인과 생명 창조의 비밀

2000년대 들어 소설『프랑켄슈타인』이 영화, 연극, 뮤지컬 등을 통해 계속해서 리메이크되고 있다. 그것은 한편으로『프랑켄슈타인』에 등장하는 '생명 창조'가 최근의 의학 및 생물학의 성과들을 통해 과거 그어느 때보다도 현실적으로 보이기 때문일 것이다. 그러나 200년 가까이 지난 작품이 이렇게 자주 리메이크되는 이유는『프랑켄슈타인』 자체의 매력 때문이라는 점도 무시할 수 없을 것이다. 죽은 인간의 육체에 전기를 가해 살아 있는 생명체를 창조한다는 이야기는 판타지나 서스펜스, 호러, 혹은 로맨스까지도 가능한 흥미로운 소재이기 때문이다.

　더욱 놀라운 점은 이 작품이 200여 년 전 18세 여성에 의해 씌여졌다는 사실이다. 과연 그 18세 여성, 메리 셸리는 왜 그리고 어떻게 이런 작품을 그 당시에 썼던 것일까? 이 문제를 이해하기 위해서는 그녀가 살았던 시대의 전기 및 화학 연구, 해부학 및 생리학 연구, 그리고 당시 학자들의 생명 창조와 관련된 고민 등을 살펴볼 필요가 있다. 『프랑켄슈타인』의 생명 창조는 당시의 과학 연구와 고민에 기반해 탄생한 것이기 때문이다. 이를 통해 당시 학자들에게 생명 창조와 관련된 문제들이 얼마나 진지한 연구거리였으며, 그것이 현대의 관련 과학기술에는 어떤 유의미한 영향을 미쳤는지도 이해할 수 있을 것이다.

괴물의 고백

『프랑켄슈타인*Frankenstein; or, The Modern Prometheus*』(1818)이 출판된 19세기 초는 SF 소설이 나오기에 적합한 시기였다. 18세기에 급성장한 과학기술은 19세기 들어 점차 개인의 일상으로 파고들어 광범위한 영향을 미치기 시작했다. 과학기술은 한편으로 사회 진보의 상징으로 여겨졌지만, 다른 한편으로 억압과 비인간화의 주범으로 간주되었다.

직물업에 종사하던 비정규직 노동자들을 중심으로 방직기를 파괴하며 노동자들의 권리를 주장했던 러다이트 운동Luddite(주로 1811~1816)이 나타났던 것도 바로 이 시기였다. 과학기술이 더 이상 인간의 편의와 사회의 진보를 위한 도구에 머물지 않고, 인간의 권리에 반하는 경우들이 나타나면서 그 불확실성과 위험성이 새롭게 인식되었던 것이다. 그 결과 19세기에는 과학기술이 인간과 사회에 미치는 근본적이고, 다분히 부정적인 영향들을 구체적으로 고찰하는 작품들이 나타나기 시작했다. 『프랑켄슈타인』은 과학기술이 초래한 자기모순을 처음으로 진지하게 다루었던 작품이라고 할 수 있다.

『프랑켄슈타인』은 크게 세 주인공의 관점에서 과학기술에 대한 비판적 고찰을 담고 있다. 가장 먼저 등장하는 인물은 이 책의 화자인 월튼 선장이다. 그는 새로운 과학적 발견과 관측을 위해 고된 북

| 그림 1 | 1831년판 『프랑켄슈타인』 권두 삽화

극 탐험을 강행한다. 소설은 월튼 선장이 누나에게 보내는 편지를 통해 자신의 기대와 포부를 밝히는 것으로 시작한다. 그런데 명예에 눈이 먼 월튼은 무리하게 탐험을 강행하다가 끝내 동료들을 숨지게 하고, 나머지 선원들과 함께 빙산에 갇힌다. 선원들이 극한의 공포에 사로잡힌 그 순간에도 명예와 영광을 생각하는 월튼의 마음은 좀처럼 바뀌지 않는다.

그러던 어느 날 월튼 선장은 자신이 창조한 괴물'을 쫓다 완전히 지쳐 버린 프랑켄슈타인을 만난다. 프랑켄슈타인은 월튼 선장에게 자신의 이야기를 들려주고, 죽기 직전 "언뜻 보기에는 과학과 발견을

2.
생명과 마음의
자리

통해 유명해지고 싶다는 순수한 마음일지라도, 지나친 욕심은 피하고 소박한 행복을 찾으라"고 이야기한다. 가장 사랑하는 가족과 친구를 모두 잃고 결국 자신의 목숨마저 잃게 된 상황에서, "전지전능하기를 염원했던 사탄처럼 영원한 지옥에 갇히고 말았다"는 고백은 그의 생각을 집약적으로 대변해주는 것 같다.

　프랑켄슈타인의 절망적인 이야기를 듣고 있자면, 프랑켄슈타인이 어쩌다 그렇게 사악한 괴물을 창조했는지 안타깝게 여겨진다. 그러나 이어지는 이야기는 괴물이 처음부터 괴물로 태어난 것이 아님을 보여준다. 프랑켄슈타인은 처음에는 자신이 창조할 피조물이 자신의 자녀이므로, 그가 아버지인 자신을 축복하고 자신에게 감사할 것이라고 생각했다. 그러나 정작 그 피조물이 탄생하였을 때, 프랑켄슈타인은 처참한 상태의 피조물을 보며 경악한다. 그러고는 공포와 역겨움을 견디지 못하고 아무것도 모르는 피조물을 버려둔 채 실험실을 뛰쳐나간다. 그 피조물은 자신이 누구인지도 모르고, 왜 태어났는지도 모르며, 어떻게 살아야할지도 모른 채, 아무런 보호자도 없는 상태로 홀로 남겨진다. 그리고 곧바로 그 외모로 인해 괴물로 취급받고 인간 사회로부터 쫓겨난다.

　이후 괴물이 자신을 창조한 프랑켄슈타인을 찾아 그동안 살아왔던 이야기를 고백하는 장은 이 책을 다른 어떤 소설과도 차별화시키는 부분이다. 괴물은 프랑켄슈타인의 막내 동생 윌리엄과 하녀 저스틴을 살해한 뒤, 그 모든 것을 자신의 잘못으로 돌리며 자책하는 프랑켄슈타인을 찾아가 자신의 이야기를 들어달라고 간청한다. 그러고는 자신이 홀로 버려졌을 때 얼마나 두려웠으며, 추위와 배고픔을 견디기가 얼마나 힘들었는지를 설명한다. 또한 오두막의 가족들을 만나면서 자신이 어떤 변화를 겪었으며, 어떤 아픔과 절망을 느꼈는지도 토로한다. 철저하게 거부당하고 상처받아 급기야 살인까지 저지르게 된 괴물은 프랑켄슈타인에게 마지막으로 간절히 요청한다.

당신이 내 요구를 들어주겠다고 약속할 때까지 우리는 헤어질 수 없어. 난 외롭고 불행한 존재야. 인간은 나와 사귀지 않을 거야. 하지만 나처럼 추악하고 못생긴 여자 괴물이라면, 나를 거부하지 않겠지. 나의 배우자는 나처럼 결함이 있어야 해. 당신이 이런 존재를 만들어 주어야 해.

…… 아주 만족스럽진 않지만, 내가 받을 수 있는 건 그게 전부고, 그걸로 만족하겠어. 정말 우린 세상에서 동떨어진 괴물이 될 거야. 하지만 바로 그 때문에 우린 서로 더 깊이 사랑할 거야. 우리의 삶은 행복하지 않겠지만, 남을 해치지 않을 테고 지금의 비참한 감정에서 벗어날 거야. 오! 창조주여, 날 행복하게 해주길. 당신이 내게 베풀 한 가지 은혜 덕분에 당신에게 감사할 수 있길 바라! 내가 다른 존재에게 연민을 불러일으킬 수 있다는 걸 보게 해주길. 나의 간구를 거부하지 않기를 바라![2]

그러나 이 제의마저도 받아들여지지 않았을 때, 괴물은 복수의 화신이 된다. 괴물은 괴물이기 이전에 하나의 인간이었다. 그는 사랑을 갈구했고, 외로움을 느꼈으며, 상처받을 수 있는 존재였다. 그는 아무런 감정도 느끼지 않는, 과학기술의 산물이 아니었다. 인간이 만든 과학기술의 불완전함과 위험은 그 과학기술을 창조한 인간이나 그런 과학기술을 소비하는 인간보다, 그런 과학기술로부터 탄생한 대상이

2.
생명과 마음의
자리

직접 자신의 말로 자신의 생각을 쏟아내었을 때 더 잘 전달되었다. 내게 『프랑켄슈타인』이 새롭게 다가왔던 것 역시 바로 그러한 괴물의 울부짖음이었다. 그리고 그것을 통해 과학기술에 대한 회의와 불완전함은 더욱 강렬하게 전해졌다.

생명 창조의 비밀

이토록 강렬한 인상을 남긴 『프랑켄슈타인』의 저자는 스무 살도 안 된 여성이었다. 여성의 고등교육이 제도적으로 자리 잡지 못했던 상황에서도, 유명한 시인이었던 윌리엄 고드윈William Godwin과 여성 권리 옹호자였던 메리 울스턴크래프트Mary Wollstonecraft 사이에서 태어난 메리 울스턴크래프트 고드윈Mary Wollstonecraft Godwin(1797~1851)은 성장 과정에서 부친의 적극적인 지원 아래 문필가들과 교류하며 지식과 교양을 쌓을 수 있었다.

하지만 『프랑켄슈타인』을 쓸 무렵 메리는 아직 전문적인 작가가 아니었다. 더구나 유부남과의 연애 중에 조산한 딸이 죽어, 소설의 주제에 대해 깊이 연구할 수 있는 상황도 아니었다. 사실 소설은 아무것도 준비되지 않은 상태에서, 1816년 연인 퍼시 비시 셸리Percy Bysshe Shelley, 조지 고든 바이런 경George Gordon Byron, 바이런의 주치의인 존 윌리엄 폴리도리John William Polidori, 의붓 언니 클레어 클레어몽Clara Mary Jane Clairmont과 함께 제네바 여행을 떠나면서 우연한 기회를 통해 집필되었다. 1816년은 1년 전 폭발한 인도네시아 탐보라Tambora

화산의 화산재와 유황가스가 햇빛을 가리면서 지독한 추위가 이어졌던 '여름이 없던 해'였다. 자연히 셸리 일행은 제네바에서 저택에 머무는 시간이 많았는데, 유령 이야기를 즐기던 일행들은 어느 날 바이런의 제안에 따라 무서운 이야기를 하나씩 쓰기로 했다. 이때 메리가 구상했던 이야기가 바로 『프랑켄슈타인』으로, 퍼시 셸리의 격려와 교정을 통해 1818년에 출판되었다.[4]

그렇다면, 어린 메리 셸리는 어떻게 『프랑켄슈타인』과 같은 주제를 선택하고 그런 글을 쓴 것일까? 이에 대한 실마리는 우선 1818년 초판의 서문에서 발견할 수 있다. 1818년판의 서문은 장차 메리 셸리의 남편이 되는 퍼시 셸리가 쓴 글인데, 어떻게 『프랑켄슈타인』을 쓰게 되었는지를 글 맨 앞에서 간단하게 밝히고 있다.

> 이 소설에서 전개되는 사건은 다윈 박사와 독일 생리학자들의 연구를 바탕으로 한 것으로, 그들의 연구는 이 소설에 나오는 사건들이 아주 불가능한 것만은 아니라는 것을 말해준다.[5]

그런데 이 서문 이후에도 젊은 아가씨가 어떻게 그렇게 무서운 내용을 글로 옮길 생각을 했느냐는 질문은 끊이질 않았다. 결국 1831년에 개정판을 내면서 메리 셸리는 본인이 직접 작품이 나오게 된 배경을 상세히 설명하였다.

> 바이런 경과 퍼시는 자주 오랜 시간 대화를 나누었다. 나 역시 그 대화에 열심히 끼었지만, 대부분은 그들의 이야기를 조용히 경청하는 편이었다.

그들은 다양한 철학적 사조, 특히 생명 원리의 본질과 인류가 그 원리를 발견하여 이를 널리 알릴 가능성에 대한 문제들을 논의했다.

그들은 다윈 박사의 어떤 실험에 대해서도 이야기했다. 다윈 박사가 유리 상자에 국수 가락을 넣고 이상한 방법으로 국수 가락이 저절로 움직이게 하는 실험에 성공했다—물론 다윈 박사가 정말 그런 실험을 했다든가 또는 박사가 그렇게 말했다고 주장하는 것은 아니다. 단지 당시 그런 소문들이 있었다는 말이다—고 하였다.

물론 생명이 이런 식으로 탄생되지는 않을 것이다. 그러나 전기요법에서 볼 수 있듯이, 이런 방식으로 죽은 시체가 다시 살아날 수 있을지도 모른다. 어쩌면 생명체의 구성요소들을 만들고 조합해서 살아 있는 온기를 불어넣을 수 있을지도 모른다.

그들의 토론은 길어져서 어느덧 밤이 저물고 새벽이 되기 일쑤였다. 그날도 우리는 새벽녘에야 잠자리에 들었는데, 나는 베개를 베고 누워도 잠이 오지 않았다. 그렇다고 달리 특별한 뭔가를 생각한 것도 아니었다. 단지 뜻하지 않은 상상력에 사로잡혀 환상의 세계로 이끌려 들어갔고, 평소와는 비교도 할 수 없을 만큼 드넓은 상상의 세계에서, 내 마음에 떠오르는 형상들을 생생하게 그릴 수 있었다. 육체의 눈은 감겨 있었지만, 내 정신의 예리한 눈은 똑똑히 보고 있었다.

어떤 사악한 기술을 터득한 과학자가, 창백한 얼굴로 자신이 조립해 놓은 물체 앞에 무릎을 꿇고 앉아 있다. 그리고 그 앞에는 소름끼치는 환영 같은 남자가 큰 대자로 팔다리를 뻗고 누워 있다. 이윽고 엔진이 강력하게 작동하기 시작하면, 생명이 불어넣어진 듯 남자는 불안정하면서도 생기 없이 버둥거린다.[6]

메리 셸리는 이 이야기를 상상한 후 어디를 가든, 또 무엇을 보든 그 불길한 환영을 쉽게 떨쳐버릴 수 없었으며, 결국 소설을 쓰게 되었다고 설명하였다. 그렇다면 다윈 박사와 독일 생리학자들의 연구 그리고 전기 요법은 무엇을 의미하는 것일까? 어린 메리는 어떻게 이런 논의들에 익숙해질 수 있었을까? 이를 알기 위해서는 먼저 당시 영국 사회의 전기에 관한 논의들을 살펴볼 필요가 있다.

유리구와 유리병이 보여주는 볼거리

뉴턴이 만유인력이라는 힘을 통해 지상계와 천상계에서의 운동에 대해 성공적으로 설명한 이후, 유럽에서는 다양한 종류의 힘에 대한 관심이 폭넓게 고조되었다. 많은 학자들이 빛, 열, 전기, 자기 그리고 다양한 화학 현상들 배후의 힘에 대해 연구하였고, 실험적으로나 수학적으로 많은 성과가 이루어졌다.

이 중에서 전기력은 윌리엄 길버트William Gilbert(1544~1603)가『자석에 관하여』(1600)에서 정전기 현상을 연구한 이후, 많은 학자들이 관심을 갖게 된 주제였다. 전기의 경우, 열이나 자기와는 달리 지속적으로 만들어내는 것 자체가 쉬운 일이 아니었다. 더욱이 17세기까지도 대부분의 학자들이 물체를 마찰시켜 자극을 가할 때 물체에서 전기가 발산된다고 생각했던 것도 전기 발생기의 발명을 미뤘다. 이런 가운데 독일 물리학자 오토 폰 게리케Otto von Guericke(1602~1686)와 영국 왕립학회의 실험 큐레이터이자 기기 제작자였던 프랜시스 훅스비

Francis Hauksbee(1660~1713) 등이 다른 주제를 연구하던 과정에서 전기를 발생시킬 수 있는 실험 기기를 고안하였다. 이 장치가 얼마 지나지 않아 전기 발생기로 주목을 끌면서 18세기 동안 전기를 발생시키기 위한 다양한 장치가 개발되었다.[7]

이와 함께 전기에 대한 관심이 크게 늘어났다. 18세기에는 다양한 학회나 뮤직홀, 살롱이나 커피하우스, 극장 등에서의 대중 과학 강연이 서서히 늘어나면서 과학이 교양 있는 지식층의 여가 문화로 발전하고 있었다.[8] 이 중 큰 흥미와 놀라움을 선사했던 전기 실험은 대중 과학 강연의 대표적인 주제 가운데 하나였다. 특히, 혹스비의 정전기 발생기를 활용한 '전기 소년'이라는 이름의 실험은 큰 인기를 끌었다. 영국인 학자 윌리엄 왓슨William Watson(1715~1787)이 묘사한 그림 2의 실험에서는 오른쪽의 핸들을 돌려 정전기 발생기에 전기가 유도되도

| 그림 2 | 전기 소년 실험. 영국의 윌리엄 왓슨이 1748년에 출간한 책에 실려 있다.

록 하고, 명주실로 소년을 매달아 전기가 유도된 유리구에 신발이 닿도록 준비하였다. 이때 윗면이 타르로 덮여 있는 통 위에 여자아이가 서서 소년의 손을 잡으면 소년에게 대전되어 있던 전기가 전해져 소녀의 오른손이 작은 종잇조각이나 깃털들에 가까이 갈 때 그것들을 끌어당기게 되어 있었다.[9] 아무런 접촉이나 매개 없이 작은 종잇조각들이 들어올려지는 것을 보며, 사람들은 마치 마술과도 같은 일이라는 반응을 보였다.

18세기 중반에 고안된 아베 장 앙투안 놀레Abbé Jean Antoine Nollet (1700~1770)의 정전기 발생기 역시 프랑스에서 큰 인기를 끌었다. 과학 실험 연구와 강연으로 유명했던 놀레는 전기에 대해 연구하면서 혹스비의 유리구를 활용해 정전기 발생기를 개발했다. 훌륭한 대중 강연자이기도 했던 놀레는 이후 자신의 정전기 발생기를 이용해 유럽의 지식층 및 상류층 사이에서 화제가 된 볼거리를 선사하였다.[10]

놀레의 정전기 발생기는 속이 빈 유리구에 핸들을 연결해 빠르게 회전시킨 후 그 유리구에 손이나 면으로 된 천 등을 대면 정전기가 발생하게 되어 있었다. 가령, 그림 3의 정전기 발생기의 가운데 큰 휠을 돌리면 오른쪽의 유리구가 빠르게 돌아가고, 오른쪽 남성과 같이 유리구에 손을 대면 마찰에 의해 정전기가 발생하였다. 그 유리구에 생기는 정전기에 쇠줄이 닿도록 내리면 그 쇠줄을 따라 전기가 흐르고, 그 전기가 다시 실크 코드에 매달려 위에 걸려 있는 금속 막대에 연결되면 금속 막대에 걸려 있는 금속판을 통해 여성의 손으로, 다시 여성이 들고 있는 금속 접시로 전기가 전달되었다. 이때 금속 접시에 고운 가루를 뿌려 놓으면, 금속 접시에 전달된 전기를 통해 고운 가

| 그림 3 | 놀레의 『물리학 강의』(1767)에 실린 혹스비의 정전기 발생기 실험

루가 공기 중으로 밀쳐졌다. 인력 및 척력의 원리가 아직 발견되지 않은 상태에서 이러한 실험들은 사람들의 흥미를 불러일으키기에 충분했다.

전기에 대한 관심과 함께 다양한 기기 및 연구들도 활발하게 소개되었다. 1745년에는 에발트 게오르크 폰 클라이스트Ewald Georg von Kleist(1700~1748)가 금속으로 코팅된 병에 수은이 들어 있을 때 정전기가 대전될 수 있음을 발견하면서, 라이덴병Leyden jar이 발명되었다. 라이덴병은 간단하면서도 강력한 전기 효과를 발생시킬 수 있어 곧바로 큰 관심을 불러 일으켰는데, 놀레와 같은 전기 연구자들이 100여 명이 넘는 경찰들이나 수도사들을 라이덴병 바깥의 도선으로 연결해서 전기 충격을 가하는 진풍경이 벌어지기도 했다.[11]

미국의 벤자민 프랭클린Benjamin Franklin(1706~1790) 역시 전기 현상에 관심을 기울였는데, 특히 번개와 천둥이 전기 현상의 일종임을 밝혀 유럽 학자들의 주목을 끌었다. 그는 금속 도선을 연 위에 장치하고, 연줄 끝에 금속 열쇠를 매단 연을 번개가 치는 날 하늘로 올렸다. 전기는 연줄을 통해 금속 열쇠에 대전되었고, 대전된 전기를 라이덴병에 저장하여 번개가 자연적인 전기 현상임을 입증할 수 있었다.[12]

과학자뿐 아니라 의사들 역시 전기가 인체에 미치는 영향에 대해 관심을 갖게 되면서 전기를 이용한 의료 처치가 고안되었다. 전기를 가하면 팔이 요동치고, 땀이 흐르며, 심장 박동이 빨라지는 것이 관찰되었는데, 이 현상을 질병 치료에 응용하는 방안이 제시된 것이다. 최초의 전기 치료는 1744년 독일 학자 크라첸슈타인Christian Gottlieb Kratzenstein(1723~1795)으로 거슬러 올라가는데, 라이덴병이 발명된 이후 전기 치료 및 실험은 전 유럽에 걸쳐 널리 확대되었다.[13] 그중에서도 이탈리아 볼로냐는 전기 실험 및 치료가 발전했던 지적 중심지 가운데 하나였는데, 주세페 베라티Giuseppe Veratti(1707~1793)는 마비, 류마티즘, 청각 장애 치료 등에 전기를 활용했다.[14]

전기 맞은 개구리 뒷다리

전기 치료가 주목을 끌면서 학자들 사이에서는 근육 수축 및 운동의 주된 원인이 무엇인지를 두고 논쟁이 벌어지기도 했다. 전통적인 의학 이론에 따르면, 근육이 수축되거나 이완되는 이유는 뇌에서 생성된 동물의 영이 신경을 따라 흐르기 때문이었다. 그러나 전통적인 의학 이론의 권위가 흔들리고 있던 상황에서, 몇몇 학자들은 새로운 가설을 제시했다. 가령, 신경에 어떤 물질이 흐르고 있어서 근육의 운동을 만들어내기보다는, 외부 자극이 근육의 어떤 성질을 활성화시켜서 움직임이 생긴다고 보았던 것은 대표적인 견해였다.[15] 그런데 그와는 달리, 신경에 전기를 띤 보이지 않는 어떤 물질이 흐르고 있어, 그것이 근육 운동을 야기한다고 보았던 이들도 있었다.

볼로냐 대학 출신의 루이지 갈바니Luigi Aloisio Galvani(1737~1798)는 신경 내부의 전기적인 물질이 근육 운동의 원인이라고 생각했던 대표적인 인물이었다. 그의 견해는 언뜻 보아 비과학적으로 여겨지지만, 그는 수많은 실험과 연구를 통해서 이러한 결론에 도달했다. 계기가 되었던 것은 개구리 전기 실험이었다. 전기가 생물체에 미치는 영향에 대해 연구하던 갈바니는 전통적으로 근육 운동을 연구할 때 사용하던 개구리로 전기 실험을 진행하였다. 그는 실험 중에 대전된 전기 기계에서 불꽃이 일어날 때 기계에서 약간 떨어진 개구리의 좌골 신경에 메스를 대면 개구리 다리가 심하게 경련을 일으키는 현상을 관찰하였다.

새로운 현상을 발견한 데 흥분한 갈바니는 이 현상의 원인을 밝히기 위해 여러 가지 실험을 진행하였다. 우선 전기로 대전된 기계에 개구리의 신경을 직접 연결할 때보다는 전기 기계가 약간 떨어져 있을 때 개구리 근육의 경련이 더 심하게 나타났다. 전기 방전의 양을 증가시키면 경련 정도가 심해졌지만, 전기의 양이 어느 수준을 넘어서면 경련은 더 이상 심해지지 않았다. 또한 전기 실험을 계속하면 어느 순간 개구리는 아무런 경련도 일으키지 않았는데, 전기 실험을 조금 쉬거나 개구리에게 어떤 조치를 취하면 그제서야 다시 경련을 일으키는 것도 확인되었다. 이 모든 현상들은 외부 전기가 근육 경련의 원인이라고 가정할 때는 쉽게 설명되기 어려운 것들이었다. 오히려 개구리 내부에 어떤 힘이 존재하고, 그것이 전기 현상을 통해 자극된 것이라는 견해가 더 적절해 보였다.[16]

프랭클린의 연구를 통해 번개가 자연 전기natural electricity에 의한 현상임이 밝혀진 상황에서, 갈바니는 자연 전기와 근육 경련과의 관계를 살펴보기 위해 번개가 치던 어느 날에 개구리 전기 실험을 진행하였다. 그는 천둥이 칠 때 개구리 다리 신경에 구리선을 연결하고 그 끝을 철책에 걸어 하늘을 향하게 두었고, 번개가 칠 때마다 개구리 다리 근육이 격하게 움직이는 것을 확인하였다. 갈바니는 또 번개가 치지 않는 맑은 날에도 실험을 진행하였다. 이 실험에서 개구리가 한참 동안 아무런 반응도 일으키지 않다가 척수에 꽂힌 금속 고리를 눌렀을 때 근육 경련이 일어나는 것이 관찰되었다. 또 다른 실험을 통해서는 외부의 전기가 없어도 신경과 근육을 금속성 전도체로 연결하기만 해도 경련이 일어나는 것이 밝혀졌다.[17]

일련의 실험을 통해 갈바니는 외부의 전기가 아니라 개구리 내부의 동물 전기animal electricity가 금속성 전도체를 통해 신경과 근육으로 흐르면서 경련을 일으킨다는 결론에 이르렀다. 갈바니가 보여준 전기적 현상들은 큰 반향을 불러 일으켰다. 많은 이들이 그의 실험을 반복하였고, 새로운 방식의 전기 실험을 시도하였다.[18]

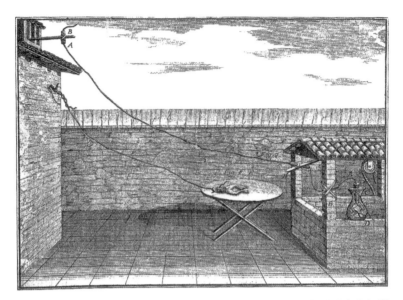

| 그림 4 | 갈바니의 『근육 운동에 대한 전기의 효과와 관련한 주석서』에 실린 개구리 자연 전기 실험 (1791)

동물 전기와 동물 자기에 대한 의심

갈바니가 제시한 동물 전기 이론은 학자들 사이에서 논란을 불러 일으켰다. 일부 학자들은 갈바니가 동물 전기를 발견한 것을 혁명적인 사건으로 치켜세우며 그의 견해를 지지하였다. 하지만, 다른 학자들은 근육 수축을 일으키는 원인이 인체 내에 존재하는 특정 물질 때문이라는 것에 의문을 제기하였다.[19] 만약 인체 내에 미지의 힘이나 물질이 내재해 있다면, 어떻게 수축이 이루어질 때까지 아무런 반응 없이 내재해 있을 수 있으며, 또한 어디에서 만들어지는 것인지도 의문이었다. 이에 대해 갈바니는 동물 전기를 일으키는 전기 유체electric fluid

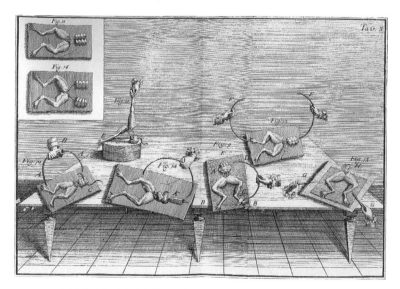

| 그림 5 | 갈바니가 외부 전기 없이 철제 고리로 개구리의 신경과 근육을 연결했을 때 경련이 일어나는지를 실험하는 장면. 『근육 운동에 대한 전기의 효과와 관련한 주석서』에 실려 있다.

는 동물의 뇌에서 만들어지는데, 이것이 신경을 통해 온몸으로 전달되어 근육에 저장되면, 이것에 금속이 닿을 때 경련이 일어난다고 주장하였다. 그러나 물리적으로 검증하기 힘든 갈바니의 동물 전기는 이성이 충만했던 당시 사람들의 눈에 엄밀한 과학 이론으로 보이지 않았다.

갈바니의 동물 전기 개념은 많은 이들로 하여금 오스트리아와 프랑스에서 큰 반향을 불러 일으켰던 프리드리히 안톤 메즈머Friedrich Anton Mesmer(1734~1815)의 동물 자기animal magnetism를 떠올리게 했다. 오스트리아 비엔나 대학에서 의학을 전공했던 메즈머는 우연히 자석이 질병 치료에 효과가 있는 것을 알게 된 뒤부터 동물 자기 개념을 적용하여 환자를 치료했다. 그는 천체와 지구 그리고 그 안의 생명체 사이에는 서로 영향을 주고받는 미세한 유체fluid가 존재하며, 그 존재는 신경 물질이나 몸속으로 파고들어 인간을 포함한 동물에 영향을 미친다고 보았다. 그는 그것이 자석의 성질과 유사하다는 점에서 동물 자기라고 불렀는데, 그 원리를 이용하면 신경 질환을 포함한 여러 질환들을 치료할 수 있다고 주장했다. 그는 기본적으로 질병이란 인간 내면의 조화가 깨졌기 때문에 나타나는 현상으로, 질병을 치료하기 위해서는 그 조화를 회복하는 것이 가장 중요하며, 그때 인간이 다른 인간에 대해 가장 강력한 영향을 미친다고 여겼다. 그는 자신이 직접 우주에 퍼져 있는 동물 자기 유체의 흐름을 조정할 수 있으며, 환자를 쓰다듬는 방식 등을 통해 환자 내면의 조화를 회복시켜 질병을 치료할 수 있다고 주장했다.[20]

메즈머는 자석 막대를 활용하여 여러 환자들을 성공적으로 치료했다. 그의 치료는 큰 인기를 끌었고, 1775년에는 바이에른 학술원의 회원으로 선출되었다. 학술원은 "대단히 놀랍고 쓸모 있는 학설과 발견들을 반론의 여지가 없도록 실험해 보임으로써 명성을 확보한 이 탁월한 사람의 노력이 본원에 기여할 것을 확신"하였고, 많은 이들이 메즈머의 시술을 탁월한 것으로 인정하였다. 가령, 1776년에 아우크스부르크 학술원의 한 회원이 메즈머의 치료를 받은 뒤, "누구든 내 시력에 대한 이야기가 단순한 망상이라고 말한다면, 나는 세상의 다른 어떤 의사도 말고 오로지 그가 와서 지금처럼 내가 확실하게 건강해졌다는 망상을 품을 수 있도록 만들어주기를 바란다"고 언급했다. 또 다른 학술원 회원 역시 "다양한 질병에 대해서 얻은 성과를

보면, 그가 자연의 가장 비밀스런 동력기의 원리를 보았다고 짐작된
다"라고 증거했다.[21]

이후 메즈머는 맹인 피아니스트 치료로 물의를 일으킨 탓에 1778
년 오스트리아를 떠나 파리로 건너갔다.[22] 파리에서 그는 자석 없이
자성을 띤 유체를 이용해 부인과 질환이나 정신 질환 등을 치료했다.
전통적인 치료와는 달리, 설사약을 처방하거나 피를 빼내는 방법 등
을 사용하지 않고도 놀라운 효과를 거두자 메즈머리즘 치료는 큰 반
향을 불러 일으켰다. 신문과 팜플렛 등을 통해 그의 시술에 대한 열
광적인 반응들이 알려졌고, 그에 대한 신랄한 비판들 역시 메즈머 시
술에 대한 관심을 증가시켰다. 이와 함께 메즈머를 지원하는 단체나
후원금이 크게 늘었고, 웬만한 지방 도시마다 메즈머리즘 치료소가
하나 둘 생겨나기 시작했다.[23]

| 그림 6 | 「메즈머 씨의 통」(화가 미상, 1780). 파리의 아파트에서 진행된 메즈머의 동물 자기 치료
장면. 가운데 커다란 통에 자기를 띠는 유체를 넣고 그것을 쇠막대와 연결하여 쇠막대를 아픈 부위
에 갖다 대는 방식으로 치료를 진행하였다.

메즈머의 동물 자기 이론이 이렇게 대중들에게 받아들여질 수 있었던 데는 치료 효과와 함께, 의학 분야에서 근대 이전까지 강력한 권위를 가지고 있던 갈레노스의 인체 이론과 데카르트, 뉴턴의 영향도 부인할 수 없었다. 갈레노스는 4체액설을 정리하고, 인체의 주요한 기능들을 크게 세 가지(소화, 호흡, 신경)로 나누어 각각의 기능들에 그것을 담당하는 고유한 '영'(자연의 영, 생명의 영, 동물의 영)을 가정하였다. 그는 인체의 다양한 기능을 일종의 유체의 흐름을 통해 설명하려 했는데, 이는 데카르트나 뉴턴의 견해와도 어느 정도 연결되는 것처럼 보였다. 보이지 않는 미세 물질과 그것의 운동을 통해 모든 자

| 그림 7 | 새뮤얼 콜링스Samuel Collings의 「자기 진료소」(1790). 서민들에게 동물 자기 치료를 하는 지방 진료소의 모습.

연 현상을 설명하고자 했던 데카르트나 미세 물질 사이에 작용하는 힘을 밝혀내고자 했던 뉴턴 역시 자연 현상 아래에 있는 미지의 유체의 존재를 옹호하는 것처럼 보였기 때문이다.

의학 박사이기도 한 메즈머는 자신이 자기 연구를 통해 그 미지의 유체, 즉 인체를 관할하는 보편적인 힘universal force을 발견했다고 생각했다. 그러나 이런 견해가 계몽시대에 곧이곧대로 받아들여지기는 어려웠다. 메즈머의 동물 자기 치료는 오스트리아는 물론이고, 프랑스에서도 많은 논란을 불러 일으켰다. 환자들의 증세는 호전되는 경우가 많았으나, 동물 자기 치료의 메커니즘을 명확하게 밝히기 어려웠을 뿐만 아니라, 치료 효과가 동물 자기에 의한 것이라는 사실을 객관적으로 증명할 수도 없었기 때문이다. 더욱이 야릇한 분위기에서 부인들을 상대로 진행된 메즈머의 치료는 부도덕한 측면으로도 구설에 휘말렸다. 당시 대중들 사이에서 회자되었던 아래의 시는 메즈머 치료에 대한 사람들의 시선을 잘 보여준다.[24]

사기꾼 메즈머,
또 다른 협잡꾼들과 함께
많은 여인들을 치료하네.
그는 여인들의 고개를 돌려놓네.
그들을 어루만지네. 어딘지는 나도 모르지.
미친 짓이야.
정말 미친 짓이야.
나는 결코 믿지 않아.

이런 가운데 이루어진 1784년의 조사는 메즈머에게 치명적이었다. 동물 자기 치료가 사회적으로 큰 인기와 함께 격렬한 논쟁을 불러일으키자 급기야 1784년에 프랑스 국왕 루이 16세의 지시에 따라 의사협회Faculté de Médecine와 프랑스 과학아카데미Académie des Sciences가 주축이 된 조사위원회가 구성되었다. 몇 주 간의 조사 결과, 조사위원들은 동물 자기 효과를 일으키는 유체의 존재를 증명할 수 없으며, 메즈머의 동물 자기 치료의 효과는 일종의 자기 최면에 의한 것이라는 결론에 이르렀다. 이에 대해 조사위원회를 질타하며 메즈머리즘을 옹호하는 팜플렛들이 봇물을 이루었지만, 메즈머의 이론이 학계에서 과학적이거나 의학적인 연구로 인정받기는 어려웠다.[25]

| 그림 8 | 「마술 손가락 혹은 동물 자기」 (작가 미상, 18세기). 당나귀 모습을 한 메즈머가 주머니에 두둑히 돈을 채운 채, 아름다운 여성을 몽유 상태에 빠뜨리고 있는 장면. 왼쪽 구름 위에는 나체 상태의 여성이, 오른쪽 구름 위에는 나체 상태의 남성이 희미하게 그려져 있다. 이는 당시 메즈머의 치료가 성적 마법이라고 여겨지며 도덕적 측면에서 질타받기도 했던 면을 짐작케 한다.

볼타와 갈바니의 논쟁

동물 자기 이론 이후에 나타난 갈바니의 동물 전기 역시 논란에서 자유롭지 못했다. 이탈리아 대학의 물리학 교수였던 볼타Alessandro Volta(1745~1827)는 7년간의 실험을 통해 갈바니의 동물 전기 개념을 반박할 수 있는 내용을 발표하였다. 볼타는 두 개의 서로 다른 금속으로 전기를 발생시킬 수 있다는 사실을 통해 두 가지 금속으로 근육은 건드리지 않은 채 하나의 신경만 자극하여 동일한 다리 근육 수축을 이끌어 냈다.[26] 이는 다리 근육 경련 현상이 근육에 존재하는 동물 전기가 자극되어 일어나는 것이 아님을 의미했다.

볼타의 비판에 맞서 갈바니 역시 다양한 실험을 통해 볼타의 견해를 반박하였다. 그는 두 가지 서로 다른 금속이 없어도, 신경과 근육을 연결하는 하나의 금속만 있으면 근육이 수축될 수 있음을 보였다. 더 나아가 금속이 전혀 없어도 세포 조직이나 근육의 일부로 신경과 근육을 연결하기만 해도 근육이 움직일 수 있고, 척추관에서 나온 좌골 신경을 절단해 그 끝을 다른 개구리의 다리 근육에 갖다 대는 것만으로도 다리 수축이 일어남을 보였다.[27] 이 모든 결과들은 생물체 내에 갈바니가 동물 전기라고 불렀던 생체 전기가 존재함을 뒷받침하는 것이었다.

그러나 이미 볼타의 실험이 영국의 왕립학회를 비롯해 학계의 인정을 받은 상태에서 갈바니의 실험이 받아들여지기는 힘들었다. 볼타에 의하면, 개구리 다리에 경련이 생기는 것은 두 금속이 개구리다리 신경의 수분에 닿으면서 일종의 전기 배터리가 만들어져 그 속에서 나온 전기가 개구리 다리를 경련시킨 것이었다. 볼타는 갈바니의 실험이 모두 자신의 전기 배터리로 설명될 수 있음을 보였다. 이는 동물 전기의 개념을 부정하는 것이었다. 볼타는 이후 이 성질을 이용해 두 가지 서로 다른 금속과 물기 젖은 종이를 번갈아 쌓아 올려 최초의 전기 배터리를 개발하였다. 배터리의 보급과 함께 볼타의 전기 실험은 많은 이들에게 널리 확산되었고, 볼타의 연구는 학계의 지배적인 이론이 되었다.[28]

생리학자들의 위험하고 은밀한 실험

볼타의 실험으로 인해 갈바니의 동물 전기 이론이 학계의 주류가 되기는 어려워졌다. 그러나 갈바니식의 생체 전기 실험은 그 이후에도 일부 학자들에게 여전히 인기를 끌었다. 대표적인 인물은 갈바니의 조카인 지오바니 알디니Giovanni Aldini(1762~1834)였다. 그는 개구리를 넘어 소와 말, 개와 같은 포유동물을 이용해 갈바니식 전기 실험을 계속했다. 특히 그는 말초 신경이 아니라 동물 전기가 생성되는 곳이라 여겨졌던 뇌에 직접 전기를 가하는 실험을 진행하였다. 실험에서 그는 전기를 가하자 목이 잘린 동물의 머리에서 코가 벌렁거리고, 혀가 움직이며, 눈알이 움직이는 것을 관찰하였다. 그는 사람의 시체에 대해서도 동일한 실험을 진행하였다. 단두대에서 처형된 죄인의 머리와 몸을 확보하여 전기 실험을 시도했는데, 사람의 경우에도 얼굴 근육이 일그러지고, 턱이 움직이며 갑작스레 눈이 떠지는

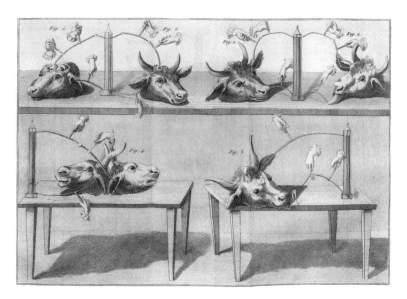

| 그림 9 | 알디니의 『갈바니즘에 관한 철학적이고 실험적인 에세이』(1804)에 실린 동물 전기 실험 삽화.

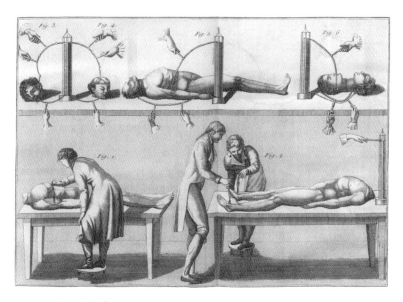

| 그림 10 | 알디니의 같은 책에 실린 삽화.

2.
생명과 마음의
자리

것을 관찰할 수 있었다.[29]

알디니는 자신의 연구를 알리기 위해 동물 및 인체 전기 실험을 사람들 앞에서 시연하였다. 가령, 1803년에 영국의 왕립 외과 칼리지에서의 인체 전기 실험은 대표적인 사례였다. 당시에는 해부용 시체를 구하는 것이 용이하지 않아 중죄를 저지른 이들의 시체에 한해 해부 및 실험을 허용하였다. 이 시연에서도 살인죄로 교수형을 받은 조지 포스터George Forster의 시체가 사용되었다. 알디니가 전도 막대를 커다란 배터리에 연결하여 포스터의 얼굴에 갖다 대자 포스터의 턱이 떨리고, 주변 근육이 끔찍하게 뒤틀렸으며, 왼쪽 눈이 떠졌다. 그의 직장에 전기를 가했더니 주먹이 허공을 휘둘렀고, 다리가 들어 올려졌으며, 등이 심하게 구부러졌다. 알디니의 시연은 마치 죽은 시체에 생명을 부여한 것 같은 경험을 선사하였다. 다음 해인 1804년에는 참수된 죄인의 머리를 갈바니즘 실험에 사용하는 것이 금지되었는데, 이는 당시 비슷한 실험이 얼마나 많이 행해졌으며, 그로 인해 사람들이 얼마나 큰 충격을 받았을지를 짐작하게 한다.[30]

동물 전기를 주장했던 알디니의 실험은 특히 독일 생리학자들 사이에서 생체 전기 실험에 대한 열광을 낳았다. 요한 빌헬름 리터 Johann Wilhelm Ritter(1776~1810)는 갈바니의 동물 전기가 볼타의 두 금속이 만드는 전기와 기능적으로 동일하며, 따라서 동물의 생명이라는 것도 일종의 전기적인 힘과 같은 것이라고 주장하였다.[31] 이후 독일의 생리학자들은 갈바니의 연구를 다양한 동물 신경 시스템에 대한 연구로 발전시켰다. 그들은 신경이 전기에 반응한다는 점에서 신경 질환을 전기 방전의 일종으로 생각하였고, 따라서 전기 자극이 신경 질환이나 정신 질환을 치료할 수 있을 거라 기대했다.

 프러시아 황태자의 주치의였던 칼 요한 그라펜기서Carl Johann Grapengiesser(1773~1813) 역시 다양한 종류의 질병을 치료하는 데 갈바니식 전기 자극 요법을 이용하였다. 그가 전기 치료를 적용한 질병은 시각 장애나 흑내장으로부터 청각 장애, 방광 괄약근 마비, 갑상선종, 류마티즘, 사지 마비에 이르기까지 매우 다양했고, 특히 청각 분야에서는 큰 성공을 거두었다. 그는 자신의 치료 결과를 학술 논문으로 발표하였는데, 그의 1801년 논문을 살펴보면, 그가 듣지 못하는 환자의 양귀와 중이에서 목구멍으로 통하는 유스타키오관에 전기 자극을

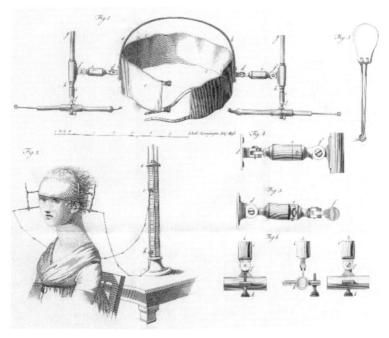

| 그림 11 | 그라펜기서의 『환자 치료에 갈바니즘을 사용한 시도』(1801)에 실린 귀 전기 자극 장치.

2.
생명과 마음의
자리

가하여 그 환자가 소리를 인지하는 성과를 거두었음을 알 수 있다. 일부 환자들의 경우에는 몇 주에 걸쳐 계속해서 전기 시술을 하였더니 청력이 완전히 회복되는 성과를 거두기도 했다.[32]

사실, 청각은 전기 자극 요법이 가장 성과를 거두었던 분야 중 하나였다. 전기 요법 초기부터 듣지 못하는 이들의 머리에 전기 자극을 가하는 실험은 계속되었다. 최초의 전기 실험은 1748년 영국의 화가이자 자연철학자였던 벤자민 윌슨Benjamin Wilson(1721~1788)으로까지 거슬러 올라간다. 윌슨은 자신의 전기 실험을 통해 일부 환자들의 청력이 개선되었음을 확인하였다. 청력 개선을 위한 전기 자극 실험은 그라펜기서 외에도 프랑스, 독일, 미국 등지의 연구자들을 통해 19세기 내내 지속되었다.[33]

20세기 들어 여러 발전이 이루어지며, 1961년에는 미국의 귀 전문의 윌리엄 빌 하우스William Bill House와 신경외과의 존 도일John Doyle이 달팽이관에 전기 코일을 삽입하여 직접 전기 자극을 가하는 인공 와우Artificial Cochlear Implant를 청력 장애자의 귀에 최초로 이식하였다. 그리고 소리가 일종의 전기적인 신호로 전달됨이 밝혀진 상황에서 외과의들과 신경생리학자들의 계속된 전기 연구는 결국 호주의 외과의 그레엄 클라크Graeme Clark의 다채널 인공 와우와 같은 발전으로 이어졌다.[34] 전기 치료 연구가 의료계에 가져온 큰 성과였다.

한편, 19세기 초 전기 자극이 인기를 끌면서 생명의 원리 및 삶과 죽음의 경계에 대한 질문 역시 진지하게 논의되었다. 전기 자극 연구를 이끌었던 알디니는 자신이 죽은 시체의 심장은 다시 되돌릴 수 없었다고 밝혔지만, 생리학자들은 희망을 잃지 않았다. 가령, 칼 아우 구스트 바인홀트Karl August Weinhold(1782~1828)는 갈바니식 전기 자극을 통해 죽은 동물을 살려낼 수 있을 거라 기대했다. 그는 고양이의 목을 잘라 척수의 일부를 제거한 뒤 노출된 척수에 아연과 은을 채워 두 금속이 고양이의 체내에 전기를 만들어내도록 고안하였다. 실험 결과 그는 고양이의 심장이 다시 뛰고 맥박과 피의 순환이 재개됨을 관찰하였다. 그리고 그 금속들을 근육과 연결된 신경에 접촉시켰을 때 몇 분 동안 고양이가 꿈틀거리는 것을 확인하였다. 실험 결과에 고무된 그는 자신의 실험을 뇌로까지 확장하였다. 그리고 고양이의 대뇌와 소뇌를 수저로 제거한 뒤 아연과 은 그리고 수은을 섞어 빈 공간을 채웠을 때, 죽은 고양이가 빛과 소리에 반응하는 것을 확인하였다. 그가 두 금속이 뇌와 척수를 대신해 시체를 살릴 수 있다고 주장했던 것은 고양이 실험이 그에게 얼마나 충격을 안겨주었는지를 짐작하게 한다.[35]

생체 전기 실험 및 생명의 원리 등에 대한 논의가 큰 주목을 끌면서 인체 해부에 대한 관심 역시 크게 증가하였다. 사람이 죽은 뒤에도 일부 기관은 여전히 활동하는 것이 해부를 통해 관찰되면서, 삶과 죽음의 비밀을 둘러싼 질문과 논의들이 활발하게 이루어진 것이다. 해부는 의학 교육의 주요 실습 분야로 자리 잡기 시작했고, 1810년에는 영국에서 해부학회Anatomical Society가 설립되는 등 해부학에 대한 관심이 커져갔다.

그러나 당시의 법규대로 중죄인의 시체만 사용해서는 해부에 대한 수요를 충족시킬 수 없었다. 그러던 중 1828년에 유명한 '버크 앤 해어Burke and Hare' 사건이 벌어졌다. 버크와 해어에 의해 17명의 시

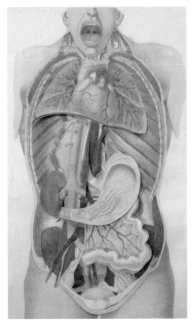

| 그림 12 | 녹스의 해부학 서적 『인간: 그 구조와 생리 *Man: His Structure and Physiology*』(1857)의 삽화. 맨 위의 종이 그림을 들어 올리면 그 아래의 인체 구조가 드러나게 되어 있다.

민들이 살해되어 실종된 이 사건의 배후에 해부용 시체를 구입했던 에딘버러 외과 칼리지의 유명한 해부학 강사 로버트 녹스Robert Knox (1791~1862)가 있었다는 사실은 시민들에게 큰 충격을 안겨주었다.[36]

이러한 사건에도 불구하고 해부용 시체 수요는 계속해서 늘어났다. 시체 냉장 및 소독 등의 기술이 개발되어 있지 않았던 상황에서 시체는 금세 부패했고, 그만큼 더 많은 시체가 계속해서 새로 공급되어야 했다. 결국 해부용 시체를 확보하려는 고육지책으로 1832년에 영국에서 해부법Anatomy Act이 시행되었다. 이 법안은 가족이 없는 환자들의 시체를 해부에 사용하고, 장례식을 치러주는 방식으로 해부를 합법화한 것이었다.[37] 해부법 이후에도 해부용 시체를 구하는 것은 그리 쉬운 일이 아니었으나, 생명의 신비를 엿보기 시작한 이상, 그것을 접기는 어려웠다.

아담 워커의 생명의 불꽃과 기적을 만드는 화학

메리 셸리는 당시의 생체 전기 실험 및 생명의 원리 등에 관한 논의에 대해 잘 알고 있었다. 그녀는 주변 지식인들과의 교류를 통해 생명에 관련된 지식들을 접할 수 있었다. 우선, 연인이었던 퍼시 셸리를 통해 아담 워커Adam Walker(1731~1821)의 주장을 알게 되었다. 유명한 과학 대중 강연자였던 워커는 전기를 '생명의 불꽃spark of life'이자 '물질 세계의 일종의 영혼soul'이라고 생각했다.[38] 메리 셸리는 『프랑켄슈타인』에서 괴물을 창조하는 과정에 이 '생명의 불꽃'을 활용하였다.

> 바로 11월의 어느 음침한 밤에, 노동의 성과를 보게 되었다. 고통스러울 만큼 걱정이 되어 주변에 흩어진 생명의 도구들을 끌어 모아, 발치에 놓인 생명 없는 물체에 생명의 불꽃을 주입시키려 했다. 새벽 1시였다. 우울한 빗줄기가 창문을 두드렸고, 촛불은 거의 타 버렸다. 바로 그때 반쯤 꺼진 희미한 촛불에 느릿느릿 누런 눈을 뜨는 피조물의 모습이 보였다. 그 피조물이 간신히 숨을 들이 쉬자, 온몸에 경련이 일어났다.[39]

메리 셸리가 전기 자극 요법에 더해 당시의 해부학 및 생리학에 익숙해질 수 있었던 데에는 제네바 여행에 동행했던 폴리도리의 영향도 있었다. 바이런의 주치의로 제네바 여행에 동행했던 폴리도리는 당시 최첨단 의학 교육이 이루어지던 에딘버러 대학의 의대생이었다. 녹스가 해부 사체를 구하기 위해 살인자로부터 시체를 구입했을 정도로, 에딘버러에서는 해부학 연구가 활발하게 이루어지고 있었다. 덕분에 에딘버러 대학의 의학부 학생들은 첨단의 해부학 및 생리학을 익힐 수 있었다. 더욱이 그가 공부할 무렵, 에딘버러 대학에서는 전기 자극 치료가 활발하게 연구되고 있었다. 폴리도리 역시 대학에서 몽유병에 대해 연구하면서 전기가 하나의 치료 요법이 될 수 있다고 생각했다.[40] 결과적으로 메리 셸리는 폴리도리를 통해서도 당시의 해부학 및 생리학 그리고 전기 연구에 대한 지식을 교류하고 축적할 수 있었다.

메리 셸리는 퍼시 셸리를 통해 험프리 데이비Humphry Davy(1778~1829)의 화학에도 깊은 인상을 받았다. 볼타의 전기 배터리가 발표된 이후 데이비는 화학이 역학이나 자연사, 의학, 생리학, 약학, 식물학, 동물학을 포함한 거의 모든 과학 분야의 가장 기본이 되는 기초 학문이라고 주장했다. 물질의 연소나 용해, 변환, 생성 등에 관한 주제들이 모두 화학에 포함된다고 생각했기 때문이었다. 그에게 화학은 자연의 가장 심오한 비밀에 다가가게 해주고, 자연의 감춰진 작동 원리를 알아내며, 인체의 영적이고 육체적인 구성을 이해할 수 있도록 해주는 것이었다. 그리고 그러한 화학 현상들은 본질적으로 전기적인 것이었다. 메리 셸리는 데이비의 화학 강연록을 퍼시 셸리와 함께 읽고, 혼자서도 재차 읽었다고 밝혔다. 소설의 프랑켄슈타인에게 가장

| 그림 13 | 메리 셸리(스텀프Samuel Stump의 초상화, 1831)와 퍼시 셸리(스튜어드Malcolm Steward 의 초상화, 1900)

큰 영향을 미치는 화학 교수, 발트만의 입을 통해서도 잘 드러나듯, 메리 셸리에게 화학은 "기적을 만들어내고" "깊이 숨겨진 자연을 구석구석 들여다보고" 또한 "인간의 불로장생이 헛된 꿈"이 아님을 보여줄 수 있을 지식으로 보였다.[41] 소설에서 프랑켄슈타인이 발트만 교수의 지도를 통해 생명 창조의 원리를 깨달아간다는 설정은 화학에 대한 메리 셸리의 신뢰와 기대를 보여준다 할 것이다.

생명의 본질과 다윈의 국수 가락

이렇듯 소설의 창작 과정에는 다양한 과학기술의 발전이 영향을 미쳤지만, 프랑켄슈타인이 생명의 창조에 다가갈 수 있었던 데에는 무엇보다도 삶과 죽음 그리고 생명의 본질에 대한 근본적인 질문이 깔려 있었다.

특히 나의 주의를 끈 한 가지 현상은 인체, 아니 생명을 부여받은 동물의 구조였다. 나는 가끔 생명의 원리가 대체 어디서 나오는지 스스로 묻곤 했다. 그것은 대담한 질문이었으며, 여태까지 하느님의 섭리로 간주되던 질문이었다. 그러나 우리의 탐구가 소심함과 부주의의 제약을 받지 않는다면, 얼마나 많은 것들이 밝혀질 뻔했을까? 나는 마음으로 이런 상황들을 곰곰이 생각한 뒤, 생리학과 연관된 자연과학 분야에 특별히 더 관심을 갖기로 결심했다. 거의 초자연적인 열정에 이끌리지 않았더라면, 이 분야에 대한 연구는 지루하고 견디기 힘들었을 것이다. 생명의 원인을 조사하기 위해서는 먼저 죽음을 알아야 한다. 해부학을 잘 알게 되었지만, 이것만으로는 충분히 않다. 또한 인체의 자연스러운 부패를 관찰해야 했다.

…… 이제 이런 부패의 원인이 무엇인지 그리고 어떻게 진행되는지를 살피려면 며칠 동안 밤낮 지하 납골당이나 시체 안치소에서 보내야 했다. 섬세한 인간의 감정으로는 가장 감당하기 어려운 대상에게 나의 주의가 집중되었다. 인간의 아름다운 육신이 어떻게 부패해서 침식하는지 목격했다. 생기발랄한 붉은 뺨이 사후에 어떻게 부패하는지도 보았다. 어떻게 벌레가 경이로운 눈과 뇌를 먹어 버리는지도 보았다. 생명에서 죽음으로, 죽음에서 생명으로 바뀌는 과정의 인과 관계를 자세히 살피고 분석했다. 마침내 이 깊은 어둠 속 한가운데 갑작스레 한 줄기 빛이 나타나 내 마음에 비추었다. 그 빛은 매우 밝고 놀라웠지만 단순해서, 그 빛이 제시하는 엄청

난 전망에 현기증이 나기도 했다. 한편 같은 과학을 연구하는 수많은 천재 가운데 나만 이렇게 놀라운 비밀을 발견했다는 사실이 놀랍기도 했다.[42]

이 시기 생리학자들은 생명이 어떻게 생겨나며, 죽은 생명을 살릴 수는 있을지에 대해 비상한 관심을 갖고 있었다. 특히, 메리 셸리는 아버지를 통해 에라스무스 다윈Erasmus Darwin(1731~1802)의 자연 발생 spontaneous generation에 관한 생각에 익숙해질 수 있었다. 메리 셸리의 아버지와 교류했던 에라스무스 다윈은 대륙의 생리학자들의 자연 발생에 관한 연구들을 검토하며 무생물이 자연 발생을 통해 생명체로 자라날 수 있는지에 대해 고민하고 있었다. 가령, 송아지 고기를 끓여 만든 스프를 유리병에 넣고 밀봉한 뒤 3~4일이 지나면 유리병에서 무수히 많은 미세 생물체들을 관찰할 수 있었다는 보고나 물과 밀가루만으로 이루어진 접시에서 마치 뱀장어처럼 보이는 미세한 생물체들을 엄청나게 많이 관찰할 수 있었다는 보고 등은 다윈으로 하여금 자연 발생을 참된 지식으로 받아들이게 만들었다.[43] 메리 셸리가 죽은 시체로부터 살아 있는 생명체의 탄생을 상상했던 데에는, 이러한 에라스무스 다윈의 자연 발생에 관한 논의들이 영향을 미쳤다.

자연 발생이라는 발상은 이후 1861년에 출판된 루이 파스퇴르Louis Pasteur(1822~1895)의 『자연발생설 비판』(1861)을 통해 실험적으로 반박되었다. 파스퇴르는 고기 스프나 밀가루 반죽에서 미세한 생물체가 대량 발견되는 것은 미생물인 세균이 공기를 통해 용기 속으로 들어갔기 때문이라고 주장하였다. 이를 입증하기 위해 그는 강력한 필터를 설치하거나 용기의 입구를 S자 모양으로 구부려 공기 속 세균

| 그림 14 | 연구실의 파스퇴르 (1995). 솜Robert Thom이 제약회사 파크-데이비스Parke-Davis & Co의 의뢰를 받아 그린 「그림으로 보는 의학의 역사」 시리즈 중 하나

이 음식물에 접촉할 수 없도록 만들었다. 그리고 고기 스프나 밀가루 반죽 등에서 아무런 생물체도 자라지 않음을 확인하였다. 파스퇴르의 세균설은 생물 발생 및 질병 치료 연구 등에 광범위하게 활용되면서 의학계의 주류 이론으로 자리 잡았고, 자연 발생에 대한 논의들은 점차 근거 없는 옛 이론이 되어 갔다. 메리 셸리의 『프랑켄슈타인』이 탄생하는 데에 놀라운 영감을 불어 넣었던 이론이었음에 분명하지만 말이다.

보리스 칼로프가 만든 괴물의 이미지

이렇듯 당시의 과학적 성과에 기반해 집필된 『프랑켄슈타인』은 평단으로부터 긍정적인 평가를 받았다. 판매 부수도 나쁘지 않았고, 때로는 연극[44]으로 각색되기도 했다. 다만 『프랑켄슈타인』은 당시의 주류 소설들이 다루던 주제와 무관했고, 일반적인 윤리적 문제들을 다루었던 것도 아니었다. 따라서 지금과 같이 크게 주목받지는 못했고, 이후 세대의 독자들에게는 점차 잊혀져 갔다.[45]

출판된 지 100년도 지난 소설 『프랑켄슈타인』이 대중들에게 다시 인상적으로 각인된 것은 보리스 칼로프William Henry Pratt(1887~1969, 보리스 칼로프는 예명이다)가 만든 멍한 눈의 네모 얼굴을 통해서였다. 1931년 미국 유니버셜 픽쳐스가 제작한 「프랑켄슈타인」에서 전기 실험을 통해 창조된 괴물은 아무 말 없이 큰 덩치로 부자연스럽게 움직이며, 무섭고 표정 없는 멍한 눈으로 대중의 눈길을 단번에 사로잡았다.

| 그림 15 | 프랑켄슈타인 분장을 한 보리스 칼로프

그런데 이 괴물은 소설의 괴물과는 판이하게 달랐다. 영화에서 괴물은 프랑켄슈타인 박사의 조수가 든 횃불을 보고는 갑자기 공격적으로 변한다. 그러고는 조수가 횃불로 괴롭히자 그를 목매달고, 프랑켄슈타인을 공격한다. 괴물은 프랑켄슈타인의 연구실에서 괴물을 돌보던 발트먼 박사(프랑켄슈타인의 대학교 지도 교수)를 살해하고, 마을로 내려와 자신에게 친절을 베푸는 어린 소녀와 놀다 그녀를 무심히 강에 집어 던진다. 소녀를 강에 빠뜨리면 그녀가 죽을 수도 있다는 것을 모를 정도로 지능이 부족한 존재로 등장하는 것이다. 또한 프랑켄슈타인 박사와 엘리자베스의 결혼식 날 엘리자베스의 방에 들어와서도 아무런 이유 없이 그녀를 위협한다. 이후에도 시민을 공격하고 프

랑켄슈타인을 죽이려 하는데, 이때 괴물은 아무 말 없이 그리고 아무런 이유도 없이 그저 사람들을 죽이려는 모습으로 등장한다. 말 그대로 괴물인 것이다. 이 작품은 원작을 읽지 않은 사람들에게 프랑켄슈타인을 괴물의 이미지로 각인시켰다. 괴물의 이름이 없었던 상황에서 대중들이 어느 순간부터 프랑켄슈타인을 괴물의 이름으로 착각하게 된 것이다.

이러한 모습은 원작인 소설에서 사람들의 슬픔에 공감하고, 인간이고자 고뇌하며, 사랑을 갈구하는 괴물의 모습과는 판이하게 달랐다. 소설에서 괴물이 프랑켄슈타인을 포함하여 여러 인물들을 죽이는 것 역시 겉모습만 보고 그를 괴물로 치부해 외면하는 이들에 대한 분노의 표현에 다름 아니었다. 또한 프랑켄슈타인의 애인인 엘리자베스를 살해하는 것 역시 삶의 동반자가 될 신부를 얻고자 했던 간절한 소망이 산산히 부서진 데 대한 절망감의 표현이라 할 수 있었다.

원작과 다른 괴물의 모습은 후속작 「프랑켄슈타인의 신부The Bride of Frankenstein」(1935)에서도 마찬가지로 반복되었다. 1931년 작품에 비하면 괴물은 조금 더 유순한 모습을 보였지만, 대신 1935년 작품에서는 여자 괴물을 창조하고자 하는 프리토리어스 박사의 말에 따르는 일종의 로봇처럼 행동하는 모습을 보였다. 여자 짝을 만들어달라고 하지만, 그것은 어디까지나 프리토리어스 박사가 여성 창조물을 만들고 싶다는 생각을 비친 다음에 그 의지를 거드는 형국처럼 보이는 것이다. 더구나 영화에서는 괴물이 다른 성을 가진 짝을 갖고 싶다는 생각을 할 정도로 많은 시간이 흐르지도, 외로움과 좌절을 느끼지도 않았다. 괴물은 제대로 말할 줄 몰랐고, 진지하게 사고하지도 않았다. 대중들이 열광했던 것은 끔찍한 괴물의 형체였지, 그 괴물이 고뇌했던 삶의 문제가 아니었다.

이렇듯 괴물을 그리는 방식이 달랐던 점을 이해하기 위해서는 소설 『프랑켄슈타인』과 영화 「프랑켄슈타인」이 등장했던 시대적 배경이 서로 달랐다는 점을 생각할 필요가 있다. 소설이 처음 등장했던 19세기 초의 영국은 과학기술의 발전을 통해 사회가 급격하게 변화되고 있었다. 이미 상당한 수준의 도시 문화와 산업 발전을 경험하고 있었던 영국에서는 산업혁명을 통해 경험한 과학기술이 경계하고 통제해야 할 대상으로 여겨졌다. 과학기술은 산업 및 사회 구조를 급격하게 변화시키고 있었고, 아름답던 도시의 풍경을 바꾸고 있었다. 이런 상황에서 출판된 메리 셸리의 『프랑켄슈타인』은 교양 있는 지식 대중이 즐겨 읽던 소설을 통해 과학기술에 대한 전망과 함께 그 우려를 나타낸 것이다.

1930년대의 미국은 19세기 초의 영국과 달랐다. 이 시기 미국 사회는 과학기술을 통해 발전하며 더욱 풍요로워지고 있었다. 기차와 전신 기술 그리고 자동차 기술이 황무지였던 미국 대륙을 개척하며 급속히 성장하는 도시들이 나타났고, 각종 가전제품과 전기 시설들은 미국인들이 이전에는 경험하지 못했던 문명의 이기와 삶의 풍요를 누리게 해주었다. 결국 1930년대 미국인들에게 과학기술은 경계하거나 통제해야 할 대상이 아니었다. 더욱이 20세기 초 노동 대중의 확산과 함께 영화라는 매체는 이들이 즐길 수 있는 하나의 여가 문화로 발전하고 있었다. 영화에서 프랑켄슈타인이 창조한 괴물은 우연히 잘못 만들어진 피조물일 뿐이었고,[46] 괴물이 만들어내는 괴기한 장면들은 노동에 지친 대중들이 고민 없이 즐기면 될 오락거리일 뿐이었다. 결국 18~19세기 과학자들이나 의사들이 고민했던 문제들, 즉 삶과 죽음의 경계는 무엇이며, 생명의 본질이란 무엇인지에 관한 철학적 문제들은 20세기 전반에 연출된 영화에서는 상당 부분 자취를 감추었다.

『프랑켄슈타인』의 괴물은 1994년에 이르러서야 케네스 브래너 Kenneth Branagh의 영화를 통해 처음으로 원작과 비슷하게 그려졌다. 고뇌하고 좌절하는 인간으로서의 괴물의 모습이 그려진 것이다. 이 작품에서 괴물은 태어난 직후 프랑켄슈타인으로부터 버림받고 아파하며, 이유 없이 사람들에게 폭행당하며 고통스러워한다. 또한 사랑했던 오두막 가족들이 그를 거부하며 떠나갔을 때 심한 절망감에 눈물 흘린다.

그럼에도 불구하고, 이 영화에서 피조물이 괴물이 되는 과정은 소설과 비교할 때 너무 갑작스럽다. 영화에서 프랑켄슈타인을 찾으러 제네바로 간 괴물은 그곳에서 프랑켄슈타인 집안의 아이를 만나자마자 그 아이를 살해한다. 아이가 두려움에 아무 말 없이 도망갈 뿐인데도, 단지 프랑켄슈타인 집안의 아이라는 이유만으로 살해하는 것이다. 그러나 소설에서 아이와 괴물의 대면은 이렇지 않았다. 아이의 죽음은 언뜻 사고사에 가까웠다. 그리고 프랑켄슈타인의 주변 인물들을 하나하나 죽인 뒤에도 그는 여전히 인간으로 남아 있었다.

고통이 지속되어도 혼자 고통 받는 것에 만족해. 내가 죽게 되더라도, 혐오감과 비난이 기억을 짓누르는 데 아주 만족해. 한때는 미덕과 명성 그리고 즐거움에 대한 꿈이 내 상상을 달래 주었어. 한때는 나의 추악한 외모를 용서하고 나의 뛰어난 자질 때문에 나를 사랑해 줄 존재를 만날 거라는 헛된 희망을 갖기도 했지. 성장할 때는 명예와 헌신이라는 고상한 생각을 갖고 있었지. 하지만 이제 악 때문에 가장 비천한 동물보다 못하게 타락했지. 어떤 범죄나 악행, 어떤 악이나 불행도 내가 겪은 것과는 비교할 수 없어. 내가 저지른 끔찍한 행동을 떠올려 볼 때, 한때는 내가 숭고하고 뛰어난 미와 장엄한 선만 생각했던 존재란 게 믿기지 않아. 하지만 그게 사실이야. 타락한 천사야말로 가장 위험한 악마가 되는 법인데, 하지만 신과 인간의 적에게 절망했을 때도 친구나 동료가 있는 법이지. 난 언제나 혼자야.

… 내가 비참한 괴물이라는 건 사실이야. 사랑스럽고 무력한 존재들을 죽였지. … 인간 가운데 사랑과 칭찬을 받을 만한 나의 창조자인 프랑켄슈타인을 불행하게 만들었지. 그를 쫓아가서 심지어 돌이킬 수 없는 파멸로 몰고 갔지. 저기 그가 죽어서 하얗고 차갑게 누워 있군. 나를 미워하겠지. 하지만 당신의 증오는 내가 나 자신에게 느끼는 증오와는 비교할 수도 없어.

… 이제는 내게 죽음만이 유일한 위로야. 죄로 오염되고 아주 비통한 양심의 가책으로 찢긴 내가 죽음 말고 어디서 휴식을 얻을 수 있겠는가?

… 하지만 난 곧 죽을 거야. 지금 내가 느끼는 감정을 더 이상 느낄 수 없겠지. 이 불타는 듯한 고통도 곧 끝나겠지. 나는 당당하게 장작더미에 올라가 고통스럽게 불꽃 속에서 죽어갈 거야. 그 불꽃이 사라지면 내 재는 바람결에 바다로 들어가겠지. 내 영혼은 평안하게 잠들거야. 혹시 영혼에 생각하는 능력이 있다 해도 확실히 이런 괴로운 생각을 하진 않겠지. 안녕![47]

메리 셸리는 괴물의 인간적인 고뇌를 통해 당시 전기 및 화학, 그리고 생리학 등의 발전이 가져올 수도 있는 과학기술의 윤리적 문제들을 진지하게 탐색했다. 그녀는 자신의 소설에서 인간이란 무엇이며, 부제의 프로메테우스처럼 생명을 창조하는 일이 과연 인간에게 허용될 수 있는 것인지에 대해 진지하게 고민했던 것이다. 『프랑켄슈타인』을 흔히 최초의 SF 소설로 평가하는 것은 바로 그런 이유에서일 것이다.

다시 태어나는 프랑켄슈타인들

메리 셸리가 보여준 프랑켄슈타인식 생명 창조가 가상의 이야기로 대중들에게 소비되는 동안, 일부 외과의들 사이에서는 그 수술이 실제로 진지하게 시도되고 있었다. 1884년 프랑스의 장 밥티스트 빈센트 라보르드Jean-Baptiste Vincent Laborde(1830~1903)는 사형수의 머리를 개의 몸통에 이식하는 수술을 시도하였고,[48] 1908년 미국 외과의 찰스 클로드 거드리Charles Claude Guthrie(1880~1963)는 개의 머리를 잘라 다른 개의 목에 붙이는 수술에 성공하였다. 거드리의 수술은 1950년대에 소련의 외과의사 블라디미르 데미코프Vladimir Petrovich Demikhov(1916~1998)에 의해 다시 시도되었는데, 머리를 잘라 다른 개의 목 부위에 붙이던 수술은 이후 더 나아가 개의 머리와 다리를 포함한 상부를 다른 개의 목 부위에 붙이는 수술로까지 발전하였다.[49]

  의학계는 데미코프의 수술을 비윤리적인 것으로 질타하며 중단할 것을 요구하였다. 데미코프가 연구를 지속하자 주류 의학계는 그를 퇴출시켰다. 하지만 데미코프식의 수술은 이후 장기 이식이라는 관점에서 계속해서 시도되었다. 이런 가운데 1971년에 미국 신경외과의 로버트 화이트Robert Joseph White(1926~2010)는 원숭이의 머리를 다른 원숭이의 몸통에 붙이는 수술까지 시도하였다.[50]

메리 셸리가 『프랑켄슈타인』을 쓴 지 200여년이 지난 지금, 이제 프랑켄슈타인 박사의 비밀스런 수술은 그때보다 훨씬 더 현실에 가까워졌다. 화이트 이후 장기 이식 및 외과 시술은 계속해서 획기적으로 발전했는데, 2013년에는 이탈리아의 신경외과 전문의인 세르지오 카나베로Sergio Canavero가 사람의 머리를 분리한 뒤 통째로 이식하는 수술이 가능하다고 주장하기에 이르렀다. 이 수술의 실험을 자원한 이들도 있으며, 이 중 근육이 마비 축소되는 희귀병을 앓고 있

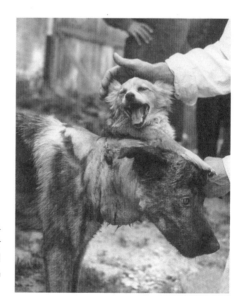

| 그림 16 | 데미코프가 큰 개의 목 부위에 작은 개의 머리와 다리를 이식한 사진. 그는 24번에 걸쳐 이런 종류의 실험을 시도하였다. 「라이프 매거진」(1959)

2.
생명과 마음의
자리

는 러시아의 컴퓨터 프로그래머 발레리 스프리도노프Valery Spiridinov
가 최초의 환자로 결정되어 수술을 기다리고 있는 상황이다.[51] 또한
2016년 1월에는 중국의 한 의료팀이 원숭이의 머리를 다른 원숭이
의 몸에 이식하는 수술을 시도하였다. 이 수술은 두 원숭이의 신경을
연결하는 데는 실패했지만 혈관을 연결하는 데는 성공하여, 프랑켄
슈타인 수술이 얼마나 현실에 가까워지고 있는지를 단적으로 보여주
었다.[52]

　그래서인지 프랑켄슈타인은 최근 연극, 영화, 드라마, 뮤지컬 등
을 통해 활발하게 재탄생하고 있다. 2011년 영국 국립극단의 연극
「프랑켄슈타인」부터 2014년 호러 드라마로 거듭난 「페니 드레드풀
Penny Dreadful」과 국내 창작 뮤지컬 「프랑켄슈타인」(2014)까지 소설

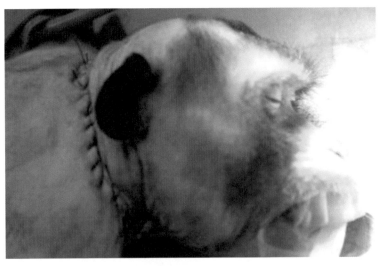

| 그림 17 | 2001년 화이트에 의해 머리 이식 수술을 받은 원숭이의 모습으로 다큐멘터리 「원숭이
머리 이식Monkey Head Transplant」의 한 장면이다.

『프랑켄슈타인』을 다시 쓰는 작업은 끊임없이 계속되고 있는 것이다.

최근 작품들의 가장 중요한 특징 중 하나는 프랑켄슈타인 박사가 창조한 괴물의 목소리가 중요하게 다뤄지고 있다는 점일 것이다. 이는 어쩌면 이제 우리가 과학자와 기술자의 윤리에 더해 그들이 창조한 과학기술의 산물의 삶에 대해 다시 한 번 진지하게 고민해야 할 시점에 와 있음을 의미하는 것일 수 있다. 최근 과학학의 연구들이 밝혀주고 있듯, 과학기술의 산물은 창조되고 난 이후 그것을 창조한 이들의 의도와는 무관하게 개발자의 손을 완전히 벗어나 그 자체의 삶을 갖는다. 과학기술은 인간, 자연, 사회에 그 이전에는 상상하지 못할 영향을 미치고 있으며, 그 결과는 되돌릴 수 없다.

프랑켄슈타인이 창조한 괴물의 울부짖음은 과학기술 연구의 결과를 예상하는 것이 결코 쉬운 일이 아님을 상징적으로 보여준다. 프랑켄슈타인 박사의 고뇌와 그가 만든 괴물의 절망은 현대 생명공학의 시대에 더 큰 울림을 만들어내고 있는 것이다. 그런 의미에서 최근 국내 창작 뮤지컬 「프랑켄슈타인」이 큰 성공을 거둔 것과 뮤지컬의 괴물이 내뱉는 절절한 노래 가사가 주는 감동은 서로 무관하지 않을 것이다.

| 그림 18 | 2014년 개봉된 뮤지컬 「프랑켄슈타인」의 포스터

2.
생명과 마음의
자리

차디찬 땅에 홀로 누워 눈물이 뺨을 적시네.
이것이 외로움, 혼자만의 슬픔.

이 세상에 혼자, 단 하나의 존재.
철 침대에서 태어난 나는
너희완 달라. 인간이 아냐.
그럼 나는 뭐라 불려야 하나.

나의 신이여 말해 보소서.
대체 난 뭘 위해 만들었나.
단지 취미로 호기심에 날 만들었나.
숨을 쉬는 나도 생명인데, 왜 난 혼자서

여기 울고 있나요. 여기 버려진 채로,
정녕 내겐 태어난 이유가 없나.
나의 창조주시여, 뭐라 말 좀 해봐요.
왜 난 모두에게 괴물이라 불려야 하나.

내게도 심장 뛰는데,
이 슬픔을 참을 수 있는가.

피는 누군가의 피, 살은 누군가의 살.
나는 누군가의 피와 살로 태어났네.

나의 신이여, 나의 창조주시여,
내가 아팠던 만큼 당신께 돌려 드리리.

세상에 혼자가 된다는,
절망 속에 빠뜨리리라

어젯밤 처음 난 꿈을 꾸었네.
누군가 날 안아주는 꿈.
포근한 가슴에 얼굴을 묻고 웃었네.
나 그 꿈속에 살 순 없었나.

'난 괴물'

II

사회

이상적이지도, 객관적이지도 않은

현실로부터의 도피

유토피아를 통해 본 현실

근대 초 서유럽 사회의 척박한 상황은 사람들로 하여금 현실과는 다른 이상향을 꿈꾸게 만들었다. 아직 지리상의 세계들이 모두 드러나지는 않았던 상황에서, 바다 너머에 미지의 이상향이 있을지도 모른다는 상상은 어찌 보면 자연스러운 결과였다. 토머스 모어의 '유토피아 섬', 토마스 캄파넬라의 '태양의 도시', 볼테르의 『깡디드』에 나오는 '엘도라도'가 모두 그렇게 꿈꾸어진 곳들이었다. 이곳들은 대개 공동 생산과 공평한 분배 등 사회주의식 제도에 기반해 있었다. 그런데 비슷한 시기 베이컨은 과학기술의 발전으로 모두가 풍족하게 생활하는 새로운 이상향을 꿈꾸었다. 그의 상상은 과감했을 뿐만 아니라 새로운 과학기술의 발전을 자극하기도 하였다.

이 장에서는 베이컨이 과학기술 이상향으로 제시한 『새로운 아틀란티스』를 중심으로 서구 사회에서 이상향에 관한 논의가 어떻게 발전해 왔으며, 그것이 과학기술 연구 및 그에 대한 사회적 인식에 어떤 영향을 미쳤는지를 살펴볼 것이다. 과학기술이 발전하였을 때 현실의 사회는 베이컨이 그린 벤살렘 섬과 같이 되지 않았다. 오히려 과학기술을 소유한 이들은 더 많이 소유하거나 독점하고자 했고, 그로부터 배제된 자들의 삶은 더욱 열악해졌다. 사람들은 과학기술이 유토피아를 만들 것인지, 아니면 디스토피아를 만들 것인지 알지 못했다. 그것은 과학기술을 소유한 사회에 달려 있었다.

유토피아를 통해 본 근대 유럽의 현실

몇 년 전 서울대학교에서 고전 인문 50편을 선정하였다. 여기에는 플라톤Plato(B.C 428~348)의 『국가』나 『맹자』처럼 아주 오래된 동서양의 고전부터 비트겐슈타인의 『철학적 탐구』 같은 20세기의 고전까지 다양한 책들이 포함되어 있었다. 이렇게 동서양의 역사를 통틀어 고른 50권의 명저 중에는 토머스 모어Thomas More(1478~1535)의 『유토피아』(1518)도 들어 있었다.

『유토피아』는 국가가 성장하고, 사회가 세속화되며, 자본주의가 발전하기 시작하던 근대 초기에 저술된 책이다. 당시에는 신대륙이 발견되면서 새로운 자본이 유입되고, 해외 무역을 통해 축적된 자본이 일부 집단 및 계층에 독점되면서, 자본주의의 폐해가 드러나기 시작하고 있었다. 또한 국가와 교회 사이의 권력 분쟁이 심화되면서 이를 둘러싼 정치 및 종교 문제 역시 주요 논제로 떠오르고 있었다. 따

| 그림 1 |
홀바인Ambrosius Holbein
(1494~1519)이 그린
『유토피아』(1518)의 권두 삽화

라서 이상향을 다룬 『유토피아』가 당시 사회의 여러 문제점들을 언급했을 것은 충분히 짐작할 수 있다.

실제로 이 책은 사회 비판 및 풍자의 성격이 매우 강하다. 1부에서는 당시 사회의 부조리한 모습들을 적나라하게 비판하고, 2부에서는 그러한 사회에 대비되는 이상적인 유토피아 사회를 그리고 있다. 먼저 1부는 모어가 자신의 친구인 피터 힐레스로부터 라파엘 히슬로다에우스라는 사람을 소개받은 뒤 그와 나누는 대화로 구성되어 있다. 모어는 라파엘의 경험과 학식에 감화된 나머지 그에게 왕의 궁정에

들어가 봉사하라고 권하는데, 라파엘이 그에 반박하면서 당시 유럽 사회의 부조리와 악행들을 직접적으로 비판하는 이야기가 1부의 내용이다.

모어가 이야기하는 사회의 부조리와 악행은 크게 볼 때 재화의 불평등한 분배와 기득권층의 만행으로 정리될 수 있다. 물론 사유재산이 존재하는 한 평등한 분배는 불가능할 것이지만, 이 시기에는 불평등이 매우 심각하였다. 가장 주된 원인 가운데 하나는 인클로저 Enclosure 현상이었다. 당시 영국은 양모 무역으로 큰 수익을 올리고 있었다. 그러다 보니 대수도원장, 귀족, 지주 등은 예전에는 농민들에게 빌려주어 경작시키던 자신들의 토지에 울타리를 치고 목초지를 만든 뒤 양을 방목해 수익을 올리려고 하였다.

모어는 가상의 인물인 라파엘의 입을 빌려 이를 신랄하게 비판하였다. 탐욕밖에 남지 않은 부유층은 자신이 태어난 토지와 들판을 마치 악성 종양과 같이 차례차례 섞어 삼키면서 수천 에이커의 땅들을 하나의 울타리로 막아버렸고, 그 결과 자신이 살던 곳에서 쫓겨난 수백 명의 농민들은 부자들의 사기와 공갈, 협박, 조직적인 괴롭힘을 참다 못해 경작하던 땅을 포기하거나 그들에게 헐값을 받고 땅을 팔 수밖에 없었다는 것이다. 그 결과 터전을 잃은 농민들은 농촌과 도시로 흩어져 떠돌이 생활을 하고 얼마 안 있어 세간을 팔고 받은, 그나마 손에 몇 푼 안 되는 돈마저 바닥나면, 어쩔 수 없이 남의 물건을 훔치는 도둑이 되어 버렸다.[2] 그럼에도 왕과 귀족들은 새로운 규정과 법률의 자의적 해석을 통해 자신들의 배만 불리기에 바빴다. 이들은 화폐 가치를 마음대로 조정해 왕의 채무는 줄이되 수입은 늘리고, 전

쟁을 하는 척 하면서 백성들을 속여 세금을 거둬들였다.[3]

이를 들은 모어는 사회 개혁을 위해 라파엘에게 궁정 봉사를 제안하지만, 라파엘은 정중하게 거절한다. 그러면서 궁정이란 곳은 다른 사람이라면 누구나 시기하고 오직 자기 자신만을 제일이라고 생각하는 그런 사람들로 가득 차 있으며, 왕들은 어렸을 때부터 그릇된 가치관에 깊이 젖어 있기 때문에 만일 어느 왕에게 건전한 법을 제의하여 악과 부패의 씨앗들을 그의 마음에서 뽑아내려고 하다가는 당장에 쫓겨나든지 웃음거리가 될 거라고 설명한다. 그리고 플라톤의 비유를 인용해, 거리에 나와 비에 젖은 사람들에게 집으로 들어가라고 설득할 수 없다면 자기만이라도 비를 피하는 게 현명하다며, 나랏일을 멀리 할 것이라고 이야기한다.[4] 결국 더 이상 라파엘을 설득하기 힘들게 된 모어가 라파엘로부터 유토피아에 관한 이야기를 듣는 것으로 2부가 시작된다.

2부에서 묘사되는 유토피아 사회는 매우 이상적이고 긍정적인 모습인데, 이를 통해 유럽의 현실이 뚜렷하게 대비된다. 가령, 유토피아에서는 모든 사람들이 예외 없이 농사일을 하며, 그에 더해 자신에게 맞는 특별한 기술을 배운다. 여기서 모어가 비판하는 대상은 신부들과 이른바 종교인이라는 엄청나게 많은 게으른 무리들과 모든 부자들, 특히 젠틀맨과 귀족이라고 불리는 지주들로 대표되는 일하지 않는 자들이다. 모어에게 그들은 소작농들의 고통스러운 노동에 의존하면서 소작료를 끊임없이 올려가며 그들의 피와 땀만 빨아먹고 사는 기생충 같은 존재들인 것이다.[5]

공평한 분배와 공정한 법률 역시 모어가 관심을 가졌던 주제였다.

유토피아에서는 모든 이들이 동일하게 노동하는 만큼, 자신에게 필요한 것을 모두 공급받을 수 있으며 개인적인 사유재산은 금지되어 있다. 모어는 사유재산이 존재하고 모든 것이 돈이라는 관점에서 판단되는 한, 진정한 정의나 진정한 번영은 결코 이루어질 수 없다고 보았다. 삶에서 가장 최선의 조건들이 최악의 인간들에게 주어져 있는 한 그리고 모든 부가 극소수의 사람들에게 편중되어 있는 한, 나머지 사람들은 모두 가난해질 수밖에 없다고 본 것이다.[6] 또한 유토피아에는 법률이 아주 조금밖에 없는데, 이는 유토피아인들이 법률의 종류가 너무 많아서 다 읽을 수 없고, 너무 모호해서 아무도 이해할 수 없는 법률 체계로 사람들을 얽매는 것은 전혀 옳지 못하다고 생각하기 때문이었다.[7] 이처럼 유토피아 사회는 공정한 법률과 정의가 상실된 유럽의 상황과 극명한 대조를 이루고 있었다.

숨겨진 유토피아 지도

라파엘의 입을 통해 듣는 유럽 사회의 부조리와 그와 대비되는 유토피아의 사회 체제는 당시 유럽 사회의 집권층의 입장에서 볼 때 상당히 불편할 만한 이야기였다. 그래서 모어는 책의 이곳저곳에서 최대한 유토피아가 실제 있는 섬인 것처럼 보이도록 신경을 썼다.

가령, 모어는 라파엘이 아메리고 베스푸치Amerigo Vespucci(1454~1512)가 이끄는 항해 선단에 합류해 신대륙을 포함한 여러 지역을 탐험했으며, 유토피아는 그중의 하나인 것으로 설정하였다. 베스푸치는 15세기 말에서 16세기 초에 걸쳐 신대륙을 탐험하면서 모험 항해의 붐을 일으켰던 인물 중 하나였다. 독일의 지도 제작자인 마르틴 발트제뮐러Martin Waldseemüller(1470~1520)가 아메리고 베스푸치가 발견한 신대륙을 아메리카로 명명했던 것 역시 그의 이름을 기념해서였다. 따라서 베스푸치와 함께 항해했다면, 아직 유럽 사람들이 알지 못하는 유토피아란 섬에 간 것도 그럴듯하게 들릴 수 있었다.

책에 당시의 인문주의자들과의 서신을 공개해 유토피아가 실제로 존재하는 것처럼 보이게 했던 것 역시 그런 의도에서였다. 모어가 벨기에의 안트베르펜Antwerp에서 실제로 만났던 서기관 피터 힐레스Peter Gilles나 인문주의자 제롬 부스라이덴Jerome Busleiden 등의 서신들을 서문과 후기에 배치한 것은 당시 독자들로 하여금 유토피아라는 곳이 실제로 있을지도 모른다는 생각을 하게끔 만들었다. 책의 마지막에 배치한 유토피아 섬의 문자 역시 유토피아란 섬의 존재를 믿도록 만들기 위한 하나의 장치였다.

그러다 보니 당시에는 정말로 유토피아란 섬이 있다고 믿는 사람들까지 생겨났다. 유토피아라는 단어 자체가 '어디에도 없는 좋은 곳'이라는 의미를 지니고 있다는 점에서 실제 존재하지 않는 상상의 섬임을 간접적으로 암시하고 있는 것이었지만, 그럼에도 그런 섬이 존재하기를 바라는 마음은 그것이 실제로 존재할지도 모른다는 생각을 만들어냈다. 그리고 그러한 바램은 결국 가상의 유토피아 섬의 지도를 제작하는 데까지 나아갔다.

20세기 후반에 발견된 아브라함 오르텔리우스Abraham Ortelius(1528~1598)의 지도가 바로 그것이다. 이후 발견된 오르텔리우스의 서신들을 통해 그가 실제로 이 지도를 제작했음이 확인되었다. 지금은 근대 초의 지도 제작자라고 하면 대표적으로 메르카토르Gerardus Mercator(1512~1594)를 떠올리지만, 당시 가장 큰 명성을 얻었던 인물은 메르카토르의 친구이자 그의 경쟁자였던 오르텔리우스였다. 그의 명성은 1570년에 나온『세계의 무대』라는 지도책을 통해 시작되었다. 처음에 70장의 지도로 구성되었던 그의 지도책은 이후 수많은 이들의 경험과 지식을 토대로 수정 및 보완을 거듭했다. 그리고 그 노력이 결실을 맺어 16세기 말에 이르면 세계 최고의 지도로 꼽히게 되었고, 이후 7개국 언어로 번역되면서 세계 각국으로 팔려나갔다.

그렇다면 세계 최고의 지도 제작자가 16세기 후반에 제작한 이 지도가 20세기 후반에 이르러서야 대중에게 공개된 이유는 무엇일까? 이를 위해서는『유토피아』란 저서가 당시 집권층의 시각에서 보았을 때 어떤 책이었는지를 이해할 필요가 있다.『유토피아』에서는 귀족과 성직자는 물론이고, 심지어 왕이나 그 고문들까지도 신랄한 비판의 대상이 되고 있었다. 책에서 비판받는 사회 지도층 인사들에게는『유토피아』가 아주 불쾌한 책일 수밖에 없었고, 반대로 사회를 비판하는 이들에게는 이만큼 통쾌한 책이 없었다.

오르텔리우스는 한 편지에서 자신이 원해서가 아니라 그의 친구들의 요청으로 유토피아 지도를 만들었다고 밝힌 바 있다. 그러나 친구의 요청으로 만들었다고 해도 결국 오르텔리우스의 이름으로 지도가 판매된다면, 이는 그의 사회적 입지를 위험하게 만들 수 있었다. 더욱이 유토피아 지도 제작 이전에 오르텔리우스의 아버지와 조카는 불온한 서적을 지니고 있다는 의혹을 받아 체포된 적이 있었으며, 오르텔리우스 역시 칼빈주의자와의 교류를 의심받아 고생한 기억이 있었다. 『유토피아』는 분명 위험한 서적이었다. 이런 상황에서 유토피아의 지명과 강 이름까지 구체적으로 명시하며 지도를 자세하게 그렸다는 것은 그가 지도 제작을 위해 그 책을 자세히 읽었음을 의미했다. 따라서 지도가 공개된다면, 그가 종교적으로나 정치적으로 불온한 생각을 가지고 있음을 의심받을 수 있었다.[9]

더욱이 지도 주문자가 건넨 우스꽝스러운 지명 등도 저명한 지도 제작자의 심기를 건드렸을 것이다. 지도 주문자는 유토피아 지도에 들어갈 도시나 강 이름 등을 직접 고안하여 오르텔리우스에게 전했는데, 그 이름들은 아주 수상했다. 가령 지도에는 오르텔리우스의 이

| 그림 2 | 오르텔리우스가 제작한 유토피아 지도(1595)

름이 들어간 강도 있고, 그리스, 이탈리아, 스페인, 프랑스, 독일 등지에 실제로 존재하는 이름들도 포함되어 있다. 지도에 등장하는 도시 이름(Barzaneia, Antemolia, Syfograntia, Traniboria, Trapemeria)에 철자 순서를 바꾸는 애너그램을 적용하면, 각각에 대응하는 강 이름(Zarbaneius, Molean(t)ius, Grantiophysus, Boriotranus, Mapetrerius)을 차례대로 발견할 수도 있다. 결국 오르텔리우스는 공들여 지도를 제작해놓고도, 제대로 판매하지 않았다.[10] 『유토피아』의 운명이었다.

왕자와 거지가 본 세상

16세기 유럽 사회의 부조리는 1547년을 배경으로 미국 소설가 마크 트웨인Mark Twain(1835~1910)[11]이 저술한 『왕자와 거지The Prince and the Pauper』(1881)에서 다시 한 번 구체적으로 드러난다. 『왕자와 거지』는 모어를 대법관으로 임명했던 영국 왕 헨리 8세(1491~1547)의 사망 전후를 배경으로 한다. 작품의 주인공이 왕자와 거지다 보니, 궁정의 현실과 하층 계급의 현실을 서로 비교하며 살펴보는 것이 가능하다.

『왕자와 거지』에서는 헨리 8세의 유일한 아들인 에드워드 튜더 Edward VI(1537~1553)와 같은 날 태어난 가상의 거지 톰 캔티Tom Canty가 주인공으로 등장한다. 하층민 가정에서 태어나 왕자의 삶을 동경하던 톰이 우연히 궁정 앞에서 왕자 에드워드와 마주치면서 이야기가 흥미롭게 전개된다. 자유로운 삶을 갈망하던 왕자와 화려한 삶을 동경하던 거지가 서로의 생활에 흥미를 느껴 옷을 바꾸어 입으면서 각자 서로 다른 계층의 삶을 경험해나가는 것이다.

흔히 이 작품을 아동 소설로 분류[12]하기도 하지만, 이 소설은 왕자와 거지의 눈을 통해 이상과 현실의 차이 및 불평등한 사회 구조 등을 비판하는 사회 풍자 소설로 보아야 한다. 이야기는 왕자의 상황과 거지의 상황이 교차되면서 전개된다. 거지가 된 왕자가 경험하는 끔찍한 삶은 곧바로 왕자가 된 거지가 경험하는 휘황찬란하고 허례허식이 가득한 세계와 극명하게 비교된다. 각각의 세계의 비정상성이 더욱 강조되는 것이다.

『왕자와 거지』에서 그려지는 하층민의 삶은 모어가 『유토피아』에서 묘사한 현실보다 훨씬 더 끔찍하고 잔인하다. 우선, 캔티 일가는 건물 3층의 방 한 칸에서 톰을 포함하여 아버지와 어머니, 두 누이, 할머니가 함께 살고 있다. 어머니와 아버지를 빼면 정해진 잠자리가 없고, 담요 쪼가리나 낡은 짚더미를 깔고 맨바닥에 누워 잘 정도이니 그들의 형편은 더 말할 필요도 없다. 동네 전체가 톰의 집과 비슷한 생활수준의 사람들로 채워져 있고, 굶주림과 술주정, 폭행이 일상적이다.

거지가 된 왕자가, 부랑자들과 악당들의 입을 통해 듣는 하층민의 삶은 훨씬 더 끔찍하다. 가령, 인클로저 현상으로 자신의 토지를 잃게 된 부랑자들의 사연은 매우 안타까운데, 부랑자들의 모임에 끼어 있던 요켈Yokel의 한탄은 특히나 가슴 아프다.

나는 요켈, 한때 꽤 살 만했던 농부로 사랑하는 아내와 자식들도 있었어.
… 착하게만 사셨던 내 어머니는 병자를 돌보면서 밥벌이에 나서셨는데,

그 병자들 중 하나가 원인을 알 수 없이 죽어버리자, 바로 내 어머니가 마녀로 찍혀서 아이들이 울며불며 지켜보는 가운데 화형을 당해 돌아가셨어. … 아내와 나는 굶주린 아이들을 데리고 이 집 저 집 구걸을 다녔고, 그래서 세 군데 마을에서 맨살에 채찍을 맞았어. … 그 채찍질에 피를 너무 흘려서 아내 메리는 은혜롭게도 재깍 이승을 떠났지. … 그리고 내 아이들은 내가 이 동네 저 동네에서 채찍을 맞으며 쫓겨 다니는 사이에 굶어 죽었어. … 나는 다시 구걸을, 고작 빵 부스러기를 얻고자 구걸에 나섰고, 그러다 조리돌림을 당했고, 그래도 다시 구걸을 하다가 여기 다들 보는 것처럼 귀까지 잘렸어. 그래도 나는 또 다시 구걸에 나섰고 노예로 팔려서 여기 뺨에 이 흔적을 갖게 됐는데, 잘 씻으면 불에 달군 쇠로 찍은 붉은 S자가 선명하게 보이지! 바로 노예SLAVE를 뜻하는 글자야! 나는 주인한테서 달아난 몸이라 발견되는 날에는 교수형에 처해질 팔자인데, 그렇게 정해 놓은 이 나라 법에 하늘의 무서운 저주가 임할지어다![13]

이에 반해 왕자가 된 거지의 삶은 허례 의식과 사치로 물든 왕족과 귀족의 생활을 보여준다. 가령, 왕자가 된 톰은 한 각료로부터 아버지 헨리 8세의 지출 내역을 전해 듣고서는 입을 다물지 못한다.

선왕이 지난 여섯 달 사이에 2만 8,000파운드나 되는 어마어마한 거액을 썼다는 말에 톰 캔티는 황당해서 입이 떡 벌어지고 말았는데, 게다가 2만 파운드는 앞으로 갚아야 할 돈이라는 보고에 또 한 번 입을 딱 벌려야 했고, 설상가상으로 왕실 금고는 거의 바닥이 드러난 상태라 하인 1,200명의 봉급까지 밀렸다는 사실을 접하고는 더더욱 크게 입을 벌려야 했다.[14]

당시 노동자의 1년 임금은 대략 5~10파운드였다. 평균 임금을 10파운드로 잡고 요즘의 평균 연봉을 대략 2,000만 원 정도로 계산하면, 2만 8,000파운드는 500억이 넘는 돈이 된다.

왕자가 된 톰의 눈에 비친 의복을 둘러싼 과장된 허례 의식은 그 자체로 하나의 코미디다. 왕자는 옷을 입을 때도 많은 사람들의 손을 거쳐야 했는데, 어느 날 왕자가 신을 실크 양말이 이 사람에서 저 사람에게로 전달되다가 침실 담당 수석 시종에게 전달되었을 때 그 시종은 대님이 떨어졌음을 발견하고 아연 실색한다. 시종은 어쩔 줄 몰라 하며 실크 양말을 캔터베리 대주교에게 전달하고, 그것은 다시 해군 사령관, 세습 기저귀 교체 담당관, 수석 집사장, 런던탑 지휘관, 노로이 근위대장, 왕실 옷장장, 랭카스터 공작령 대법관, 성의 담당 제3시종, 왕실 윈저 숲 관리장, 침실 담당 차석 시종, 사냥 담당 수석 시종을 거쳐 마지막으로 수석 근위 무관에게 전달된다. 그렇게 양말을 전해 받은 수석 근위 무관은 "이렇게 망측할 수가! 양말의 대님이 떨어졌지 않나! 국왕의 양말 담당장을 런던탑에 가두고야 말겠어!"라며 다짐한다. 그 사이 흠 없는 새 양말이 왕자에게 도착한다.[15]

그런데 처음에는 궁정의 환경이 낯설었던 톰도 시간이 흐르면서 그런 환경을 즐기기 시작한다. 시종들의 각종 시중이 즐겁게 여겨지고, "고위 관리들과 근위 기사단이 뒤따르는 화려한 행렬을 이끌고 저녁 식사를 하러 가는 일도" 뿌듯해져, 그 기사단의 숫자를 50명에서 100명으로 늘린다. 화려한 의상 역시 좋아해 수많은 옷을 구입한다.[16] 당시 영국에서는 의복법을 통해 계층에 따라 색과 재료 그리고 옷의 모양을 규정하여 복장을 통제했다.[17] 이 시대에는 의복이 한 개인을 평가하는 중요한 잣대 중 하나였고, 의복만 보고도 사회적 계층을 파악하는 것이 가능했다. 그러다 보니 점차 의복의 사회적 성격이 강화되면서 의복은 그 자체로 값비싼 귀중품이 되었다.[18] 이는 넝마나 다름없는 누더기 옷을 걸치고 다니던 하층민 부랑자들의 모습과 비교할 때 너무나도 낯선 세계의 모습이었다.

흔히 근대를 정치적, 경제적, 사회적, 지적 발전이 가속화된 번영의 시대라고 생각하기 쉽다. 하지만 최근의 역사학계의 연구들은 근대 초가 매우 불안정했고 때로는 광란으로 점철되기도 했던 시기였음을 보여준다. 이 시기에는 종교개혁으로 종교적 혼란이 가속화되었고, 흑사병과 같은 무서운 전염병이 창궐하였으며, 마녀사냥이 기승을 부리고 있었다.[19] 최초의 세계대전이라고도 불리는 30년 전쟁이 발발하기까지 유럽 내에 전쟁이 끊이지 않았고, 공황과 실업과 기상이변이 빈번했던 시기이기도 했다. 자본이 일부 계층에 국한되면서 빈부 격차와 계층 구분이 뚜렷해졌고, 아직 산업이 본격적으로 발전하지 않았던 시기에 토지를 빼앗겨 부랑자가 된 이들을 수용할 만한 일자리 역시 부족했다.

이런 상황에서 심각한 사회 문제의 해결을 꿈꾸며 새로운 제도와 사회 건설을 꿈꾸는 이들이 나타났던 것은 전혀 이상한 일이 아니었다. 『왕자와 거지』를 읽고 있자면, 16세기 초에 모어가 왜 유토피아라는 이상적인 세계를 꿈꿨는지를 더 잘 이해하게 된다.

『유토피아』에서처럼 동시대의 유럽과는 다른 이상적인 사회 체제가 유지되는 미지의 섬을 상정하는 방식은 이후 다른 소설들에도 활용되었다. 흔히 근대 초 3대 유토피아 소설로 불리는 작품들이 다 이런 방식인데, 토마스 캄파넬라Tomás Campanella(1568~1639)의 『태양의 나라』(1623)에서 주인공 제노바인이 타프로바나Taprobana 섬에 도착하여 태양의 도시La Citta del Sol로 들어가는 것이나, 베이컨의 『새로운 아틀란티스Nova Atlantis』(1624)에서 주인공이 탄 배가 남태평양을 표류하면서 벤살렘Bensalem 섬에 들어가는 것이 다 그러하다.

그런데 모어가 그리는 유토피아와 베이컨의 『새로운 아틀란티스』가 그리는 이상 사회를 비교해보면, 서로 비슷한 형식을 취하고 있음에도 둘 사이에 흥미로운 차이가 있음을 알 수 있다. 이 차이를 알기 위해서는 베이컨과 모어의 지적 이력과 함께 그들이 살았던 시대적 배경을 비교해 볼 필요가 있다. 우선, 모어는 옥스퍼드 대학 출신으로 정치가, 법률가, 사상가였다. 하원 의원, 런던 부시장, 외교관, 대법관 등을 역임했고, 주로 정치와 외교 분야에서 활동하였다.

이에 반해 베이컨은 케임브리지 대학 중에서도 가장 수준 높은 수학 교육을 자랑하는 트리니티 칼리지 출신이었다. 이후 법학원을 다닌 뒤 23세에 하원 의원으로 활동하면서 정치에 입문하긴 했으나, 일생 동안 과학 및 철학에 깊은 관심을 가졌다. 특히 1605년 『학문의 진보』(1605)[20]를 시작으로, 대법관 시기인 1618년에는 『새로운 기관Novum organum』(1620)[21]을 집필하는 등 다양한 저술 활동을 통해 새로운 학문

| 그림 3 | 20세기 삽화가 헤스
Lowell Hess가 『새로운 아틀란티
스』를 읽고 유머러스하게 묘사한
그림(1970)

과 과학의 발전에 기여하고자 했다. 그러다 보니, 모어의 『유토피아』
에는 과학기술과 관련된 논의가 거의 없는 데 비해, 베이컨의 『새로
운 아틀란티스』에는 비록 미완성이긴 하나 과학기술에 대한 논의가
중요한 비중을 차지하고 있다. 모어의 『유토피아』에서 공평한 생산
과 분배 등이 이루어지는 사회 체제가 그곳 주민들의 필요를 충족시
킨다면, 베이컨의 『새로운 아틀란티스』에서는 과학기술을 통해 얻어
진 풍족함이 그 사회 체제를 대신하는 것이다.

이를 좀 더 잘 이해하기 위해서는 이 작품들의 배경을 살펴볼 필요

가 있다. 『유토피아』가 출판되던 당시 영국은 종교적 분쟁과 정치적 분쟁 외에도 인클로저 현상을 통한 농민 계급의 몰락으로 매우 불안정한 시기였다. 니콜라스 코페르니쿠스Nicolaus Copernicus(1473~1543)의 『천구의 회전에 관하여』(1543)로 시작된 과학 혁명은 아직 새로운 변혁을 일으키지 못하고 있었다. 이에 반해 베이컨이 『새로운 아틀란티스』를 집필할 무렵은 엘리자베스 1세(1533~1603)가 잉글랜드를 바꾸어 놓고 난 다음이었다. 엘리자베스 1세는 국교회를 중심으로 종교적 관용을 베풀어 종교를 안정시켰으며, 정치적 수완을 발휘하여 정치적 안정을 이루었다. 또한 스페인의 무적 함대를 격파하여 해상권을 강화했고, 모직물 산업을 육성하고 동인도 회사를 설립하는 등 잉글랜드가 유럽 최강국으로 부상하는 기틀을 마련했다. 『새로운 아틀란티스』가 집필될 무렵, 정치나 종교, 기타 사회 문제 등은 어느 정도 안정되었던 것이다.

더욱이 과학 분야에서는 혁명이 시작되고 있었다. 갈릴레오는 『별의 전령』(1610)에서 망원경 관측으로 얻은 자료를 근거로 우주의 실제 모습은 아리스토텔레스의 우주론에서 이야기하던 것과 근본적으로 다를 수 있다고 주장하였다. 실제 망원경으로 관찰하면 천상계에 속하는 달이나 태양의 표면이 매끈하지 않고, 지구에만 있다고 생각했던 위성이 목성에도 있으며, 은하수나 성운 등이 수많은 별들로 이루어져 있어 우주에 별이 셀 수 없이 많음을 보인 것이다. 이는 지상계와 천상계의 구분을 타파하고, 기존의 유한한 우주보다 우주가 더 클수 있음을 주장함으로써 아리스토텔레스의 우주론에 도전하는 것이었다. 이어 요하네스 케플러Johannes Kepler(1571~1630)는 티코 브라헤

Tycho Brahe(1546~1601)가 당시 유럽 최고의 천문대에서 관측한 자료를 기반으로, 이전까지 등속 원운동으로 설명하던 천체의 궤도를 타원 궤도 및 부등속 운동의 법칙으로 설명하는 『신천문학Astronomia nova』 (1611)을 출판하였다. 이렇게 전통적인 학문과 새로운 실험 및 관측 자료들 사이의 간극은 점차 커지고 있었다.

이런 상황에서 과학 및 철학에 관심이 많았던 베이컨은 진정한 학문의 진보를 위한 새로운 방법론의 연구에 매진했다. 그는 기존의 아리스토텔레스의 삼단논법은 논증의 전제가 참이어야만 올바른 결론을 도출할 수 있고, 그것 역시 결론의 참과 거짓만을 이야기할 수 있을 뿐 새로운 지식을 이끌어낼 수는 없다고 생각했다. 학문 연구를 위해서는 기존의 편견이나 우상들을 버리고, 다양한 실험적, 경험적 지식들을 수집하여 참된 귀납의 방법을 통해 새롭고 참된 지식을 얻는 데 정진해야 한다고 생각했다. 그것은 개인이 책을 붙잡고 연구하는 것을 통해서가 아니라, 여러 학자들이 다양한 지식을 수집하고, 자신의 지식을 공개해 토론하며, 공공의 복지와 선을 위해 함께 협동하며 참된 귀납의 방법을 적용할 때만 가능한 것이었다.[22]

『새로운 아틀란티스』의 벤살렘 섬은 바로 이러한 베이컨의 학문적 이상이 실현된 곳이었다. 베이컨이『새로운 아틀란티스』에서 가장 신경을 기울인 부분 역시 솔로몬 학술원Solomon's House에 대한 소개와 그곳에서 이루어지는 연구에 대한 것이었다. 베이컨은『새로운 아틀란티스』에서 벤살렘 섬의 왕이 한 활동 중 가장 뛰어난 업적이 솔로몬 학술원을 건립한 것이라고 이야기한다. 주인공이 들은 내용에 따르면, 그곳은 "지금까지 지구상에 존재했던 기관 가운데 가장 고귀한"

기관이며, "왕국의 등불 역할"을 하는 곳이었다. 그곳에서는 그들이 섬기는 하나님에 대한 섭리와 그 창조물에 대한 연구가 이루어지고 있었다. 그리고 그것을 통해 "사물의 숨겨진 원인과 작용을 탐구"하고 "그럼으로써 인간 활동의 영역을 넓히며 목적에 맞게 사물을 변화"시키려 하고 있었다.[23]

학술원은 그 설립 목적에 걸맞게 다양한 회원들로 구성되어 있었다. "신분을 감추고서 외국인의 이름을 가지고 외국에서 활동하는 회원" 열두 명과 세계 곳곳에서 수집된 발견 및 실험에 관한 책을 보고 "서적에 적힌 실험을 수집하는 회원" 세 명, "기계 기술에서 비롯된 결과물을 수집하며 인문학의 연구 결과, 또 아직 체계적으로 연구되지 않은 사회적 관행들을 수집하는 회원" 세 명, "유용하다고 판단되는 새로운 분야를 실험하고 연구하는 회원" 세 명, "동료들의 실험과 연구 결과로부터 인류의 삶을 향상시키며 지식을 증진시킬 수 있는" 방법을 찾는 회원, 전체 학술원 회원이 모여 토론할 때 "기존의 연구와 정보 수집의 현황을 점검하는 역할을 하는 회원" 세 명, "기존의 발견 결과를 다시 관찰하고 연구하면서 새로운 원리나 격언을 도출해내는 회원" 세 명 그리고 미래의 학술원을 위해 양성되고 있는 초심자와 견습생들이 있었다. 이들은 학술원에 소속되어 인류 복지와 지식 증진에 기여할 수 있는 원리 및 방법을 찾기 위해 서로 일을 분담했다. 또한 벤살렘 섬의 여러 도시들을 순회하면서 유용한 지식 및 발명에 대해 소개하고, 다양한 자연 현상의 원인과 재해 방지 대책에 대해 자문했다.[24]

학술원의 목적을 제대로 수행하기 위한 여러 기관과 구조물 역시 벤살렘 섬을 가득 메우고 있었다. 다양한 재료를 보관하는 거대한 규모의 깊은 동굴과 곳곳의 봉분들, 유성의 운행 및 기상 현상을 관찰하기 위한 높은 탑, 동물 매장 및 담수 제조를 위한 거대한 호수, 기능성 식수 생산을 위한 인공 우물과 분수, 유성 연구를 위한 건물, 건강의 방, 다양한 광물질을 함유한 거대한 온천, 식물과 약초 재배를 연구하는 과수원과 공원, 동물과 인간의 육체를 연구하고 새로운 종의 번식을 실험하기 위한 동물원, 다양한 기능과 효과를 지닌 음식물을 제조하는 양조장과 제과점, 부엌, 질병 치유와 건강 유지를 위한 온천과 특별한 방, 약국, 기계를 생산하고 판매하는 상점, 다양한 종류의 열을 연구하고 활용하기 위한 용광로, 온갖 종류의 빛과 색에 대해 연구하는 연구실, 음향 연구실, 향기 연구실, 다양한 종류의 물건이나 거대한 기관을 제작하기 위한 엔진 시설, 수학 연구실 그리고 여러 가지 감각에 대해 연구하는 감각 연구실 등이 바로 그것이었다.[25]

책에서는 간략하게 묘사하고 있기는 하나, 위의 기관들에서 이루어지는 구체적인 연구 내용들은 매우 흥미롭다. 가령, 동물과 새들을 모아 놓은 공원에서는 동물을 원래 크기보다 크거나 작게 만들기도 하고, 성장을 멈추게 하거나 죽어 있는 부분을 재생시키기도 한다. 서로 다른 종을 교배하여 동물의 피부색이나 모양 그리고 활동양식 등을 바꾸어 완전히 새로운 종을 만들기도 한다. 이러한 연구는 현대의 생명과학 및 유전자 연구와도 비교될 수 있을 것이다. 당시에는 가능하지 않았음에도 불구하고, 가상의 섬 벤삼렘을 통해 선보였던 상상의 기술들은 현대에 이르러 상당 부분 현실화되었다. 베이컨의 선견지명에 놀라지 않을 수 없다.

이렇듯 흥미롭게 묘사된 솔로몬 학술원은 사실 베이컨이 구상하던 이상적인 과학 단체의 모델이었다. 베이컨이 이렇게 생각한 바탕에는 인간의 이성과 기존 학문에 대한 회의적인 시각이 자리 잡고 있었다. 베이컨이 보기에 기존 학문의 지식 및 그 방법에는 인간의 한계로 인해 문제가 많았다. 베이컨은 이들을 각각 네 가지 우상에 빗대어 설명하였다. 그에 따르면, 인간의 이성은 불완전했고(종족의 우상), 교육 및 기타 환경적 요인으로 인해 주관과 선입견을 지니고 있었으며(동굴의 우상), 존재하지 않는 대상에 이름을 붙이는 등 언어 사용에 주의를 기울이지 않아 혼란을 야기했다(시장의 우상). 또한 자연을 실제 그대로 바라보지 않고 기존 학자들의 견해에 맞추려고 하다 보니 많은 오류를 지니고 있었다(극장의 우상).

　베이컨은 이러한 우상들의 폐해를 막기 위해 여러 학자들이 협동 연구를 함으로써 개별 인간이 지닌 단점을 보완해야 한다고 보았다. 또한 교육 제도를 개혁하고, 관찰 및 실험 등을 활용해 자연에 대한 실제적인 지식을 축적하여 기존 학문의 오류나 혼란을 피해야 한다고 생각했다. 그는 아리스토텔레스주의 철학에 대한 비판에 더해 연금술이나 마술의 비밀스럽고 비공개적인 측면들을 비난하였다. 그가 보기에 참된 진리를 위해서는 협동 연구를 통해 객관적인 방식으로 자연에 관한 실제적인 지식을 축적해야 하며, 그렇게 해서 얻어진 진리는 사회에 공개되어 인류의 복지에 기여해야 했다.[26]

　베이컨의 새로운 과학 연구의 이상이 유럽 사회와 학계에 미친 영향은 심대했다. 우선, 베이컨 사후 이탈리아, 영국, 프랑스 등지에서 과학 연구에 관해 토론하거나 공조하는 단체들이 생겨났다. 부유한 후원자 등을 중심으로 비정기적으로 함께 모여 과학 및 철학에 대해 논의하기 시작한 것이다. 그런데 이러한 단체들은 체계적인 조직 및 안정적인 재정 지원이 확보되지 않아 후원자가 죽거나 관심이 사라지게 되면 계속 유지되기 힘들었다. 그러자 학자들은 보다 지속적이고 안정적이며, 또한 체계적인 학술 단체를 꿈꾸기 시작했다.

그러한 바람은 가장 먼저 영국에서 왕립학회The Royal Society, London (1660)의 설립으로 결실을 맺었다. 다만 왕립학회는 공식적인 과학 단체이기는 했으나, 벤살렘 섬의 솔로몬 학술원과는 달리 국가의 전폭적인 지원을 받지는 못했다. 이는 왕립학회의 전신이라 할 수 있었던 옥스퍼드 철학회The Philosophical Society of Oxford 회원들 상당수가 청교도 혁명English Civil War(1642~1651) 이후의 공화파 인물이던 상황에서, 1660년에 왕정복고를 통해 찰스 2세(1630~1685)가 집권하였기 때문이었다. 왕정이 복고된 상황에서 왕립 학술 단체가 생겨나는 것이 왕으로서는 나쁠 게 없었지만, 그들이 이전에 공화정을 지지했던 인물이었던 것이 문제였다. 이를 괘씸히 여긴 찰스 2세는 왕립학회를 왕립 학술 단체로는 인정해주었지만, 제도적이거나 경제적으로는 일절 지원하지 않았다.

그 결과 베이컨이 꿈꾸었던 방식의 과학 연구는 왕립학회에서 사실상 이루어지기 힘들었다. 왕립학회가 회원들 회비로 운영되다 보니, 대규모 실험 설비를 확보하고 광범위한 지식을 수집하기가 쉽지 않았다. 자연히 회원들이 자비로 실험 기구를 만들어 실험한 뒤 학회에서 발표하는 식으로 운영되었다. 결국, 회비를 낼 수 있는 이들에 한해 학회 회원 자격을 부여했던 상황에서, 상당수 회원들의 연구 수준은 낮았고, 연구 주제들 역시 제각각인 상태로 서로 체계적으로 연결되지 못했다. 장기간의 연구는 물론이고, 공동 연구를 필요로 하는 대규모 연구들이 진행되기 어려웠음은 물론이다.[27]

이러한 경향은 왕립학회에 자극받아 1666년에 프랑스에서 설립된 과학아카데미와 비교되었다. 이 시기 프랑스에서는 태양왕이라고 불리는 루이 14세의 절대왕정 체제가 갖추어졌다. 그러자 개인적인 후원에 의지해 과학을 연구하던 이들은 과학의 유용성과 베이컨의 공리주의적 사상을 내세워 재상 장 바티스트 콜베르Jean-Baptiste Colbert (1619~1683)에게 과학 연구를 위한 안정적인 재정 지원을 요청하였다. 이것은 왕권 강화를 꾀하고 있던 프랑스 왕정의 이해관계와 잘 맞아 떨어졌다.

그에 따라 과학아카데미는 프랑스의 정부 산하 기관과 같은 위상을 갖게 되었다. 과학아카데미의 회원들은 정부의 시설 및 기구들을 사용할 수 있었고, 일부 회원들은 정부로부터 봉급을 받으며 연구할 수 있었다.[28] 과학자가 아직 전문 직업이 아니었던 상황에서, 과학아카데미 회원이 되는 것은 과학 연구를 위한 최상의 환경을 확보하는 것을 의미했다. 유럽 전체에서 학술적으로 가장 인정받는 학자들만이 과학아카데미 회원이 될 수 있었다. 그리고 풍족한 지원을 받으며 우수한 인력들의 공동 연구를 통해 과학적으로 중요한 문제들이 대규모 장기 프로젝트로 진행되었다.[29] 파리를 18세기 유럽 과학의 중심지로 만들었던 것은 무엇보다도 과학아카데미의 회원들이었다. 베이컨의 과학 단체의 이상이 실현된 곳은 그의 고향인 영국이 아니라 프랑스였던 셈이다.

왕립학회와 라가도 학술원

상황이 이렇다 보니 왕립학회는 비판을 피하기 어려웠다. 과학적으로 의미 없는 연구들이 실험 연구라는 이름으로 학회에서 보고되었고, 저명한 과학자의 연구라 하더라도 그것이 학문적으로나 실용적으로 어떤 유용성을 지닐 수 있을지 짐작하기 어려웠다. 이러한 왕립학회에 대한 비판은 18세기 사회 풍자 소설이었던 『걸리버 여행기』(1726)에서도 잘 드러난다.

　『걸리버 여행기』는 걸리버라는 인물이 항해 중 배가 난파되어 여러 새로운 나라를 여행하면서 겪는 모험담을 엮은 이야기다. 흥미로운 것은 그 새로운 나라들이 이전까지 한 번도 들어본 적이 없는 나라일 뿐만 아니라, 그곳의 주민들 역시 정상적인 유럽 사람들과는 매우 다르면서도, 본성에 있어서는 매우 비슷한 이들이라는 사실이다.

　『걸리버 여행기』는 전체 4부로 이루어져 있는데, 1부의 소인국 릴리퍼트Lilliput에는 걸리버의 12분의 1 정도 비율로 작은 이들이 산다. 그런데 사소한 문제와 그 해석을 두고 서로 당파를 만들어 대적하는 모습이 당시 영국의 가톨릭과 개신교 그리고 의회의 토리당과 휘그당의 대결과 겹쳐 보인다. 2부에서는 걸리버보다 12배나 큰, 브롭딩낵Brobdingnag의 거인들을 통해 자기중심적인 시각에서 다른 이들을 편협하게 바라보는 인간들이 얼마나 지저분하고 혐오스러운 존재인지를 보여준다. 마지막 4부에서는 말을 닮은 후이넘들Houyhnhnms과 인간의 모습을 닮은 야만족 야후Yahoos가 등장한다. 후이넘들이 점잖고 선하며 고귀한 이성을 지니고 있는 데 비해, 야후들은 야만적이고 이기적이며 또한 추한 존재이다. 야후와 후이넘의 대비를 통해 인간이란 존재가 얼마나 추하고 열등한 종인지를 보여주는 것이다.

| 그림 4 | 몰튼Thomas Molten이 그린 1864년에 출판된 『걸리버 여행기』의 삽화. 원래는 그림이 없었지만 나중에 출판된 책들에는 삽화가 들어갔다.

그런데 3부는 1, 2, 4부와는 약간 다르다. 우선 1, 2, 4부에서 하나의 나라나 지역이 등장하는 것과는 달리, 3부에서는 라퓨타Raputa, 발니바르비Balnibarbi, 럭낵Luggnagg, 글럽덥드립Glubbdubdrib 등 다양한 나라들이 등장한다. 그리고 1, 2, 4부에서 주로 인간 일반의 본성이나 유럽 사회의 정치 및 사회 문제에 관련된 풍자를 하고 있다면, 3부에서는 지식 및 학문에 관한 논의가 상당한 비중을 차지하고 있다.

그 비판이 가장 적나라하게 등장하는 곳은 하늘을 나는 섬인 라퓨타이다. 영국 왕립학회에 대한 비판이 등장하는 곳 역시 바로 여기다.

우선 가장 먼저 비판하는 것은 과도하게 기하학적이거나 추상적인 과학 연구의 행태다. 가령, 라퓨타 사람들에게서 보이는 가장 특징적인 면은, 그들이 기하학과 음악에 대한 생각에만 몰두해 있어 바람주머니로 입과 귀를 쳐 주의를 환기시켜주는 플래퍼가 없으면 정상적인 대화나 생활이 거의 불가능하다는 사실이다. 이들은 정치나 종교 등의 문제에는 전혀 관심을 보이지 않으며, 자신들과 같이 추상적이고 기하학적인 문제를 고민하지 않는 사람들은 대놓고 멸시하며 무시한다.[30] 이는 결국 실세계와는 동떨어져 있고 공익과는 무관한, 과도하게 추상적이고 기하학적인 연구 행태를 간접적으로 비판하고 있는 것인데, 이 배경을 제대로 이해하기 위해서는 먼저 스위프트가 살았던 시대를 살펴볼 필요가 있다.

뉴턴 과학의 실험과 기하학

스위프트가 살았던 18세기 초는 1687년 아이작 뉴턴Isaac Newton (1643~1727)의 대작 『자연철학의 수학적 원리(일명 프린키피아)』(1687) 가 출판된 이후 수학과 과학이 매우 중시되던 시대였다.[31] 이 책에서 뉴턴은 자연 세계의 여러 현상들의 원인이 되는 힘을 가정한 뒤, 그 힘이 존재한다고 할 때 가능한 수학적인 법칙을 기하학적으로[32] 유도하고, 그러한 수학적 법칙으로부터 논리적인 연역을 통해 원래의 현상들이 도출되는지를 확인하였다. 이를 통해 뉴턴은 물체 및 행성 운동의 원인이 되는 만유인력과 운동의 수학적 법칙들을 발견하고, 그것을 기하학적으로 증명할 수 있었다.

뉴턴이 사용한 기하학은 자연 세계의 원리를 발견하기 위한 학문 방법의 전형으로 강조되었고, 어느 학문보다도 중시되었다. 그런데 문제는 기하학이 고도로 추상적인 분야여서 조금만 깊이 들어가면 일반인들은 물론 연구자들조차 이해하기에 어려움이 있었다는 사실이다. 더구나 기하학을 공부하는 것과 기하학적으로 논의된 과학 연구를 이해하는 일은 별개였다. 기하학적으로 논의된 과학 연구들을 제대로 이해하기 위해서는 그 이전에 먼저 오랜 기간의 학습과 고도의 수학적 훈련을 거쳐야 했다. 결국, 뉴턴 과학의 성공에 힘입어 과학이 사회적으로 높이 평가되고 관심 역시 크게 늘어났지만, 과학의 언어였던 기하학의 지식을 제대로 소유한 이들은 소수에 불과했다.

한편 영국에서는 실험 역시 강조되었다. 뉴턴은 『프린키피아』의 성공 이후 『광학』을 출판하였는데, 두 책이 과학계에 미친 영향은 서로 달랐다. 『프린키피아』가 기하학적인 방법의 중요성을 입증해준 것이었다면, 『광학』은 기하학적인 방법 외에도 실험적인 방법이 과학 이론을 발전시키는 데 중요한 역할을 할 수 있음을 보여주었다. 가령, 뉴턴의 '결정적 실험crucial experiment'은 잘 고안된 간단한 실험 하나만으로도 빛과 색에 대한 중요한 성질을 발견할 수 있음을 보여주었다. 소수만이 이해할 수 있는 기하학에 비해, 실험은 최소한의 이성만 있다면 모두가 이해할 수 있는 열린 학문으로 보였다.

더욱이 『광학』 끝 부분의 '질문들The Queries'이라는 목록에서는 역학 및 천문학의 현상 외에도, 전기나 자기 현상, 화학 현상 그리고 열의 운동 등과 관련된 실험 과학의 경우에도 그것의 원인이 되는 힘을 가정해 그 힘이 작동되는 수학적 원리를 발견할 수만 있다면, 『프린키피아』에서와 같은 큰 성과를 거둘 수 있을 거라 제안하고 있었다. 전기나 자기, 화학 그리고 열 등에 관한 연구는 근대 이전에는 경험적인 분야로 간주되어 장인이나 기술자들에 의해 다루어지거나, 학자들에 의해 연구되더라도 새로운 현상을 관찰하는 정도의 흥미를 끌었던 분야들이었다. 그러나 뉴턴의 제안에 힘입어 전기, 자기, 화학 같은 분야들이 18세기 동안 '뉴턴 과학Newtonian Science'이라는 이름으로 다양한 수학자들 및 철학자들에 의해 연구되기 시작했다. 자연히

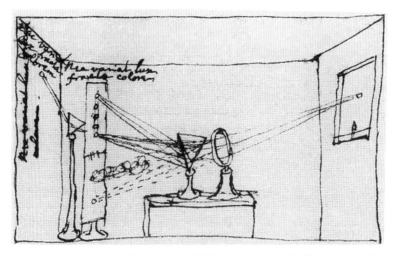

| 그림 5 | 뉴턴이 1666년에 실험하고 1671년에 왕립학회에 보고한 결정적 실험의 스케치. 오른쪽 창의 셔터를 내리고 가운데 작은 구멍을 통해 빛이 가운데 탁자 위의 작은 프리즘을 통과하도록 한다. 그때 프리즘이 만들어낸 스펙트럼이 왼쪽의 스크린에 투영되면, 스크린에 뚫린 구멍을 통해 특정 색의 빛이 구멍을 통해 두 번째 프리즘을 통과하도록 한다. 이때 빛은 두 번째 프리즘을 통과해도 여러 가지 색의 빛으로 분리되지 않고, 벽면에 동일한 색만을 보인다. 이를 통해 뉴턴은 빛이 다르게 굴절되는 선들의 결합이라고 주장하였다. 이는 데카르트가 프리즘을 통과한 빛이 여러 가지 색으로 갈라지는 것은 빛 입자가 프리즘과 충돌할 때 그 속도에 회전 스핀이 걸리면서 인지되는 색이 달라진다고 보았던 것을 반박한 것이었다.

해당 주제와 관련된 실험이나 관찰도 활발하게 진행되었다.[33]

이런 분위기에서 뉴턴 과학으로 대표되는 과학이 대중들에게 전달되는 과정에서는 어려운 기하학적 방법보다는 흥미로운 실험적 방법이 선호되었다. 뉴턴 과학에 대해 이야기하는 강연에서 뉴턴의 기하학적 증명이 소개되는 경우는 드물었다. 오히려 뉴턴 과학이 어떤 것인지를 들어보려고 모인 이들을 앞에 놓고는, 망원경이나 프리즘 같은 실험 기구들을 사용해 쉽고 흥미로운 방식으로 다가가는 경우가 많았다. 시간이 흐르면서 전문적으로 대중 실험 강연을 통해 수입을 올리는 순회 강연자들 역시 생겨났다. 또한 여유가 있는 지식인들 중에는 자신의 저택에 실험실을 만들어 연구하는 이들도 생겨났고,

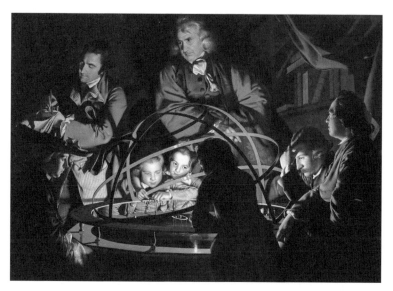

| 그림 6 | 조셉 라이트Joseph Wright(1734∼1797)가 그린 「태양 대신 가운데 램프가 있는 오레이orrery를 놓고 강의하는 철학자」(1776). 그림에서 가운데 가발을 쓰고 강연하고 있는 인물은 당시 유명한 실험 강연자 중 한 사람이었던 제임스 퍼거슨James Ferguson이다.

강연자를 초청해 실험 강연을 듣는 경우도 늘어났다.[34]

이러한 실험 과학의 인기와 함께 현실과 동떨어진 무분별한 실험 연구를 하는 이들 역시 늘어났다. 왕립학회 회원들 역시 예외가 아니었는데, 프랑스 과학아카데미 회원들의 수준 높은 수리 과학 연구 성과들에 비하면, 영국 왕립학회 회원들의 연구는 산만하고 피상적인 수준에 머물러 있었다. 뿐만 아니라 정치나 종교 등에는 관심을 가지지 않고, 실험 기구나 곤충들, 혹은 하늘의 별 같은 것들에만 관심을 갖는 왕립학회 회원들의 과학 연구는 일반적인 지식인들이 보기에 터무니없고, 비현실적으로 보였다. 스위프트는『걸리버 여행기』에서 바로 이 점을 신랄하게 비판하고 있는데, 라가도 학술원Academy of Lagado에 대해 소개하는 부분에서 그러한 면이 잘 드러난다.[35] 소설에서 걸리버는 라퓨타 섬의 왕을 만난 뒤 그의 지상 영토 바니발비로 내려와 수도 라가도로 향한다. 그리고 거기서 라퓨타 왕의 허락을 받고 라가도 학술원을 방문하는데, 그곳에서 이루어지는 연구들이 상식에 비춰 얼마나 불합리하고 현실과 동떨어져 있는지를 살펴보는 것은 매우 흥미롭다. 가령 학술원 전체에서 가장 나이 많은 연구원의 연구실은 무척 당혹스러운 곳이다.

연구실로 간 나는 지독한 악취에 압도당해 급히 돌아 나오려고 했다. 하지만 안내하던 인사가 나를 앞으로 밀며 귓속말로 연구원의 비위를 거스르지 말라고 주문했다. 몹시 화를 낼지도 모른다는 것이다. 그래서 나는 코도 막지 못했다. … 연구원에 처음 왔을 때부터 그가 한 일은 인간의 똥을 여러 부분으로 나누고, 거기서 쓸개즙으로 인한 색을 없애고, 냄새를 발산시키고, 섞여 있는 타액을 제거함으로써 원래의 음식으로 환원시키는 일이었다. 이를 위해 그는 매 주마다 학술원 측으로부터 브리스틀산 술통 크기만 한 용기에 가득 찬 똥을 공급받았다.[36]

이론 연구실 역시 황당하기는 마찬가지였다. 가령, 언어 연구학교에서는 모든 종류의 단어들을 없애버리기 위한 연구를 하고 있었다. 말도 안 되는 이 연구의 목적은 "우리가 말하는 모든 단어 하나하나가 어느 정도 우리의 폐를 부식시켜 축소하게 만들며, 생명 단축에 기여"하기 때문에 생명 연장을 위해 모든 단어들을 없애려는 것이었다. 이러한 경향은 수학 연구학교에서도 마찬가지로 진행되고 있었는데, 그곳 역시 상식적으로 도저히 이해하기 힘들었다.[37]

그곳의 교수는 유럽에서는 거의 상상도 할 수 없는 방식으로 자신의 제자들을 가르치고 있었다. 그는 우선 얇은 웨이퍼 과자에 오징어 먹물로 만든 잉크로 수학의 명제와 증명들을 적어 놓는다. 그러면 허기진 학생들이 이 과자를 집어삼킨다. 그리고 이들은 이후 사흘 동안 빵과 물 이외에는 아무것도 먹지 않는다. 수학 명제가 들어 있는 웨이퍼 과자가 소화되면서 그 먹물이 그들의 뇌로 올라가게 된다. 하지만 이 방법은 아직까지 그 노력에 상응할 만한 성공적 결과가 나오지 않고 있다고 했다.[38]

3.
현실로부터의
도피

미야자키 하야오의 '라퓨타' vs. 「아바타」의 '판도라'

스위프트가 당시의 수학 및 과학 연구 행태를 비판하기 위해 구상했던 하늘을 나는 섬 라퓨타는 20세기 말에 일본의 미야자키 하야오를 통해 애니메이션으로 새롭게 탄생하였다. 미야자키는『걸리버 여행기』의 3부를 읽으면서 「천공의 성 라퓨타」(1986)를 구상했다고 밝혔는데, 소설과 영화의 라퓨타를 비교하는 것은 무척 흥미롭다.

우선, 두 작품 사이에는 유사한 점들이 많다. 가령, 『걸리버 여행기』와 「천공의 성 라퓨타」의 라퓨타 섬에서는 자력이 중요한 역할을 한다. 『걸리버 여행기』의 라퓨타는 길이 7.2Km 정도의 금광석 섬이다. 그 섬의 중심부에는 금강석 원통으로 둘러싸인 거대한 천연 자석이 있는데, 이 자석의 힘과 그 힘의 방향에 의해 라퓨타가 상승 혹은 하강하거나 이동한다. 라퓨타의 이동은 왕이 지배하는 지상의 나라로부터 소식을 전해 듣기 위한 것도 있지만, 왕의 의지에 따라 지상의 나라를 굴복시키기 위해서도 활용된다. 가령, 지상의 도시에서 반란이나 폭동이 일어나거나 왕의 지배를 거부한다면, 왕은 그들에게 경고하기 위해 그 도시 위로 이동하여 햇볕과 비를 차단하거나 돌덩이들을 쏟아 붓는다. 만약 저항이 끈질겨서 앞의 방법으로는 해결이 불가능할 것 같으면 마지막 수단으로 그 도시를 멸망시키기 위해 라퓨타 섬을 하강시킨다.

자석의 힘을 통해 라퓨타가 지상 세계를 지배할 수 있다는 설정은 애니메이션의 라퓨타에서도 유사한 방식으로 반복된다. 한때 라퓨타 왕가의 일족이었던 여주인공 시타를 쫓아다니던 무스카는 애니메이션 후반부에 자신 역시 라퓨타 왕가의 일족이었음을 밝힌다. 그러면서 시타가 가지고 있는, 자력을 지닌 비행석 목걸이를 빼앗아 라퓨타 내부의 엄청난 힘을 부활시켜 세계를 지배하려는 야심을 드러낸다. 비행석이 중요한 힘의 원천이 되는 것이다.

그런데 두 작품을 좀 더 깊이 들여다보면 조금 다른 차이점이 발견된다. 라퓨타가 과학기술이 발전한 곳이라는 설정은 비슷하지만, 과학기술의 모습은 서로 다르다. 우선 소설의 라퓨타는 추상적인 기하학과 현실성이 떨어지는 실험 과학이 발전한 곳으로, 그곳의 과학기술은 비합리적이고 비실용적이라는 측면에서 전혀 발전적이지 못하다. 더욱이 라퓨타가 지상의 나라를 정복하기 위해 때로는 자신이 지닌 강력한 힘을 파괴적인 방식으로 사용한다는 점에서, 이곳의 과학기술은 인간과 사회에 적대적이고 위협적인 존재로 그려진다. 과학기술이 발전한 라퓨타가 과학기술이 덜 발전한 바니발비에 미치지 못하는 것이다.

애니메이션의 라퓨타는 그렇게 우스꽝스러운 곳이 아니다. 라퓨타는 현재의 문명이 발전하기 이전에 이미 고도의 기계 문명이 발전해 있었던 곳이다. 그곳의 과학기술은 인간의 외형을 닮은 로봇을 만들 수 있을 만큼 발전해 있었을 뿐만 아니라, 그 로봇의 인공 지능이 생명의 소중함을 알고 인간과 자연을 돌볼 수 있을 만큼 뛰어나다. 다만 그렇게 발전한 과학기술 문명은 그것을 조종하는 한 사람에 의해 완전히 달라질 수 있다. 선한 의지를 통해 인간과 자연이 조화를 이루는 방식으로 사용될 수도 있지만, 반대로 그 과학기술을 세계 파괴와 같은 잘못된 방향으로 사용하게 될 때 축복이 아니라 재앙이 될 수도 있는 것이다. 애니메이션 말미에서 주인공 시타는 고대부터 전해지는 계곡의 노래를 언급하며 아무리 강력한 무기나 로봇이 있어도 대지를 떠나서는 살 수 없다고 이야기한다. 대지나 생물을 돌보는 라퓨타의 로봇들에서 드러나듯, 「천공의 성 라퓨타」에서 과학은 중립적인 모습으로 그려진다.

라퓨타 섬은 영화 「아바타」(2009)를 통해 다시 한 번 새롭게 탄생했다. 이제 라퓨타 섬을 닮은, 하늘에 떠 있는 판도라Pandora는 과학기술과는 전혀 관련이 없으며, 오히려 인류의 과학기술과 대척점에 서 있는 곳으로 등장한다. 미래의 인류는 자원 고갈의 문제를 해결하기 위해 새로운 대체 자원을 찾던 중, 하늘에 떠 있는 판도라 행성 내부에 강력한 자기장을 가진 초전도 물질이 다량 매장되어 있음을 발견한다. 지구인들은 판도라 환경에 적응할 수 있는 하이브리드 생명체 아바타avatar를 만들어 판도라 토착민들인 나비 족을 내쫓고 초

| 그림 7 | 「천공의 섬 라퓨타」의 라퓨타 섬. 섬 전체가 거대한 나무와 그 뿌리로 이루어져 있다.

전도 물질을 채취하려고 한다. 나비 족을 내쫓는 임무를 맡은 아바타 제이크는 판도라의 생태계를 경험하면서 영혼의 나무를 중심으로 나비 족과 동식물을 포함한 판도라의 자연계 전체가 서로 유기적인 교감을 이루며 살아감을 깨닫게 된다. 이때 아바타의 영혼의 나무

| 그림 8 | 「아바타」 중 판도라 행성의 영혼의 나무(위)와 「천공의 섬 라퓨타」에서 라퓨타 섬을 얽어매고 있는 나무(아래)

는 「천공의 섬 라퓨타」에서 라퓨타 섬을 지탱하는 거대한 나무와 곧바로 연결된다.

그런데 '하늘을 나는 섬'과 과학기술이라는 비슷한 소재를 사용하면서도, 각 작품에서 과학기술을 대하는 모습은 다른 방식으로 나타난다. 우선 『걸리버 여행기』에서 라퓨타는 추상적이고 비현실적인 과학기술을 풍자하기 위해 도입된 섬이다. 과학기술이 발전했다고 하지만, 전혀 발전적이지 않은 모습으로 나타나는 것이다. 이에 비해 「천공의 섬 라퓨타」의 라퓨타 섬은 과학기술이 매우 발전한 곳으로 그려진다. 여기서 과학기술은 누가 어떻게 사용하느냐하는 문제와는 별개로 중립적인 성격을 지닌다. 「아바타」에 이르면, 판도라 섬은 과학기술과 대척점에 서 있는, 자연과 인간이 유기적으로 결합된 하나의 생명체가 된다. 과학기술은 이제 자연과 인간을 위협하는 두려운 존재가 된 것이다. 많은 사람들이 융합을 어렵게 이야기하지만, 이 작품들을 보고 있자면 미야자키 하야오와 데이비드 카메론 감독이 자신만의 방식으로 융합을 성공적으로 해냈음을 느낄 수 있다.

미래의 유토피아를 꿈꾸며

근대 초 원거리 탐험이 가능해지면서, 유럽인들은 자신이 속한 사회의 불합리함을 고발하고 새로운 이상을 꿈꾸며 미지의 섬을 만들어냈다. 그곳은 모어의 유토피아나 베이컨의 벤살렘 섬처럼 공공의 선과 복지가 실현된 이상향일 수도 있었고, 『걸리버 여행기』의 릴리퍼

트나 브롭딩낵, 라퓨타 그리고 후이넘들처럼 유럽을 닮은 골치 덩어리로, 벗어나고 싶은 나라일 수도 있었다. 그러나 어떤 미지의 나라를 상상하건 결국은 자신들이 속한 사회의 정치, 사회 그리고 학문적 현실과 부딪혀야 했고, 그 현실은 쉽게 바뀌지 않았다.

한편 지리상의 탐험을 통해 세계 지도가 더욱 명확하고 정밀해지자 더 이상 지구상의 미지의 세계를 상상하는 것은 힘들어졌다. 이런 가운데 영국에 망명할 당시 『걸리버 여행기』를 읽고 감명을 받았던 볼테르는 이후 프랑스로 돌아와 노년에 『미크로메가스Micromegas』(1752)를 집필하면서 공간을 우주로까지 확장시켰다. 먼 우주의 시리우스 별 주위를 도는 행성 하나와 그곳에 사는 거인 종족 미크로메가스를 상상한 것이다.

그렇지만 우주를 다루는 것은 그리 만만한 문제가 아니었다. 가령, 『미크로메가스』의 거인 종족 미크로메가스는 그곳의 예수회 학교를 다니고, 유클리드의 명제를 풀며, 또한 현미경으로 해부를 한다. 그리고 그가 토성인을 만나거나 지구인을 만날 때도 언어의 장벽이 전혀 없다. 곧바로 알아듣고 대화할 수 있는 것이다. 뿐만 아니라 그 대화의 내용을 들여다보면 더 황당해지는데, 미크로메가스는 한 늙은 지구인이 아리스토텔레스를 언급할 때 그가 그리스인인 것을 알고 "그리스어는 그렇게 잘하지 못합니다"라고 대답한다.[39] 볼테르는 한 시대를 풍미한 풍자가였으나, 『미크로메가스』 스토리의 개연성은 스위프트의 『걸리버 여행기』에 비하면 한참이나 떨어진다.

시간이 흐르면서 미지의 세계를 상상하는 데에는 동시대의 지리적인 개념이 아니라 시간의 개념이 도입되었다. 미래의 먼 훗날에는 현재와는 다른, 완전히 새로운 세상이 펼쳐질 거라고 상상하게 된 것이다. 다만 그 상상은 19세기 이후 기계 문명 및 산업 발전의 결과로 빚어진 인간성 파괴의 경험을 거치면서 미래를 부정적으로 그리는 방식으로 발전하였다. 소설 『멋진 신세계』(1932)나 『1984』(1949)는 종교의 중용이 이루어지고 과학기술이 발전하며 설령 공공복지가 실현된다 하더라도, 미래의 그 사회는 유토피아가 아닌 디스토피아Dystopia일 거라고 말한다. 겉으로 볼 때는 좋아 보여도 지금보다 더 나빠졌으면 나빠졌지, 더 좋은 상황은 아닐 거라고 이야기하는 것이다.

모어가 유토피아를 제시한 후, 사람들은 각자의 현실에서 저마다의 유토피아와 디스토피아를 제시했다. 그것이 유토피아든, 아니면 디스토피아든, 현실의 고난 속에서 미지의 세계는 늘 흥미로운 법이니까 말이다.

실험의 사회적 구성

역사적이고, 사회적인

실험은 역사적으로 최근에 발전한 과학 연구 방법이다. 서양에서 과학 연구를 지배했던 주된 방법은 수학과 추론이었는데, 근대에 이르러 실험이 새로운 방법론으로 정착된 것이다. 이러한 과학 연구 방법이 자리 잡는 과정은 결코 순탄하지 않았다. 새로운 연구 방법과 그것으로부터 얻어진 지식이 참된 지식으로 인정받기까지에는 다양한 주장과 욕망을 둘러싼 논란들이 벌어질 수밖에 없었다. 그리고 그 과정에서는 자연히 사회적인 측면들이 개입될 수 있었다. 이 장에서는 근대 초의 역사적 맥락과 여러 주요 인물들을 살펴보면서 실험이라는 방법이 새로운 과학 연구의 방법론으로 발전하게 된 과정에 대해 살펴볼 것이다. 이를 통해 실험이라는 방법론 역시 역사적이고 사회적인 산물임을 이해할 수 있을 것이다.

흔히 최초의 근대적인 과학 실험을 이야기할 때 갈릴레오의 낙하 실험을 떠올리는 경향이 있다. 갈릴레오가 기울어진 피사의 사탑 위에서 무게가 다른 두 공으로 낙하 실험을 했다는 이야기는 아동 위인전의 단골 메뉴 가운데 하나일 정도다. 그러나 갈릴레오가 실제로 실험을 했는지는 전문적인 과학사학자들 사이에서도 논란이 되었던 문제였다. 이 문제를 이해하기 위해서는 갈릴레오 실험의 구체적인 모습과 함께 당시 실험의 성격 및 그에 대한 태도 등을 살펴볼 필요가 있다.

17세기 이전에는 아직 실험이 과학 연구를 위한 효과적인 방법으로서의 지위를 지니고 있지 않았다. 가령, 아리스토텔레스를 포함한 고대 그리스 철학자들의 운동 연구에서 실험의 자리는 존재하지 않았고, 근대 이전 서유럽 학자들의 경우에도 모든 것은 주로 전통적인 저술과 논증만으로 이루어졌다. 실험은 전통적으로 연금술사나 약제사, 혹은 기타 장인들이 사용하는 방법이었고, 대학을 나온 학자들에게는 익숙하지 않은 것이었다.

더욱이 당시에는 정밀 측정을 위한 표준적인 실험 도구 및 방법 등이 체계화되거나 표준화되어 있지도 않았다. 실험을 위해서는 직접 실험 도구를 고안하거나 제작해야 했고, 정확한 결과를 얻기 위해서는 시행착오를 통해 성공적인 실험 방법을 찾아야 했다. 또한 실험 도구의 수준은 정밀 실험을 하기에 적합한 수준이 아니었다. 이는 갈릴레오가『새로운 두 과학*Two New Sciences*』에서 설명하는 경사면 실험에서도 짐작할 수 있다.『새로운 두 과학』에서 갈릴레오의 견해를 대변하는 살비아티는 경사면 실험을 언급하면서 스무 자 정도 되는 기다란 나무판에 홈을 파서 그것을 양피지로 감싼 다음 경사면 위에서 공을 굴렸다고 설명한다. 그리고 낙하 시간을 측정하기 위해 커다란 물통 아랫부분에서 흘러나오는 물줄기를 받아 그것의 무게를 재서 시간을 측정하였다고 이야기한다.

> **살비아티:** … 물체가 떨어질 때 속력이 빨라지는 것이 실제로 그렇다는 것을 나 스스로 확인하기 위해서 다음 실험을 했네.
>
> 길다란 나무판을 하나 구했어. 길이가 스무 자 정도, 폭은 한 자, 두께는 손가락 길이 정도 되는 것을. 그 다음 거기에다 홈을 팠어 폭이 손가락 하나 정도 되도록. 이 홈을 매우 쭉 곧고 매끄럽도록 닦은 다음 그 안에 양피지를 대었어. 양피지도 역시 매우 매끄럽게 다듬은 것이었지. 그 다음 그 홈을 따라 단단하고 매끄럽고 매우 둥근 구리공을 굴렸어.
>
> 나무판의 한쪽 끝을 한 자 정도 올려서 경사지게 놓은 다음 홈을 따라 공을 굴렸지. 그리고 공이 내려오는데 걸리는 시간을 쟀어. 이 실험을 여러 번 되풀이하여 그 시간을 재서 시간의 차이가 맥박수 0.1번 이하가 될 정도로 정확하게 쟀어. (중략)
>
> 시간을 재는 방법으로, 우리는 커다란 물통을 어떤 높이에 올려놓고 물통 아랫부분에 조그마한 파이프를 달아서 물이 한 줄기 가는 물줄기로 나오도록 만들었어. 그 물줄기를 공이 내려오는 동안 유리잔에 받았지. 공이 전체 길이를 내려오든 또는 일부분을 내려오든. 이렇게 받은 물을 매우 정확한 저울로 무게를 쟀어. 이 무게들의 차이와 비율은 바로 시간들의 차이와 비율을 나타내지. 이것은 하도 정확해서 같은 실험을 여러 번 되풀이했

는데도 그 차이가 거의 없었어.[2]

　사실 갈릴레오의 이 실험에는 여러 난관이 있었다. 우선 실험 재료인 양피지의 경우, 17세기에는 양피지가 그리 길지 않았으므로 경사면의 홈을 모두 감싸기 위해서는 적어도 5장 정도의 양피지를 기워 사용해야 했다. 따라서 아무리 부드러운 양피지를 사용한다고 하더라도 공의 운동이 방해를 받을 수 있었기 때문에 정밀한 실험이 이루어지기 힘들었다.[3] 더구나 당시에는 정밀 시계가 존재하지 않아 물시계를 이용하였는데, 언뜻 보기에도 물시계를 통해 정밀한 측정이 이루어졌을 거라고 생각하기는 어려웠다. 따라서 갈릴레오가 실제로 실험을 했다는 점에 대해서는 의심의 여지가 많았다.

　그런데 몇몇 학자들이 갈릴레오에 대해 연구하는 과정에서 실험이 그의 과학 연구에서 의미 있는 위치를 차지하고 있었음이 드러났다. 우선, 갈릴레오의 연구가 책으로 만들어질 때 연구 노트의 일부가 임의적으로 제외되었음이 드러났다. 갈릴레오의 저작을 관리했던 이가 일부 노트들에는 다른 부수적인 이론이나 설명이 없고 단지 도표와 수치들만이 적혀 있다는 이유로 그 노트들을 빼버렸다는 사실이 드러난 것이다. 이후 노트들의 수치와 도표를 조사하는 과정에서 그것이 갈릴레오의 자유낙하 운동 및 포물선 궤도 운동과 관련된 경사면 실험에 관한 것이라는 사실이 드러났다. 노트의 실험 결과치와 갈릴레오의 계산치는 거의 일치했고, 실험을 직접 재현하였을 때 재현 측정치가 노트의 실험 결과치와 거의 유사함이 확인되었다.[4] 이 과정을 통해 갈릴레오가 실제 실험을 했음은 분명해질 수 있었다.

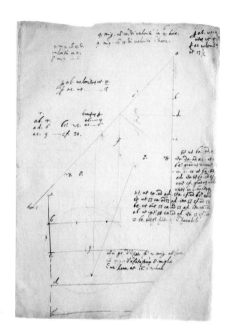

| 그림 1 |
갈릴레오의 실험 노트 중 일부

　또한 갈릴레오가 실험을 한 것처럼 이야기하지만 실제로는 실험하지 않았을 것으로 여겨지는 경우에도, 재현을 통해 그가 실제로 실험을 했음을 확인할 수 있었다. 가령, 물과 공기의 반발에 대해 설명하는 아래의 실험의 경우, 역사가들은 물과 포도주가 섞이지 않고 분리된다는 갈릴레오의 설명이 실제로는 직접 실험하지 않고 유추한 내용이라고 생각해 제대로 믿지 않았다. 그러나 갈릴레오가 설명한 대로 실험을 재현해 보았을 때, 갈릴레오가 언급한 대로 물과 포도주가 섞이지 않은 채 아래 위의 위치가 바뀌어 분리되는 것을 관찰할 수 있었다.[5]

살비아티: 물과 공기가 서로 반발하는 것은 다음 실험을 통해서도 알 수 있어. 유리로 둥그런 공 모양을 만든 다음 밀짚 크기의 구멍을 하나 뚫어. 여기에다 물을 가득 채운 다음 그것을 거꾸로 들어 구멍이 아래로 내려가게 해 봐. 물은 무거워서 늘 아래로 흐르고 공기는 가벼워서 늘 물을 뚫고 위로 올라가지만 이 경우는 예외야. 구멍을 통해 물도 공기도 움직이지 않아. 둘이 그냥 버티고 있어. 하지만 이 유리공을 붉은 포도주에 넣으면, 붉은 포도주는 물보다 약간 가벼운데, 붉은색이 곧 천천히 물을 뚫고 올라가는 것을 볼 수 있어. 동시에 물도 천천히 물을 뚫고 내려가. 시간이 충분히 흐르면 유리공은 포도주로 꽉 차고 물은 포도주 밑바닥에 모이지. 이런 것을 보면 물과 공기 사이에는 서로 섞일 수 없는 어떤 것이 있어. 이게 뭔지 잘은 모르겠지만 아마 …[6]

갈릴레오의 실험에 대해 연구가 진전되면서 그의 일부 실험들은 수학적으로 계산한 실험을 확증하는 수준을 넘어, 기존 이론을 반증하거나 새로운 이론을 유도하는 역할까지도 하고 있었음이 드러났다. 갈릴레오의 실험의 상당수가 실제 실험은 하지 않은 채 상상으로 결과를 예측한 사고 실험thought experiment이었다는 주장은 계속해서 지지되기 어려웠다. 갈릴레오는 당대 누구보다도 정밀한 실험을 수행하였고, 그러한 실험을 통해 자신의 과학 연구를 새롭게 다듬어 낸 인물이었다.

실험에 대한 갈릴레오의 태도는 당시의 기준에서 볼 때 매우 이례적이었다. 이를 이해하기 위해서는 근대 초 기술 및 자연에 대한 새로운 경향에 주목할 필요가 있다. 근대 초에는 실용적인 기술의 지위가 크게 향상되었다. 15~16세기에 이르러 상업 및 경제의 발전과 도시 및 왕정 체제의 발전을 통해 실용적인 기술의 가치가 제대로 인정받기 시작했다. 이와 함께 이러한 분야에 종사하는 이들이 귀족이나 군주 등의 후원을 받으면서 그들에 대한 사회적 인식이 자연스럽게 제고되었다. 그들은 이전 시기 진리의 전형이라 여겨졌던 고대 철학자

| 그림 2 | 게스너의 『동물사』에 실린 삽화. 게스너는 자신의 관찰과 다른 이들의 보고에 기반해 동물사를 정리하였는데, 그중에는 현실에는 존재하지 않는 동물들도 상당수 포함되어 있었다.

들의 저술들보다는 실제적인 지식에 주목했고, 그것이 자연에 대해 더 분명한 이해를 가져다준다고 주장했다. 가령, 이 시기 수술과 임상에 능했던 종군 외과의들의 외과학 및 해부학 서적들이 전통적인 갈레노스 의학에 비해 인체를 더 정확히 이해하고 있었다는 점은 당시 사회에서 새롭게 인식되고 있었다.

고대의 서적에 대한 독서와 사색만으로 자연에 대한 방대한 지식을 얻기 힘들다는 생각은 유럽 사회에 꾸준히 확산되었다. 자연을 실제로 관찰하고자 하는 이들이 늘어났고, 자연물을 관찰하거나 수집하고 그것을 분류하는 자연사 연구가 전 유럽에 걸쳐 유행하였다. 가령, 이 시기 인쇄술의 발전과 함께 콘라드 게스너Conrad Gessner(1516~1565)의 『동물사』(1551~1558)나 레온하르트 푹스Leonhard Fuchs(1501~1566)의 『식물사에 관한 주목할 만한 논의』(1542) 등이 출판되었던 것은 이 시기 자연사 연구가 폭발적으로 늘어나면서 한 단계 도약했음을 보여준다.[8]

자연에 대한 태도가 변화하면서 실험에 대한 인식 역시 바뀌기 시작했다. 천문 관측과 마찬가지로 기계나 기구 등을 활용하여 자연을 실제로 관찰하고, 때로는 인위적인 변형을 통해 자연이 어떻게 관측되는지를 살펴보는 것은 책으로는 얻을 수 없는 자연에 대한 실제적인 지식을 얻게 해준다고 여겨졌다.

이러한 인식은 전통적인 아리스토텔레스의 철학과 사색적 연구 방법에 대한 거부와 함께 더욱 힘을 발휘하였다. 실험과 관찰을 통해 아리스토텔레스의 연구를 반박하며 자신만의 새로운 연구를 제시하였던 갈릴레오의 사례는 바로 이러한 경향을 보여준다 할 것이다. 갈

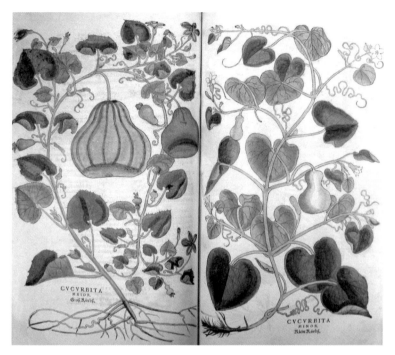

| 그림 3 | 푹스의 『식물사에 관한 주목할 만한 논의』에 실린 삽화. 푹스는 식물의 생태 및 특징 등에 대해 상세히 설명하고자 하나의 삽화 안에 뿌리부터 꽃과 열매까지 모든 요소들이 모두 포함되도록 삽화를 구성하였다.

릴레오는 예술과 기술이 가장 번성했던 이탈리아 출신이었다. 그곳에서 그는 여러 분야의 장인들 및 기술자들과 교류하면서 새로운 사실을 발견하고 관찰할 수 있었다. 그는 정교한 역학 실험 장치를 고안하여 새로운 역학 연구를 발전시킬 수 있었다. 또한 렌즈 세공사들의 기술을 발전시켜 망원경을 제작하고, 그것으로 하늘을 관측하면서 아리스토텔레스의 우주론을 반박하는 자연의 실제 증거들을 축적할 수 있었다. 갈릴레오의 실험 연구는 르네상스의 중심지였던 이탈

4.
실험의 사회적
구성

리아에서 지식에 대한 새로운 태도가 나타나기 시작했음을 보여주는 대표적인 사례라 할 것이다.[9]

베이컨의 실험철학experimental philosophy이 발전했던 것은 바로 이러한 시대적 분위기에서였다. 베이컨은 기존의 학문이 자연에 대한 실제 지식에 기반하지 않고 논리적인 사유에만 집착하는 것을 비판하였다. 그가 보기에 자연의 원리는 자연에 대한 사색을 통해 연역되어야 하는 것이 아니라, 폭 넓은 관찰과 경험 등을 통해 귀납되어야 하는 것이었다. 그리고 바로 그러한 관찰과 경험을 통해 얻어지는 자연에 대한 실제 지식을 베이컨은 자연사라 보았다. 르네상스기에 자연을 정확하게 묘사하고 기술하려 했던 자연사적 유행은 베이컨 시기에 이르면 그러한 방대한 지식을 분류하고 체계화하는 방향으로 나아가기 시작했다.

베이컨은 바로 그런 경향을 잘 보여준다. 그는 기존의 동물사나 식물사에 더해 기계적인 지식과 실험적인 지식까지도 자연사에 포함시켰고, 각각의 분야들을 다시 세부적으로 나누었다. 가령, 앞에서 살펴보았던『새로운 기관』에서 베이컨은 실험을 두 가지로 나누었다. 실험 중에는 실용적인 실험fructiferous experiment 외에도, 자연의 진리를 밝혀주는 광명 실험luciferous experiment이 있었다. 특히 후자는 자연 현상의 원인과 그 원리를 밝혀줄 수 있는 것이라고 보았는데, 베이컨은 그러한 자연사의 지식들이 축적될 때에야 과학과 자연철학의 진정한 진보가 가능하다고 생각했다.[10] 이러한 자연사의 방대한 지식들은 개인의 힘으로 축적할 수 있는 것이 아니었다. 그것은 여러 학자들 간의 협동 연구와 그에 대한 체계적인 지원 등이 결합되어야 가능할 수 있었다. 그의 이상은 앞에서 살펴본 『새로운 아틀란티스』에서 잘 나타 났는데, 이후 영국의 왕립학회나 프랑스의 과학아카데미 같은 과학 단체들이 설립되면서 근대적인 실험이 발전했던 데는 베이컨의 철 학을 공유했던 새로운 철학자들의 역할이 컸다.

보일의 실험철학과 공기 펌프

베이컨의 실험철학이 18세기에 근대적인 실험으로 발전했던 데에는 구체적으로 로버트 보일Robert William Boyle(1627~1691) 같은 17세기 실 험철학자들의 영향이 컸다. 그들은 새로운 실험철학을 기존의 아리 스토텔레스주의 철학과 같은 사변 철학speculative philosophy과 뚜렷이 구분하였다. 그리고 자연에 관한 지식을 얻는 데 사변적 가설이나 원 리보다는 관찰과 실험이 더 우위를 지닌다고 주장하였다. 그들은 감 각을 활용한 관찰이나 기구 등을 조작해 얻은 지식이 자연에 관한 '논란의 여지가 없는 사실matters of fact'을 제공하며, 그러한 사실들을 목록화함으로써 자연에 대한 참된 진리에 다가갈 수 있다고 보았다.[1]

그들에게 실험 그 자체가 목표는 아니었다. 일부 실험철학자들이 사변적 가설이나 추론 등을 완전히 거부하기도 했지만, 보일을 포함 한 17세기의 실험철학자들은 단지 관찰이나 실험 등에 근거하지 않 은 선험적인 추론priori reasoning을 배격했을 뿐, 새로운 자연철학 연구 에서 전통적인 추론reasoning의 역할을 무시하지는 않았다. 오히려 그 들의 목표는 실험과 추론의 창조적인 상호작용을 통해 자연에 대한

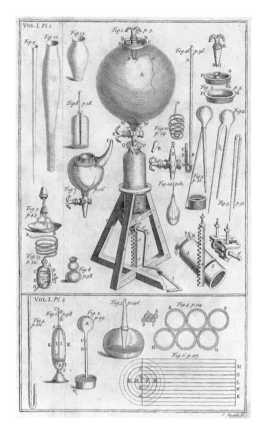

| 그림 4 | 훅과 여러 기술자들이 제작한 첫 번째 공기 펌프 삽화 (1660). 보일의 『물리적이고 기계적인 새로운 실험』(1660)에 실려 있다.

참된 진리를 추구하는 것이었다. 보일의 생각처럼, 실험을 고안해낼 수 있었던 이성을 통해 자연의 원리를 발견할 수 있다고 본 것이다.[12]

이를 위해 보일은 베이컨의 자연사의 이상에 따라 다양한 관찰 자료나 증언들, 상인들이나 여행자들의 소식 등을 취합하는 한편, 자신의 저택에 실험실을 갖춰 실험 연구를 시작하였다. 그는 조수들을 고용하여 증류기나 온도계 같은 실험 기구들을 제작했고, 황산이나 질산 같은 다양한 화학 물질들을 사용하여 열을 가하고 증류시키는 등

다양한 방식의 화학 실험을 계속해 나갔다.[13]

공기와 호흡 그리고 진공 등에 관해 연구하는 과정에서 1659년 로버트 훅Robert Hooke(1635~1703)과 함께 공기 펌프를 제작하고 실험했던 것은 보일의 가장 대표적인 실험 연구 가운데 하나였다. 보일은 공기 펌프의 위쪽 둥근 구슬 내부에 개구리나 병아리 같은 작은 생명체를 넣은 뒤, 공기 펌프 중앙에 위치한 밸브와 핸들을 조작해 공기를 모두 빼내는 실험을 준비하였다. 그런 다음 유리 구슬 내부의 생명체에 어떤 일이 벌어지며, 다시 공기를 집어넣었을 경우에는 내부의 생명체가 어떻게 변화하는지를 관찰하였다. 그 결과, 공기를 모두 빼낼 경우, 공기 펌프 내부의 생물체가 부풀어 오르면서 서서히 죽어가는 것을 관찰할 수 있었고, 다시 공기를 주입할 경우 다시 살아나지는 못해도 부풀어 오른 피부가 원래 상태대로 수축되는 것을 확인할 수 있었다.[14] 보일은 일련의 실험을 통해 공기의 부피와 압력의 곱은 일정하다는 보일의 법칙을 유도하였다.[15] 이는 실험을 통해 얻은 자연사적 지식의 축적을 통해 자연의 참된 진리에 다가간다는 보일의 이상이 실현된, 대표적인 사례 가운데 하나였다.

그런데 보일이 공기 펌프 실험을 할 당시에는 아직 실험의 역할 및 지위에 대해 사회적 합의가 이루어지지 않은 상태였다. 더욱이 보일의 진공 펌프 실험은 자연을 그대로 관찰하는 것이 아니라, 자연에 인위적인 상황을 조성해 어떤 일이 벌어지는지를 관찰함으로써 거꾸로 자연에 대한 진리를 탐구하는 방식이었다. 나아가 보일은 자신의 실험이 기존의 자연철학 연구가 추구했던 원인에 대한 지식을 제공하는 것이 아님을 분명히 하였다. 그는 실험 결과로부터 유추할 수 있는 원인에 대한 고찰은 철학자들마다 상이할 수 있어, 그러한 원인에 대한 문제들에 집중할 때 자연철학 연구의 공간 역시 종교나 정치의 공간과 마찬가지로 논쟁적인 곳이 될 수 있다고 보았다. 그래서 실험 기구의 원리와 실험 과정 및 결과 등은 상세히 설명하였으나, 정작 공기란 무엇이며 진공이 실제로 존재하는지에 대해서는 명확하게 설명하지 않았다.

그는 진공이 공기가 빠진 상태라고 보았다. 그것이 아무것도 존재하지 않음을 의미하는 것은 아니며, 그 속에 다른 물질이 존재할 수도 있음을 배제하지 않았던 것이다. 따라서 공기 차단 및 흡입률 등의 정밀도에서 공기 펌프 장치가 완벽하지 않다는 사실 역시 그에게는 크게 문제되지 않았다. 그에게 중요했던 것은 진공펌프를 통해 얻어진 진공이란 공간에서 실험을 수행함으로써 논란의 여지가 없는 사실들을 얻어내는 것이었지, 진공에 대한 철학적 고찰을 제시하는 것이 아니었다.[16]

또한 보일은 실험이 과학 연구를 위한 참된 방법으로 자리 잡도록 하기 위해 몇 가지 유용한 방식들을 고안하였다. 우선 자신의 실험이 만들어낸 사실들이 믿을 만한 것임을 주장하기 위해 공적인 공간에 사람들이 신뢰하는 신사들이나 왕립학회 회원 등을 초청하여 실험을 직접 목격하게 했다. 보일은 실험적 사실들이 경험적으로 근거 있는 것이 되도록 하기 위해서는 '목격'이 중요하다고 생각했다. 법률 재판의 경우와 마찬가지로, 자연철학의 경우에도 목격자가 많을수록 증거의 신빙성이 높아진다고 본 것이다. 또한 실험의 공간 역시 왕립학회 회의실과 같은 공적인 공간을 선택하여 자신의 실험이 근대 이

전의 연금술사들의 비밀스런 실험과 다름을 강조하였다. 열린 공간
에서 믿을 만한 사람들이 실험을 직접 목격하도록 하여 실험 내용이
자연에 관한 믿을 만한 사실임을 확인시켰던 것이다.

또한 실험실에 참석하지 않은 사람들도 그 실험을 '가상 목격virtual
witnessing'할 수 있도록 다양한 글쓰기를 시도하였다. 우선 지인들이
실험을 재현해볼 수 있도록 실험 방법에 대해 상세하게 설명하는 서
신을 작성하였다. 비록 당시 여건상 실험의 재현은 수월하지도, 또한
빈번하게 이루어지지도 않았지만, 보일은 원할 경우 실험을 재현해

| 그림 5 | 영국 화가 리타 그리어Rita Greer가 훅의 모습을 상상해 그린 그림(2011). 그리어는 물리
학사에서 훅의 위치를 재조명하기 위해 훅에 관한 조사를 통해 훅과 관련된 그림을 41편 그렸다.
이 그림은 그중 한 편으로, 훅이 공부했던 옥스퍼드 크라이스트 처치 칼리지를 배경으로 한 그림
이다. 오른쪽 중간에 보일의 공기펌프 실험 장치 삽화가 놓여 있다.

볼 수 있도록 실험 기구 제작의 원리 및 실험 방법 등에 대해 자세하게 설명하였다.[17]

이 외에도 해당 실험을 머릿속으로 그려볼 수 있도록 실험의 전 과정에 대한 상세한 실험 보고서를 작성하였다. 언제, 어디서, 누가, 어떤 실험을, 어떤 기구로, 어떻게 진행하였고, 그 결과는 어떠하였으며, 그 실험에 참석한 사람들은 누구였는지를 자세하게 기록한 것이다. 이를 위해 먼저 실험이 끝난 후 실험을 목격한 이들이 방명록에 서명을 하도록 준비하였다. 그런 다음 실험 보고서에 그들의 실명과 지위 등을 구체적으로 기재함으로써 자신의 실험에 대한 사회적 신뢰를 구축하였다.[18] 또한 실험 현장을 가상으로라도 목격할 수 있도록 실험 기구나 현장을 자세하게 묘사한 삽화를 제작하였다. 가령 삽화에는 실험 기구 그림자나 공기 펌프 안의 죽은 쥐의 모습까지 세세하게 묘사되어 있었다. 이는 실험이 실제로 이루어졌고 또 실험 기구가 실재함을 보여줄 수 있었다. 또한 보일은 실패한 실험이나 공기 펌프의 고장 등도 솔직하게 보고하였다. 이는 그가 실험을 조작하지 않고, 있는 그대로 솔직하게 보고한다는 인상을 줄 수 있었다.[19] 보일은 나중에 왕립학회 회장으로 선출될 만큼 사회적 명망을 지녔던 인물이었다. 그런 그가 신뢰할 만한 사람들을 두고 의심의 여지가 없는 실험 결과들을 제시하였을 때, 그것은 자연에 관한 '사실'이 되었다.

이러한 보일의 실험과 그 실험을 통한 이론의 유도가 당시 사회에서 자연스럽게 받아들여졌던 것은 아니었다. 이는 대표적으로 토머스 홉스Thomas Hobbes(1588~1679)의 비판에서 잘 드러난다. 홉스가 보기에 공기 펌프는 자연을 연구하기 위한 믿을 만한 기구가 아니었다.

공기 펌프는 보일이 말한 대로 작동되지 않았고, 내부가 진공 상태가 되었는지도 확인하기 어려웠다. 당시 보일의 공기 펌프는 완벽한 진공을 만들지 못했고, 고장도 자주 났다. 또한 훅이 제작한 보일의 공기 펌프는 설계가 계속해서 변경되었고, 전 유럽에 몇 대 없을 정도로 희귀한 것이어서 아무나 구입해서 실험할 수 있는 기구도 아니었다. 더구나 홉스가 보기에, 공기는 단일한 성분으로 구성된 것이 아니므로, 공기 펌프 실험을 제대로 하려면 공기의 구성 성분부터 밝혀내야 했다.[20] 홉스에게 보일의 실험은 그 기초부터가 부실해보였다.

홉스가 보기에 그런 불완전한 기구로 실험한 결과를 통해 진공의 존재를 이야기했던 보일의 주장은 타당성이 떨어졌다. 기계적 철학을 지지했던 홉스에게 세계는 이미 물질로 꽉 찬 상태였다. 펌프 내부의 공기가 빠져나갈 곳은 없었고, 따라서 보일의 진공 논의 역시 받아들일 수 없었다. 또한 공기 펌프에서 공기가 빠져 나갈 때 에테르 같은 다른 물질이 흡입될 수도 있는 것이었고, 공기 펌프 내에 공기가 완전히 부재하다는 사실 역시 실험적으로 증명할 수 있는 것으로 보이지 않았다.[21]

홉스의 비판은 진공 펌프 실험 결과의 사실 여부를 넘어 홉스의 철학과도 연결되는 것이었다. 홉스가 보기에 진정한 자연에 관한 지식은 사변적 추론을 통한 자연철학의 제1 원리로부터 연역되어야 했다. 그런데 홉스가 보기에 제1 원리에 해당하는 진공에 관한 논의는 사회적 무질서를 야기할 수 있었다.[22] 이를 이해하기 위해서는 당시 영국의 상황과 함께 홉스의 물질론 및 사회철학에 대해 이해할 필요가 있다.

홉스는 근대 초의 정치·종교적 혼란의 와중에 사회의 안정과 개개인의 안녕을 위해 강력한 국가와 통치자가 필요하다고 주장했던 인물이었다. 통치권이 작동하지 않는 자연 상태에서는 인간이 서로 사이좋게 살아가는 것이 불가능하고 '만인의 만인에 대한 투쟁'이 벌어지게 되어 개인의 자유와 안녕은 상당히 위협받는다고 생각했던 것이다.

그러한 상태를 방지하기 위해 홉스는 "인간을 두렵게 하고 공동 이익에 맞게 행동하도록 지도하는 공통 권력"을 상정했다. 그것이 "외부의 침입이나 서로의 침해로부터 방위함으로써 안전을 보장하고, 그들이 스스로의 노동과 대지의 산물로 일용할 양식을 마련하여 만족스런 삶을 살 수 있도록" 할 수 있다고 생각했던 것이다. 그는 "한 사람 또는 합의체를 임명하여 자신들의 인격을 위임하고, 그 위임받은 자가 공공의 평화와 안전을" 도모하도록 하는 그리고 "이것이 실행되어 다수의 사람들이 하나의 인격으로 결합되었을 때 그것을 코먼웰스common wealth"라고 할 수 있다고 보았다. 그림 6의 『리바이어던 Leviathan』[23] 삽화에서 볼 수 있듯, 코먼웰스인 거대한 통치자의 몸은 개별 인간들로 구성되어 있었다. 그리고 그러한 개별 인간들로 구성된 통치자는 모든 인간들의 통일체로서 권력을 행사하게 되어 있었다.[24]

홉스는 이러한 통치자에 인간이 상상할 수 있는 한 가장 강력한 권력을 부여했다. 이를 표현하기 위해 성경에 등장하는 리바이어던 Leviathan을 떠올렸는데, 그 존재는 "'영원불멸한 하나님immortal God'의 가호 아래", 인간의 "평화와 안전을 보장하는 '지상의 신mortal God'"에 다름 아니었다. 자연 상태에서의 이기적이고 교만한 인간들을 통제하기 위해 그 위에 군림하는 강력한 존재를 생각한 것이다.[25]

이러한 통치 권력은 교회 권력에도 우선해야 했다. 홉스는 교회 역시 하나의 정치체라고 보았다. 따라서 하나의 코먼웰스 안에 최고 통치 권력과 모든 국가를 포괄하는 교회 권력이 함께 존재할 경우, 교회 권력은 해당 국가의 통치 권력 아래에 와야 한다고 생각했다. 이는 『리바이어던』의 권두 삽화(그림 6의 위)에서도 잘 드러났는데, 리바이어던은 그림 왼쪽 아래의 통치 권력도 지니고 있었지만, 오른쪽 아래의 교회 권력 역시 아우르고 있었다.[26]

홉스의 『리바이어던』은 1651년에 출판되었다. 이때는 1640년에 올리버 크롬웰Oliver Cromwell(1599~1658)이 나서 기존의 왕권을 부정하고 왕을 폐위시키며 새로운 공화정을 건설한 직후였다. 홉스는 그 과정에서 왕을 포함해 많은 사람들이 목숨을 잃으며, 사회가 보수 왕정파와 개혁 의회파로 나뉘어 갈등의 골이 깊어진 것을 경험하였다. 홉스는 강력한 정치 권력의 부재가 심각한 사회적 혼란을 불러일으킨다고 생각했고, 바로 그러한 생각이 『리바이어던』에서 표출되었다.

그런 홉스가 보기에 보일의 철학은 상당히 위험한 구석을 지니고 있었다. 홉스에겐 물질론과 신학 그리고 정치·사회·철학 등이 근본적으로 동일한 나무에서 나온 가지들이었다. 따라서 자연을 바라보는 시각이 달라질 경우, 인간과 사회를 바라보는 태도 역시 달라질 수밖에 없었다. 그렇기 때문에 보일이 공기 펌프 실험을 통해 진공의 존재를 주장했을 때 그것은 사회적 진공까지도 함축하는 것으로 보였다. 강력한 정치 권력이 부재한 사회적 진공 상태에서는 사회가 무

185

4.
실험의 사회적
구성

| 그림 6 | 프랑스 화가 보스Abraham Bosse가 그린 『리바이어던』(1651)의 권두 삽화(위)와 이를 확대한 그림(아래). 리바이어던의 몸을 개별 인간들이 구성하고 있다.[27]

질서로 나아갈 수밖에 없으며, 그러한 사회의 구성원들에게 평안한 삶이란 보장되기 어려워 보였다.[28]

30년 전쟁에서 드러났듯, 정치 이론이나 신학적 교리 등을 두고 벌어진 논쟁들은 참혹한 결과를 안겨주었다. 데카르트는 이런 상황에서 그 누구도 의심하지 않을 확실한 지식의 토대를 구축하기 위해 방법론적 회의를 제안한 바 있었다. 홉스는 데카르트의 방식과 마찬가지로, 그 누구도 의심하지 않을 자명한 공리에서 출발해 연역적인 논증을 통해 확실한 결론에 도달하기 위해 기하학을 그 모범으로 삼고자 했다. 그렇게 해서 그 누구도 논쟁하지 않을 확실한 논증 체계를 구축할 수만 있다면, 당시 사회의 정치적·사회적·종교적 논쟁 등은 극복될 수 있을 거라 생각한 것이다. 이는 실험 결과 및 그 의미를 두고도 사회적으로나 학문적으로 논쟁의 여지가 많았던 보일의 실험을 겨냥함과 동시에 기하학의 특징인 논리 연역 체계를 옹호한 것이었다.[29]

더구나 홉스가 보기에 보일의 실험 공동체는 그들이 주장했던 것과는 달리 이상적인 정치체의 모범이 될 수 없었다. 보일 이전의 유럽 사회는 갈릴레오의 종교 재판에서도 드러나듯, 과학 이론이 사회적 논쟁을 불러일으킬 수 있음을 경험하였다. 정치적이고 종교적인 논쟁이 거세었던 영국이었기에, 특히 보일은 실험 공동체의 비정치적인 성격을 강조하였다. 보일은 자신이 포함된 실험 공동체가 정치 및 종교 문제는 제외하고, 오로지 자연에 관한 논의에만 국한하여 조화롭고 생산적인 논의를 할 것이라고 밝혔다. 또한 형이상학적인 논의를 배격하고 실험을 통한 사실적 지식만을 생산할 것이며, 직접 목격한 것이나 목격자들의 증언에 바탕한 사실적 지식만을 신뢰할 것이라고 주장하였다. 이를 통해 보일은 자신의 실험 공동체에서는 논쟁적이지 않은 '사실들'만이 논의될 것이고, 개방적인 실험실 공간에서는 관용적인 토론이 이루어짐으로써 그의 실험 공동체가 이상적인 정치체제의 모범이 될 수 있을 거라 주장했다.[30]

그러나 홉스가 보기에 보일의 실험은 그 자체로 논쟁적이었을 뿐만 아니라, 보일의 실험 공동체 역시 그 사회의 특정 구성원들에게만 열려 있어 진정으로 열려 있는 공동체가 아니었다. 실험 공동체의 규범을 강조하며 여타 철학자들을 배제했던 것 또한 그 규범에 동의하는 특정 공동체만을 인정한 폐쇄적인 정치체에 다름 아니었다.[31]

하지만 보일의 선택은 실험이라는 것이 믿을 만한 학문 연구의 방법론으로 아직 자리 잡지 않았던 상황에서 어쩌면 불가피한 것이었다. 보일의 실험은 일반 시민들이 이해할 수 있을 만한 내용이 아니었다. 물론 이해하기 어려웠던 것은 신사 계급에게도 마찬가지였다. 그러나 그랬기 때문에 그것이 학문적으로 정당화되기 위해서는 믿을 만한 이들의 확인이 필요했다. 현대 과학기술의 이론이나 기술을 평가하는 이들 역시 일반 시민들이 아니라 과학기술 분야의 전문가 공동체이다. 그들의 확인과 신뢰가 주어질 때, 일반 시민들의 이해 여부와 상관없이, 그것만으로도 해당 과학기술의 진위 여부는 결정될 수 있는 것이다.

사실 베이컨의 철학을 공유했던 보일에게, 관찰과 실험을 통해 얻어지는 사실적 지식에 기반하지 않은 철학적 원리는 참된 진리를 보장할 수 없는 독단적인 철학에 다름 아니었다. 진정한 자연에 대한 진리는, 객관적이고 논쟁적이지 않은 실험 및 관찰을 통해서만 가능했다. 보일이 보기에 홉스의 유물론적이고 기계론적인 철학은 종교적 무질서를 초래하는 것처럼 보였다. 홉스는 신을 인정하면서도 영국국교회의 성직자들이 비물질적인 존재에 대해 이야기할 때, 그것은 존재하지 않는 것에 대해 이야기하는 것이 되므로 그 자체로 불합리하다고 보았다. 그러나 독실한 기독교인이었던 보일은 세계가 물질로 충만하고, 진공이 존재하지 않는다면 물질적 존재인 신은 인간 세계에 접근하지 못하게 된다고 주장했다.[32] 자신의 실험철학이 신학적으로도 더 우월함을 주장한 것이다.

뉴턴 과학의 이데올로기

보일과 홉스의 논쟁은 결국 보일의 승리로 마감되었다. 두 사람은 사회적 지위부터가 달랐고, 사회적 네트워크에 있어서도 보일이 일방적으로 유리했다. 보일은 아일랜드의 백작 가문 출신으로, 왕립학회의 창립 회원이 될 정도로 과학계의 인사들과 널리 교류했고, 1680년에는 왕립학회 회장에 선출될 정도로 학자들 사이에서 두터운 신망을 얻고 있었다. 이에 비하면, 가난한 교구 목사의 아들로 태어나 가정교사를 전전하며 연구했던 홉스의 상황은 보일과 비할 게 못되었다. 그는 보일의 진공 펌프 실험을 비판한 결과 왕립학회 회원도 될 수 없었기에 과학 분야의 전문가 네트워크에서 완전히 소외될 수밖에 없었다.[33] 또한 17세기 후반 국교회 및 의회 정치가 강화되던 상황에서 국교회 성직자들이나 의회의 자리를 인정하지 않고 왕정 정치

4
실험의 사회적
구성

를 옹호하는 듯했던 홉스의 철학은 영국의 기득권 사회에서 자리 잡기 힘들었다.

그러나 베이컨에서부터 시작된 보일과 훅의 실험철학 역시 오래 가지는 못했다. 관찰과 실험을 통한 자연사적 지식의 축적으로부터 자연에 대한 철학적 원리를 이끌어내려 했던 시도는 야심적이었긴 했으나 현실성이 떨어졌다. 산만한 사실적 지식의 집적 속에서 자연의 원리가 발견되기는 어려웠다.[34]

그런 가운데 1687년 뉴턴의 『자연철학의 수학적 원리』가 출판되었다. 뉴턴의 방법은 천상계와 지상계의 현상들로부터 세 가지 운동 법칙과 만유인력을 상정하고, 그것들의 수학적 원리를 발견한 뒤, 그 원리로부터 수학적 연역을 통해 구체적인 원래의 현상들이 얻어지는지를 확인하는 것이었다. 이때 뉴턴의 시도는 관찰 및 실험적 지식에 해당하는 자연사적 지식으로부터 운동의 법칙을 도출한 것이 아니었다. 대신 뉴턴은 관찰이나 실험을 통해 얻어진 자연사적 지식으로부터 그 근저의 원리를 가정한 뒤 수학적 계산을 통해 원래의 자연사적 지식이 도출될 수 있는지를 확인한 것이었다. 결국 뉴턴에 이르러 수학적인 방법과 실험적 방법은 서로 유기적으로 결합된 것이다.[35]

뉴턴의 자연철학은 단지 과학적 성과로만 머물지는 않았다. 그것은 명예혁명(1688) 이후 급성장한 진보 성향의 국교회 성직자들과 교육받은 엘리트들, 상인계층을 포함한 중산층 그리고 중앙집권적인 국민국가들 사이에서 급속하게 확산되었다. 뉴턴의 자연철학의 원리를 추종했던 이들은 우주에 작용하는 수학적이고 기계적인 원리를 만들어낸 하나님의 섭리가 국가와 사회의 활동을 동일하게 살피고 있다고 주장했다. 그리고 그때 모든 경제적이거나 사회·정치적인 활동들 역시 하나님의 권위 아래 인정된 것이므로, 뉴턴이 밝혀준 우주의 안정적인 원리를 기억하며 사회와 종교 그리고 정치 분야 등에서도 질서와 조화를 추구해야 한다고 강조했다.[36]

이러한 견해는 이후 영국 사회를 지배적으로 이끌게 될 의회 정치가들과 국교회 성직자들에게 수용되어 효과적으로 활용되었다. 의회 정치가들은 자연 세계가 뉴턴이 밝혀준 신의 법칙에 의해 질서 있고 조화롭게 돌아가듯, 이 세상 역시 헌법에 의한 의회 정치를 통해 질서 있고 조화롭게 다스려질 수 있을 거라 강변하였다. 또한 국교회 성직자들은 뉴턴이 자연 현상에서 신의 섭리를 읽었듯 국가와 사회의 작동에서도 신의 섭리를 발견하는 것이 교회의 책임임을 주장하며 국교회의 위치를 강조하였다. 뉴턴의 『프린키피아』가 매우 어려운 책이었음에도 불구하고, 그의 자연철학은 이렇게 영국 국교회 성직자들에게 수용되어 영국을 대표하는 세계관으로 발전해나갔다. 이과정에서 다양한 기독교 종파와 왕당파 정치인들을 중심으로 뉴턴의 자연철학적 원리에 대한 비판이 제기되기도 했지만, 뉴턴의 자연철학은 이후 18세기 계몽주의 시대의 지배적인 철학이 되었다.[37]

특히, 보일의 유언에 따라 만들어진, "악명 높은 이교도들에 대항해 그리스도교를 증거하기 위한" 보일 강연을 통해, 뉴턴의 자연철학이 지닌 사회적, 종교적, 정치적 함의는 많은 이들에게 폭넓게 전달되었다. 첫 번째 보일 강연의 연사였던 신학자 리처드 벤틀리Richard Bentley(1662~1742)부터 뉴턴의 자연철학에 대해 논했으며, 이후에도 뉴턴의 과학과 자연철학은 보일 강연의 주요 주제 중 하나로 활발하게 논의되었다. 편집과 번역을 거쳐 영국과 유럽 대륙에서 활발하게 출판된 보일 강연은 뉴턴의 과학과 자연철학을 폭넓게 전파하는 데 주요한 역할을 담당하였다.[38] 결국 이 과정을 통해 뉴턴의 과학과 자연철학은 과학적 성취를 넘어 하나의 이데올로기로 기능하게 되었다. 뉴턴 과학의 성공을 단순히 과학적 성취만으로 이해한다면 많은 것들을 놓치게 될 것이다.

실험의 사회적 구성

흔히 과학이 사회에 미친 영향은 인정하면서도 사회가 과학에 미친 영향은 부정하는 경향이 있다. 그러나 근대 서유럽 사회의 과학은 정치, 사회, 종교 문제 등에 영향을 받으며 독특한 방식으로 발전해 나갔다. 가령, 17세기 영국 사회의 종교적이고 정치적인 분쟁은 한편으로 보일을 위시한 실험철학의 융성을 낳았고, 또 한편으로는 홉스의 『리바이어던』을 낳았다. 그리고 자신의 실험철학이 논쟁적이던 사회에 모범의 전형이 되기를 바랬던 보일의 욕망과 그 누구도 논쟁하지 않을 확실한 지식의 체계를 구축하고자 했던 홉스의 욕망은 서로 조화되기 힘들었다. 결국 당시의 사회적 논쟁은 홉스 철학의 쇠퇴와 함께 실험철학의 융성을 가져왔다.

이 과정에서 실험의 위상 역시 크게 변화되었다. 당시에는 아직 객관적인 과학적 방법론으로 인정되지 않았던 실험이 영국 사회에서 신뢰를 구축하고 있었던 이들에 의해 확인되면서 그 지위가 공고해

지기 시작한 것이다. 여기에 뉴턴의 과학적 성과를 통해 실험적 방법
과 수학적 방법이 결합되면서 근대적인 실험적 방법으로 발전해나갔
다. 역사가 보여주듯, 정치적이고 사회적인 논쟁은 과학기술의 발전
과도 무관하지 않았다. 현재의 실험적 방법론 역시 역사적이고 사회
적인 산물임을 기억할 필요가 있을 것이다.

III

과학기술

돌이킬 수 없는 현실

5

과학기술이 바꾼 사회

기술로 바뀐 도시의 풍경

19세기 이후 기차와 자동차라는 교통수단이 인기를 끌면서 공간의 풍경이 달라지기 시작했다. 기차와 자동차의 속도는 사람들의 거리에 대한 인식을 전환시켰고, 짧은 시간 내에 먼 곳으로의 이동이 가능해지면서 도심 외곽 지역의 개발을 자극하였다. 기차 선로와 자동차 고속도로는 새로운 공간을 만들어내는 한편, 기존의 공간을 분할하고 연결하면서 도시의 모습을 완전히 새롭게 변모시켰다. 그 과정에서 기차나 자동차와 관련된 기술에는 소비자와 도시계획가의 욕망이 맞물리면서 정치적이고 사회적인 요소들이 개입되었다. 그렇게 탈바꿈한 공간은 사람들의 삶의 방식 또한 바꿔놓았다. 이 장에서는 당시의 다양한 풍경화와 풍자화, 사진 등을 통해 기차와 자동차가 야기한 기술들이 세상에 어떤 변화를 가져왔고, 그것은 현대를 살아가는 우리에게 어떤 고민거리를 던지는지를 살펴볼 것이다.

터너가 본 비, 증기 그리고 속도

내가 가장 좋아하는 그림은 끌로드 모네Claude Monet(1840~1926)의 「수련 연못Water Lily Pond」(1899)이다. 이유가 무엇인지는 정확하게 설명하기 어렵다. 이 그림을 보고 있자면 그저 너무도 아름답고 비밀스러운 연못인 것 같아 마음이 평안하고 흐뭇해질 뿐이다.

대학 시절 이 그림이 좋아 작은 프린트 버전을 구입했던 기억이 있던 차에, 학위 논문 준비 관계로 영국에 갔을 때 런던 내셔널 갤러리에서 이 그림을 직접 보게 되었다. 그런데 이 그림을 가까이에서 처다보며 적잖이 충격을 받았다. A3 사이즈의 프린트에서는 분명하게 보이던 상이 가까이서 본, 덕지덕지 뒤엉켜 있는 유화 물감 속에서는 결코 드러나지 않았다. 그때부터 이 그림이 더욱 좋아지기 시작했다. 이 오묘한 아름다움이라니. 도대체 가까이에서는 아무런 형상도 만들어내지 않는 물감 범벅들이 어떻게 그렇게 아름다운 그림을 만들어낼까 궁금했다.

모네와 인상주의 그림들에 관심을 갖던 중, 모네가 보불전쟁Franco-Prussian War(1870~1871) 기간 동안 영국으로 도피했고, 그때 윌리엄 터너 Joseph Mallord William Turner(1775~1851)의 작품을 접했다는 사실을 알게 되었다. 그러면서 여러 미술사가들이 모네의 작품이 터너의 영향을 받았다고 주장하며, 두 사람의 작품을 서로 비교한다는 것도 알게 되었다.[1] 곧바로 런던 내셔널 갤러리에서 보았던 터너의 「비, 증기, 그리고 속도」(1844)가 떠올랐다.

「비, 증기 그리고 속도」는 노년의 터너가 1844년 런던 왕립아카데

| 그림 1 | 모네의 「수련 연못」(1899)

미에 전시한 작품으로, 그의 대표작으로 손꼽힌다. 솔직히 말하면, 터너의 이 그림을 직접 보았을 때, 모네의 그림에서 느꼈던 아름다움과 감동을 경험하지는 못했다. 이 그림은 사진으로 봐도 흐릿하지만, 실제로 보았을 때는 그 상이 더욱 불분명했고, 지금은 익숙한 기차의 속도란 게 그리 감동을 줄만큼 놀랍게 느껴지지도 않았다. 색채 역시 흐리고 어두워 감각적으로도 끌리지 않았다. 터너가 살던 당시에도 이 작품에 대한 평가가 극과 극으로 나뉘었다고 하니, 나의 감상이

| 그림 2 | 터너의 「비, 증기 그리고 속도-그레이트웨스턴 철도」(1844)

완전히 주관적이라고 보기는 힘들 것이다. 그러다 보니 이 그림은 어느 순간 나의 뇌리에서 잊혀져버렸다.

증기기관을 이용한 새로운 교통수단의 등장

터너의 그림을 다시 떠올리게 된 것은 영화 「미스터 터너Mr. Turner」(2014)를 보고 나서였다. 「미스터 터너」는 마이크 리Mike Leigh 감독이 영국을 대표하는 작가인 터너의 마지막 25년을 조명한 작품이다. 이 영화에서 리 감독은 터너의 사랑 이야기를 포함하여 그의 가족사와 작품 활동 그리고 당시 세간의 평가 등을 함께 엮어 한 인물의 복잡다단한 삶을 인상적으로 묘사하였다. 특히, 터너 역을 연기한 영국 배우 티모시 스폴Timothy Spal은 이 작품으로 2014년 칸 영화제 남우주연상까지 수상하였다.

이 영화를 보면서 내가 주목했던 것은 터너 개인보다는 그가 살았던 시대였다. 터너는 산업혁명으로 영국 사회가 급격히 변화하던 시대에 살았다. 당시에는 와트의 증기기관이 상용화되며 여러 분야에 큰 변화가 나타나고 있었다. 증기기관은 역직기와 방적기에 활용되며 직물 제작의 풍경을 바꾸었다. 증기선은 바다를 가로지르며 삶의 지평을 넓혔고, 증기기관차는 도시와 농촌의 풍경을 바꾸어 놓았다. 18세기 중반부터 시작된 산업혁명은 19세기 중반에 이르면, 누구나 그 변화를 실감할 정도로 영국인의 삶 깊이 들어와 있었다. 그러한 경험은 분명 터너에게도 영향을 미쳤고, 그의 작품을 통해 잘 드러났다.

그제서야 영국인에게 그의 작품이 어떤 의미로 다가갈지 어렴풋이 짐작되었다. 가령, 터너의 「전함 테메레르The Fighting Temeraire」(1839)는 보통의 영국인들이 경험했던 당시의 변화를 상징적으로 보여준다. 1807년 미국에서 그리고 1815년 영국에서 증기선이 정기적인 운항을 개시하면서 해상 교통은 점차 증기선으로 대체되었다. 선원들이 항해를 통해 갈고 닦았던 운항 기술은 기계 앞에 무의미해졌고, 생사고락을 같이 했던 범선들은 증기선에 밀려났다. 영국의 영웅 넬슨 제독이 트라팔가 해전에서 나폴레옹의 군대와 대결할 때 타고 나갔던 전함 테메레르의 해체는 당시에도 큰 반향을 불러 일으켰다. 노년의

| 그림 3 | 터너의 「전함 테메레르」(1839)

터너가 그린 이 그림은 당시 사건을 극적으로 전해준다. 불을 뿜는 작고 볼품없는 증기선이 웅장하고 우아한 전함 테메레르를 끌고 오는 모습에서, 자연을 거스르는 새로운 과학기술의 위력과 그것에 압도되어 무기력하게 끌려가는 자연 친화적 기술의 도태라는 당시의 시대적인 변화가 극명하게 드러나고 있는 것이다.[2]

　해상 교통의 풍경을 바꾸어 놓은 증기기관은 얼마 안 가 육상 교통에도 일대 혁명을 불러 일으켰다. 사실, 와트의 증기기관을 육상 교통 수단에 활용하려는 시도는 증기기관 개발 직후부터 있었다. 가령, 프랑스 기술자 꾸노Nicholas Cugnot(1725~1804)는 1769년에 '증기 수레fardier à vapeur'라는 최초의 증기 차량을 만들었다.[3] 비록 실용화

| 그림 4 | 2011년 파리 레트로모빌Salon Retromobile에 전시된 '증기 수레'의 복제품

되지는 못했지만, 꾸노의 증기 수레는 이후 여러 시행착오를 거치면서 1804년과 1814년의 트레비식Trevithick 증기기관차와 스티븐슨Stephenson 증기기관차로 이어졌다. 그리고 1825년 최초의 공공 철도인 스탁턴 앤드 달링턴 철도Stockton and Darlington Railway가 놓이면서 증기기관차 로코모션Locomotion 호가 등장하였다.

로코모션 호의 기술적 성취와 그에 대한 기대는 로버트 세이모어Robert Seymour(1798~1836)의 풍자화에서도 잘 드러났다. 「로코모션」이라는 제목의 그림 5에는 증기기관을 이용한 탈 것과 달리는 것, 나는 것이 등장한다. 이 중 왼쪽 신사가 신고 있는, 증기기관으로 움직이는 증기 부츠에는 증기기관과는 전혀 상관이 없는 오레이orrey가 돌아가고 있다. 오레이는 행성의 움직임을 기계적으로 보여주는 장치로, 당시 과학기술의 진보를 상징적으로 보여주고자 할 때 이 오레이

| 그림 5 | 세이모어의 「로코모션: 증기로 걷고, 타고, 날기」(1827)

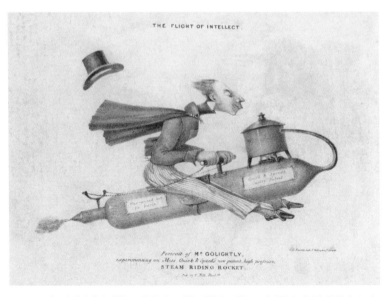

| 그림 6 | 매들리, 「지성의 비행: 고압 증기 로켓을 시험하고 있는 고라이틀리 씨의 초상화」(1830)

를 사용하는 경향이 있었다. 결국 신사가 신고 있는 증기 부츠의 오레이는 그 부츠가 과학기술 발전의 산물임을 보여주고 있는 것이다.

그림 6의 비행체 역시 증기기관으로 구동되는 것인데, 1783년 몽골피에 형제의 열기구hot air balloon가 비행에 성공한 이후, 주로 뜨거운 공기를 이용해 뜨는 가벼운 기구들이 시도되었던 것을 고려하면, 신선한 상상이라 할 수 있었다. 실제 영국인 찰스 고라이틀리Charles Golightly는 실제로 제작되지는 않았지만, 1841년에 증기기관을 이용한 탈 것으로 특허를 냈다. 그림 6의 조지 매들리George Edward Madeley의 카툰은 그러한 고라이틀리의 시도를 흥미롭게 묘사하고 있다.[4]

그런데 증기기관은 뜨거운 증기를 이용하는 만큼, 늘 사고의 위험이 도사리고 있었다. 세이모어의 그림 7은 앞에 나온 '로코모션'의 연작인데, 이 그림에서는 시커먼 매연을 내뿜는 증기 차량이 전복되려 하고, 증기 비행기는 추락하려 하며, 증기 부츠도 멈추려 한다. 실제 1815년에 잉글랜드의 필라델피아 지역에서 발생한 첫 사고 이후 1830년대에 이르면 거의 매년 열차 사고가 발생했다. 그러한 열차 사고의 대부분은 증기를 발생시키기 위해 설치된 보일러 폭발이나 탈선 혹은 열차 충돌 등이 원인이었다.[5]

그러나 보일러 문제와 잦은 사고에도 불구하고, 다양한 종류의 증기 차량에 대한 기대는 꺾이지 않았다. 가령, 풍자화가 헨리 앨킨Henry Thomas Alken(1785~1851)의 그림은 숨 막히는 연기로 가득 찬 도시의 모습을 통해 이를 우회적으로 보여준다. 사실 증기기관이 획기적으로 개선되지 않는 한, 현실에서는 증기기관을 이용한 개인용 차량이 상용화되기는 쉽지 않았다. 계속해서 석탄을 공급해야 하는 증기기

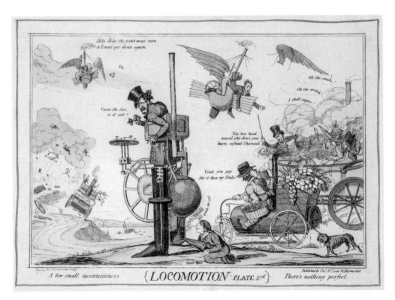

| 그림 7 | 세이모어, 「로코모션-어느 정도 작은 불편들. 완벽한 것은 없다」 (1829)

| 그림 8 | 앨킨의 증기 마차 풍자 그림. 「증기의 진보-화이트채플 거리의 풍경」 (1831)

관의 경우, 엔진을 들여 놓을 장소는 물론이고, 계속적인 엔진 가동을 위해 여분의 석탄을 보관하고 이를 관리하기 위한 일꾼이 머물 상당한 공간이 필요했다. 그러나 개인용 차량 안에는 그러한 공간을 확보할 수 없었다. 결국 개인용 증기 차량은 실제로 제작되지는 못했고, 마차가 19세기 말까지도 여전히 가장 주요한 개인용 교통 수단으로 사용되었다. 하지만 말 대신 엔진으로 가동되는 개인용 차량에 대한 기대와 욕망은 이후에도 계속되었고, 19세기 중반 내연기관의 등장으로 현실화될 수 있었다.

기차가 바꾼 공간의 풍경들

초기에 광산을 중심으로 연결되었던 철도는 시간이 지나면서 광산과 무관한 지역으로까지 빠르게 확장되었다. 이 과정에서 선로는 자연을 자르고, 통과하고, 또 연결하면서 공간의 풍경을 완전히 바꾸어 놓았다. 그 결과 이 시기 풍경화에는 이전에는 없던 선로나 구름다리 그리고 터널 등이 나타나기 시작했다. 당시 유명한 증기기관차 기술자였던 니콜라스 우드Nicholas Wood(1795~1865)는 자신이 경험했던 인상을 다음과 같이 기록하였다.

눈이 가는 저 깊숙이까지 굴 하나가 땅 속으로 뻗어 있었다. 때때로 머리가 어지러울 정도로 높이 서 있는 다리들이 나타나는데, 이 다리를 통과하여 도로가 철로를 가로지르고 있었다. … 소리 반향이 여기서는 아주 인상

적인데, 이 도로를 지나는 동안 사람들은 일반 세계로부터 완전히 단절된 느낌을 갖게 된다.[6]

1830~40년대에 철도가 급속히 확장되면서 철도를 주제로 한 판화들은 총 2,000점이 넘게 만들어졌다.[7] 이들 대부분은 당시 철도 회사의 요청에 따라 광고 목적으로 제작되었는데, 이 판화들은 때로는 과장과 강조를 사용하여 철도의 웅장함과 광대한 스케일을 보여주었다. 가령, 건축가이자 화가인 토마스 베리Thomas Talbot Bury(1809~1877)가 당시 열차가 놓이면서 달라진 공간의 풍경을 포착한 그림들은 매우 인상적이었다.[8] 베리는 자연이 끊어지고 뚫리면서 생겨난 인공의 자연을 강렬한 색상을 이용해 웅장하면서도 위압적으로 묘사하였다. 이러한 경향은 이 시기 여러 풍경화가에게서도 마찬가지로 나타났고, 이들이 주목했던 철도와 구름다리 등은 점차 자연 경관의 일부가 되었다.

그런데 열차 여행이 본격화되면서 열차를 바라보는 사람들의 시각은 서서히 달라졌다. 무엇보다도 실제 경험한 열차 여행의 괴로움이 열차에 대한 부정적인 인식을 강화하였다. 증기기관차의 굴뚝을 통해 뿜어 나오는 증기와 시끄러운 굉음 그리고 덜컹거리는 불편함은 강렬했다. 당시 자료들 중에는 열차 여행의 괴로움에 대해 토로하는 자료들이 상당수 남아 있는데, 많은 경우 빠른 속도가 불쾌한 가스와 결합되면서 열차의 독특한 인상을 만들어내고 있었다.

열차 여행에서는 대부분의 경우, 자연 조망, 산이나 계곡의 아름다운 전망

| 그림 9 | 베리, 「리버풀 근처에서 맨체스터를 바라보며」(1831)

| 그림 10 | 베리, 「터널」(1833)

은 아예 사라져 버리거나 아니면 왜곡되어 버린다. 지형을 오르고 내리는 것, 건강한 공기 그리고 '거리'라는 말로 연결되는 다른 모든 기분 좋은 연상들은 사라지거나 아니면 황량한 단절들, 어두운 터널들 그리고 위협적인 기관차의 건강하지 않은 가스 분출이 되어 버린다.[9]

철도가 확장되고 시공간에 대한 인식이 변화하면서, 철도에 대한 우려 역시 커지기 시작했다. 이는 당시 인기 있던 풍자 주간지 「펀치 Punch, or the London Charivari」(1841~2002)의 카툰에서도 잘 드러났다. 1845년에 출판된 「펀치」에는 영국 철도 노선도가 등장하는데, 이는 당시 실제 철도 노선도와 비교해볼 때 상당히 복잡한 형태였다. 사실 1845년에는 아직 주요 노선들만 건설되어 노선이 그리 복잡하지 않았는데, 「펀치」에는 매우 복잡한 노선도가 그려져 있었다.[10] 이는 당시 철도에 뛰어들었던 사업가들에 의해 철도 노선이 급속히 확장되던 상황을 풍자한 것으로, 결국은 이렇듯 복잡한 형태로 영국이 갈기갈기 찢기고 나누어질 것이라는 우려가 표출된 것이었다.

18세기까지도 과학기술은 자연의 감춰진 비밀을 드러내고 사회를 계몽하여 해방시키는 진보의 원동력으로 여겨졌다. 그러나 산업이 발전하며 공장 매연과 기차 소음이 도시를 황폐화시키고, 노동자들에 대한 착취 및 열악한 환경과 함께 빈부 격차가 문제가 되면서 과학기술에 대한 태도와 전망은 매우 우울해져갔다. 그 결과 철도 발전 초기의 그림에서 철도 확장에 따른 공간의 변화가 웅장하고 장엄한 경관으로 그려졌다면, 시간이 흐르면서 철도를 포함한 과학기술의 산물이 만들어내는 새로운 변화는 어둡고 지저분하고 정신 없는

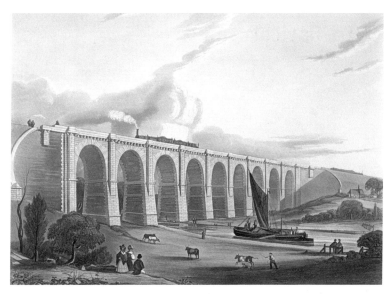

| 그림 11 | 에릭 센튼Eric Shenton, 「생키Sankey 구름다리」(1831)

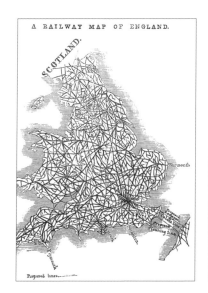

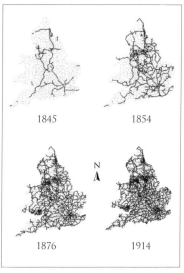

| 그림 12 | 1845년 「펀치」에 실린 '잉글랜드 철도 노선도'(왼쪽)와 체클랜드S. G Checkland가 그린 영국의 철도 노선 지도(오른쪽). 체클랜드의 지도에서 1845년의 실제 철도 노선은 몇 개 되지 않았음을 알 수 있다.

5.
과학기술이
바꾼 사회

| 그림 13 | 로비다, 「철도로 인한 파리의 개선」(1886)

것으로 그려졌다.

이러한 비판은 당시의 그림들에서도 잘 드러난다. 프랑스나 영국은 이미 오랜 역사와 전통 아래 대도시가 발전해 있던 곳이었다. 그러다 보니 도시를 가로지르며 철도를 확장하기가 결코 쉽지 않았다. 그래서 하나의 자구책으로 고가 철도가 떠올랐지만, 도심의 미관을 해친다는 비판의 목소리가 높았다. 이러한 양상은 「캐리커처La Caricature」(1880~1904)에 실렸던 알베르 로비다Albert Robida(1848~1926)의 풍자화에서도 잘 드러났다.[11] 그림에서 가운데 등장하는 여왕은 프랑스를 상징하는데, 풍차로 만든 왕관은 프랑스가 원래 자연 친화적인 아름다움을 지녔음을 말해준다. 그런 프랑스가 기차를 들이키며 매연을 마시고, 귀가 뚫리고, 온통 쇠사슬 같은 철도로 옥죄어진 채 괴로워한다. 이러한 모습은 모네가 그린 일련의 기차역 그림들에서도 비슷한 인상으로 연결된다. 가령, 모네의 「생라자르 역, 기차의 도착」(1877)에서 기차역은 더 이상 연못가처럼 아름다운 모습이 아니었다.[12] 기차역을 품은 도시는 온통 희뿌연 증기들로 뒤덮인 회색빛 철창이 되어 있었다.

| 그림 14 | 모네, 「생라자르 역, 기차의 도착」(1877)

철도 건설과 미국의 탄생

영국이나 프랑스에서의 이러한 반응은 여전히 개발되지 않은 땅이
방대하게 널려 있었던 미국의 상황과는 판이하게 달랐다. 영국이나
프랑스에는 오랜 시간에 걸쳐 발전해 온 많은 중소 도시들이 있었다.
따라서 대규모 철도가 부설되는 과정에 자연히 심리적이고 경제적이
며, 때로는 환경적인 난관들이 존재했다. 이에 반해 완전히 젊은 국
가였던 미국의 광활한 대지는 개발을 기다리고 있었고, 멀리 떨어진
도시들은 서로 긴밀하게 연결되어야 했다.

험악한 준령에도 불구하고, 6년간의 공사를 통해 1869년 미국 대륙 횡단 철도가 서둘러 건설되었던 것 역시 이러한 갈급함에서 찾을 수 있었다. 미국 대륙 횡단 열차는 동부의 '연합 태평양 철도Union Pacific Railroad'와 서부의 '중앙 태평양 철도Central Pacific Railroad'가 각각 동부에서 서부로 그리고 서부에서 동부로 철도를 놓으면서 6년 만에 서로 만나 연결되었다. 이 과정에서 아메리카 원주민들의 토지는 대거 몰수되었고, 열차 개통 후에는 동부와 서부가 연결되면서 서부 개척이 가속화되었다.[13]

　미국에서 철도가 발전했던 방식은 유럽의 경우와는 달랐다. 유럽의 경우, 열차 발전 이전에 이미 도로 교통이 발전해 있었다. 화물 운송이나 여행 등의 수요 역시 지속적으로 존재했다. 이에 반해 미국의

| 그림 15 | 1869년 5월 10일 양쪽에서 건설해온 철도가 유타 주에서 만나는 장면

경우, 그러한 수요가 거의 전무한 상황이었다. 동부 일부 지역에 도시가 발전하긴 했으나, 광대한 미 대륙을 감안할 때 도시가 발전한 지역은 극히 일부에 국한되어 있었다. 유럽처럼 산업이 발전한 것도 아니었으므로 수출을 위한 화물 운송의 필요 역시 상대적으로 적었다. 풍부한 천연 자원을 캐낼 노동력 역시 부족했음은 물론이다.

이런 상황에서 광활한 황무지에 철도가 놓이면서, 철도 주변 지역을 중심으로 교외 도시가 발전하고, 그로 인해 도시 간 교통의 수요 역시 생겨났다. 또한 철도 건설과 함께 기계가 도입되면서 천연 자원이 발굴되고 농업 생산성이 향상되었다. 그렇게 늘어난 자원과 높아진 생산성이 가져온 부는 산업혁명을 위한 기초를 마련하였다. 유럽에서 산업혁명이 열차의 발전을 가져왔던 것과는 달리, 미국의 경우에는 열차가 산업혁명을 촉발하였다.

이러한 상황은 화가 존 개스트John Gast(1842~1896)의 그림에서도 잘 드러난다. 그는 당시의 황무지 개척을 미국의 진보와 연결시켰는데, 그의 작품 「미국의 진보American Progress」(1872)에서 철도는 동부에서 서부로 달리면서 황무지를 개척하는 데 중요한 역할을 하고 있다. 그림에서 앞머리에 미국을 상징하는 별을 달고 있는 금발의 여신은 한 손에는 계몽을 의미하는 교과서를, 다른 한 손에는 열차 선로를 따라 놓인 전신선을 들고 서쪽을 향해 달려간다.[14] 전신은 1837년 미국인 발명가 새뮤얼 모스Samuel Finley Breese Morse(1791~1872)의 전기 전신 특허를 통해 시작되었는데, 1844년에는 워싱턴 DC와 볼티모어를 잇는 철도를 따라 연결되었다. 그림의 전신선은 동부와 서부를 연결하고 있는데, 이는 미국을 개척하는 데 사용되고 있음을 말해

| 그림 16 | 개스트, 「미국의 진보」(1872)

준다. 또한 왼쪽 중앙의 마차와 화차는 기존의 교통 기관을 대표하는
것이며, 오른쪽 위의 증기선과 오른쪽 벌판의 세 열차는 동부에 있던
미국인들을 태우고 서부로 달려가면서 미국을 개척하고 있다는 느
낌을 갖게 해준다. 그림에서는 가운데 여신이 지나감에 따라 지나간
뒤쪽이 밝게 변화되고 있는데, 이는 황무지 개척과 함께 사회 진보와
계몽 역시 이루어지고 있음을 보여준다.

그런데 철도는 산업화를 가속화함과 동시에 사람들을 변두리로
내모는 역할을 수행하였다. 늘어난 공장 등으로 도시가 오염되자 여
유 있는 이들이 쾌적한 교외로 빠져나가기 시작한 것이다. 부유한
이들은 마차 같은 개인 교통수단을 소유하고 있었으므로, 하층민들

이 몰리지 않는 고요한 교외의 저택에서 귀족 같은 삶을 영위할 수 있었다.[15]

그런데 교외를 찾은 이들이 상류층만은 아니었다. 19세기 중반에 전문직 계층과 노동자들의 수가 크게 늘어나자 이전에 호화스러운 장거리 여행에 주력했던 철도 회사들은 출퇴근 노동자들을 위한 저렴한 단거리 열차를 운영하기 시작했다. 1870년대부터는 주요 도시들을 중심으로 교외 지역까지 전차가 운행되었다. 이와 함께 기차와 전차 선로를 따라 이 노선으로 출퇴근하는 사람들이 거주하는 새로운 교외들이 생겨났다.[16] 기차는 황무지로 그리고 교외로 미국인들을 실어 나르면서 미국을 만들고 있었다.

새로운 시도, 스트림라이너

1920년대에 이르러 자동차와 트럭의 도전에 직면한 열차는 판매량 및 승객 수가 감소하기 시작했다. 반면 20세기 들어 꾸준히 늘어나던 자동차는 1929년에 이르러 2,300만 대를 넘어섰고, 이러한 증가세는 점점 더 가속화되었다.[17] 철도의 개방적인 공간과 비교할 때, 자동차의 내밀한 공간은 20세기 들어 뚜렷해진 미국인들의 개인주의적 성향과 잘 맞아떨어졌다. 또한 자유와 자율의 가치를 중시하고, 그것의 조건으로 이동성을 중요하게 생각했던 미국 사회에서 자동차는 20세기 초 소비 문화의 발전과 함께 계층을 불문한 문화적인 열광을 낳았다. 미국에서 자동차는 효율적인 이동 수단으로서의 가치를 넘어 자아 성취 및 문화적 표현의 하나였고, 자동차를 소유하고 운전하는 것은 운전자의 사회 문화적 지위를 담보하는 것으로 여겨졌다.[18] 더구나 1929년의 대공황은 철도의 상황을 더욱 열악하게 만들었다. 심각한 경제난으로 철도 승객이 크게 줄었기 때문이었다.

이런 상황에서 미국의 철도 회사들은 난국을 돌파하기 위해 호화 고속 철도로 눈을 돌렸다. 보다 빠른 속도로 운행하면서도, 더욱 편안하고 고급스러운 승차감을 제공하는 데 주력한 것이다. 이들은 당시 최신 기술이던 유선형의 스트림라이너Streamliner에 주목했다. 무엇보다도 스트림라이너는 공기의 저항을 줄여 속도를 높일 수 있었다. 여기에 미국 철도 회사들은 엄청난 매연과 함께 시끄러운 소음을 내던 증기기관 대신 조용한 디젤이나 가솔린 엔진을 장착하고, 열차도 무거운 철 대신 가벼운 알루미늄이나 스테인레스로 제작하여 이전에 증기기관 열차에 비해 보다 향상된 승차감을 제공했다. 유니언 퍼시픽 철도Union Pacific Railroad의 'M-10000'과 시카고, 벌링턴, 퀸시 철도 Chicago, Burlington and Quincy Railroad(흔히 벌링턴 철도라 부른다)의 '제퍼 Zephyr'는 스트림라이너 시대를 열었던 대표적인 열차였다.[19]

이러한 열차들이 제2차 세계대전 기간에 군대의 이동과 물자 보급을 위해 사용되면서 철도 회사들의 혁신 전략은 잠시 주춤했다. 그러나 전쟁이 끝나자 철도 회사들은 승객 수송이 아닌 고급 관광 열차에 주력했다. 1950년대에 이미 철도는 자동차 산업과 항공 산업에 뒤쳐져 있었다. 철도 회사들이 생존을 위해 자동차나 항공기로는 경험하지 못할 최고급 관광 여행을 기획했던 것은 바로 이런 상황에서였다. '캘리포니아 제퍼'California Zephyr는 로키 산맥과 네바다 산맥을 경유하며 미국 전역을 돌아볼 수 있는 최고급 열차였는데, 특히 이 열차에는 식당 칸과 침실 칸, 라운지 칸은 물론 전망대Vista-Dome라고 선전했던, 천정이 돔 형태의 유리로 되어 있어 주변 경치를 360도로 감상할 수 있는 2층 칸도 구비되어 있었다.[20] 그러나 이러한 노력에도 불구하고 철도는 1950년대 이후 자동차 산업과 항공 산업에게 단거리 교통은 물론, 장거리 교통까지도 자리를 내어주고 만다.

| 그림 17 | 「내셔널 지오그래픽」에 실린 1952년의 '캘리포니아 제퍼' 광고. 통유리로 둘러싸인 전망대에서 관람하는 가족의 모습이 보인다.

자동차가 만든 교외

19세기 말에 등장한 자동차는 단숨에 사람들의 이목을 끌었다. 18세기 증기기관의 등장과 함께 꾸준히 개인용 증기 차량의 개발이 시도되었으나, 적절한 내연 기관의 발전 없이는 소규모 차량이 상용화되기 힘들었다. 가장 대중적인 교통 수단도 여전히 마차였다. 그러나 19세기 후반이 되자 독일, 영국, 프랑스 회사들을 중심으로 다양한 내연 기관을 장착한 자동차가 개발되기 시작했다. 말 없이 달리는 마차인 자동차는 곧바로 큰 관심을 불러 일으켰다.

문제는 20세기 초까지도 자동차에 적합한 전용 도로가 부재했던 현실이었다. 당시에 자동차를 운전했던 한 이탈리아 운전자의 경험담은 당시 도로의 상황을 짐작케 한다.

> 길에 밀가루 같은 석회 먼지가 5cm의 두께로 깔려 있다. 피아베 골짜기를 게오르크가 달리는데 우리 뒤에서 무시무시한 먼지 뭉치가 만들어졌다. … 이 뿌연 먼지덩이가 위로 솟구쳐서는 끝없이 퍼져 나갔다. 피아베 골짜기 전체가 짙은 안개에 싸인 듯했고, 산꼭대기까지 하얀 구름이 치솟아 골짜기 전체를 뒤덮었다. 우리 때문에 보행자들은 모래바람을 만난 듯 놀랐으며, 물론 그들의 표정은 일그러졌다. 들과 나무가 메마른 분가루로 뒤덮여 세상은 모든 색을 잃어버리고 형체가 없어졌으며, 우리는 이 속에 갇힌 보행자들을 뒤로 하고 계속 달렸다.[21]

그러나 열악한 도로 상황도 자동차에 대한 폭발적인 관심을 막기는 어려웠다. 그리고 그 열광은 모든 것이 갖춰져 비좁은 도로만을 만들 수 있었던 유럽의 전통적인 도시들에서보다는, 광활한 대지에 도시와 도로를 새롭게 만들고 있었던 미국에서 더 강렬했다. 사실 한참 이후까지도 유럽에서는 자동차가 소수의 부유층이나 사용하는 고급 사치품이었다. 더욱이 자전거가 다니던 도로가 자동차를 위한 도로로 바뀌기 시작했으나, 이미 건물들이 늘어선 도심의 도로는 좁을 수밖에 없었다. 이에 반해 미국의 경우에는 도시 자체가 계속해서 새

| 그림 18 | 프랑스 삽화가 루시엥 앙리 바이뤼크Lucien-Henri Weiluc의 작품들. 왼쪽은 자동차 매연을 풍자한 '예술의 자동차'(1902), 오른쪽은 오만한 운전자를 풍자한 1905년 작품

롭게 개발되고 있었고, 광활한 대지의 일부를 자동차 도로로 만드는 것도 어렵지 않았다. 더욱이 1913년에 설립된 포드 사가 자동차 생산라인에 컨베이어벨트 시스템을 도입하고 저렴한 규격품인 T-모델을 생산하면서 자동차의 판매는 급격히 늘어났다. 미국에서 자동차는 사치품이 아니었고, 먼 거리 이동을 위한 필수품일 뿐이었다.

자동차가 급격히 늘어나면서 거주 공간이 독특한 방식으로 재편되었다. 산업 발전과 함께 도심이 과밀해지고 주거 환경이 열악해지면서 도심에서 벗어난 교외 지역이 새로운 주거 공간으로 개발되기 시작한 것이다. 특히, 제2차 세계대전이 끝난 후 전쟁터에서 돌아온 군인들로 인해 주택 수요가 급증하자, 정부가 주택을 지원하면서 교외가 대규모로 발전하였다. 이는 무엇보다도 대부분의 가정이 자동

5.
과학기술이
바꾼 사회

차를 구비하고 있어 도심에서 먼 교외까지 이동할 수 있었던 것에 기인했다. 포드 자동차의 컨베이어벨트에서 동일한 형태의 자동차가 생산되었듯이, 교외의 주택 역시 조립식 건물의 방식으로 동일한 형태의 주택들이 대량 공급되었다. 그 결과, 미국의 도심 외곽에는 비슷한 분위기의 주거 지역이 급속도로 확산되었다.

자동차의 증가는 도시 공간 역시 독특한 방식으로 변형시켰다. 유럽에서는 여전히 기존 도시의 형태와 구조가 고수되었지만, 자동차가 급증하던 미국에서는 자동차 전용 고속도로가 건설되면서 도시 형태가 서서히 변화되었다. 자동차 판매량의 급격한 증가 추세와 전후 미국 경제의 호황이 자동차 전용 고속도로에 대한 지속적인 지원을 가능하게 한 것이다. 그 결과 도시는 도로를 중심으로 새롭게 재편되었다.

| 그림 19 | 영화 「가위손」에서 주인공 에드워드를 돌봐주는 보그스 가족이 사는 교외의 모습. 비슷한 모양의 집들이 일정한 간격으로 들어서 있는 것을 볼 수 있다.

도로에 숨은 정치

이 과정에서 때로는 정치적인 계산이 개입되는 경우들도 있었다. 이를 단적으로 보여주는 사례는 뉴욕의 도시계획가 로버트 모제스 Robert Moses(1888~1981)가 설계한 고속도로들이다. 모제스가 설계한 고속도로는 단순히 자동차가 다닐 수 있는 도로만을 의미하지 않았다. 그것은 그 도로를 누가 이용할 것이며, 누구를 배제할 것인지를 함께 함축하고 있었다. 그는 뉴욕에 고가도로와 고속도로, 다리 등을 설계하면서 버스 같은 대중교통 수단을 배제하고 자동차만을 고려해 건설하였다. 주로 버스를 타고 다니던 흑인이나 하층민들은 특정 지역들로의 출입 자체가 제한되었고, 고가도로나 고속도로로 둘러싸인 할렘 지역은 모든 지역으로의 이동이 막히면서 자연스럽게 해체되었다. 그가 설계한 도로에는 사회적 불평등과 인종적 차별의 의도가 스며들어 있었던 것이다.

이러한 그의 기획은 롱아일랜드 존스 비치Jones Beach로 향하는 자동차 도로의 설계에서 잘 드러났다. 롱아일랜드는 뉴욕 주 동쪽 해안에 위치한 섬인데, 존스 비치를 포함한 해변이 아름다워 뉴욕 시민들의 휴가처로 사랑받는 관광지였다. 모제스는 주로 백인들이 휴가를 즐기던 이곳을 백인들만의 공간으로 만들기 위해 자동차로만 접근할 수 있는 곳으로 바꾸었다. 그는 당시 자동차를 구입하고 유지하기 힘들었던 흑인들이 버스를 타고 롱아일랜드의 존스 비치에 오는 것을 막기 위해 존스 비치로 향하는 유일한 고속도로에 높이가 낮은 고가도로를 200개 가량 설치하였다.[22]

| 그림 20 | 롱아일랜드 존스 비치로 향하는 도로 위 고가. 버스가 지날 수 없을 정도로 낮다.

　모제스가 재편하려 했던 뉴욕은 미국의 다른 도시들에 비해 비교적 오랜 역사를 지닌, 미국의 대표적인 대도시였다. 이미 건물이 들어서고 주거지가 형성된 뉴욕 도심에 자동차 고속도로와 고가도로를 새로 짓는 것은 사실 쉬운 일이 아니었다. 이 과정에서 자동차 도로들은 도시의 여러 지역을 나누고, 에워싸고, 또 관통하면서 도시의 모습과 시민들의 삶에 어떤 식으로든 영향을 미칠 수밖에 없었다. 더구나 자동차 교통을 가장 중요한 우선 순위로 삼았던 모제스가 뉴욕 시를 재편하는 상황에서는 그 영향이 더욱 끔찍할 수밖에 없었다.

　그가 설계했던 로어 맨해튼Lower Manhattan 지역을 관통하는 고속도로는 그것이 실제로 건설되었다면 어떤 결과를 가져왔을지를 생각할 때 너무나 끔찍한 사례 가운데 하나다. 그림 21의 빨간색 고속도로가 실제로 완공되었다면, 맨해튼의 일부 거주지들은 완전히 사라지거나

| 그림 21 | 모제스가 설계한 로어 맨해튼 고속도로 배치도

| 그림 22 | 브롱크스와 퀸즈를 연결하는 쓰로스 넥 브릿지Throgs Neck Bridge를 멀리서 촬영한 사진

분리되었을 것이다.[23] 실제 브롱크스와 맨해튼 그리고 뉴저지를 잇는 거대한 간선도로는 뉴욕을 완전히 새로운 도시로 탈바꿈시켰다. 고속도로가 건설되면서 그 도로에 갇히거나, 혹은 지독한 소음에 짓눌려 계속 살기 어려워진 이들은 모제스와 고속도로를 원망하며 그곳을 떠나났다. 결국, 속도를 얻기 위해 그리고 도시를 재편하기 위해 인간이 선택했던 기술은 그곳의 삶을 특정한 방식으로 규정하고, 제한하며, 결국 지배하고 있었다.

기술이 바꾼 사회

앞에서 살펴보았듯이, 기술은 때로 우리가 사는 공간의 모습과 삶의 속도를 바꾸어 놓았다. 그것은 처음에 놀라움과 신기함을 선사했고, 시간이 지나면서 편리함을 안겨주었다. 하지만, 과거 인간이 누렸던 평안함과 인간다움 그리고 그 속의 고즈넉함은 빼앗아가 버렸고, 그로 인해 한때 경이롭게 보였던 기술은 두려움과 우울 그리고 무력감을 안겨주었다. 인간은 기술을 이용해 자연을 극복하고 지배해갔지만, 동시에 기술에 압도되며 소외되고 있었다.

70세가 가까운 노년에 당시 최신형 기관차였던 파이어플라이Firefly class를 타고 달렸던 터너는 과연 무엇을 느끼고 생각했을까? 터너의 그림을 좀 더 자세히 살펴보면, 증기기관차와 주변의 풍경이 묘한 대조를 이루고 있음을 발견하게 된다. 열차가 지나가는 다리를 중심으로 오른쪽에는 밭을 가는 농부의 모습이 숨겨져 있고, 왼쪽에는 열차를 보며 환호하는 이들과 템즈 강을 건너는 작은 배 그리고 기차가 생기기 이전에 템즈 강을 건너기 위해 사람들이 걸어 다녔을 다리가 배경에 숨어 있다. 자연 친화적인 기술과 그 속의 인간의 모습은 그림 속 부드러운 색채와 어울려 한없이 고즈넉하고 편안해 보인다. 그러나 빗속에서도 여전히 불타는 석탄과 그것으로 달리는 열차는 짙고 어두운 색채와 함께 자연을 거스르는 불안한 형체로 나타난다.

터너의 이 그림에 대한 감상은 평론가들 사이에서도 서로 엇갈린다. 한편에서는 이 그림을 보며 새로운 기술의 열광적인 위력에 대한 흥분을 담았다고 주장한다.[24] 그러나 나에게 이 그림은 「전함 테메레르」와 묘하게 겹쳐 보인다. 그림의 오른쪽 맨 끝 부분 철도 다리 위에는 열차에 앞서 산토끼가 달려가고 있다. 가만히 두면, 이 산토끼가 열차에 깔릴 것은 충분히 짐작할 수 있다. 터너는 왜 이 토끼를 열차 앞에서 달리도록 그렸을까?

풍경화를 주로 그렸던 터너는 노년에 사진의 발명을 목도하였다. 1833년 다게레오 타입daguerreotype의 카메라를 시작으로, 1840년에는 영국인 탤봇Henry Fox Talbot(1800~1877)에 의해 칼로타입calotype 카메라가 개발되었다. 그가 심혈을 기울여 그리는 풍경이 사진을 통해 순간적으로 포착될 수 있음을 알게 되었을 때, 터너의 감상은 어떠하였을까? 기술이 급속도로 발전하면서 인간이 지닌 경험과 장인적 기술들이 쇳덩어리 기계에 의해 무의미해지고 대체될 수 있음을 알게 되었을 때, 그 기술은 터너에게 그저 경이와 환희로만 다가왔을까? 터너의 그림을 보고 있자면, 노년의 터너가 위력적인 기술을 접하며 가졌을지도 모르는 일종의 은밀한 두려움이 느껴지는 것 같다. 이제 이 그림은 과학사가인 나에게 모네의 그림보다도 더 흥미로운 작품이 되었다. 명화는 역시 명화다.

6

과학기술에 대한 두려움

극심하거나, 혹은 막연하거나

나가사키와 히로시마에 핵폭탄이 투하된 이후, 승전국인 미국과 유럽 사회에도 후폭풍이 거세게 몰아쳤다. 시민들은 초기에는 전쟁을 종식시킨 핵폭탄에 열광했다. 하지만, 피폭지의 참상이 점차 알려지면서 핵폭탄의 무시무시한 위력은 엄청난 공포를 불러왔다. 핵폭탄 개발에 관여했던 과학자들도 많은 경우 심각한 자괴감에 시달렸다. 핵폭탄의 과학적 원리와 그 결과를 사전에 알고 있었음에도 불구하고, 실제 핵폭탄이 투하되자 그제서야 자신들의 연구와 욕망이 괴물을 낳았음을 깨달은 것이다.

과학기술의 위험은 곧바로 드러나지 않을 때가 많다. 핵폭탄의 사례에서 볼 수 있듯이 그것은 결국 역사를 통해서만 제대로 파악될 수 있다. 핵폭탄이 처음 사용되었던 때보다 과학기술이 훨씬 더 발전한 사회에 살고 있는 우리는 그 어느 때보다 많은 위험에 노출되어 있다.

과학기술이 우리의 삶에 어떤 영향을 미칠 수 있으며, 그러한 위험에 어떻게 대응해야 하는지에 대해 보다 적극적으로 고민해야 할 이유가 여기에 있다.

전기에서 방사선까지

원자폭탄은 이제껏 인류가 경험했던 어떤 살상 무기와도 차원을 달리 한다. 살상 능력과 피해 범위 그리고 그 지속성에 있어 그 어떤 무기보다 치명적이다. 그런 까닭에 나가사키와 히로시마에서 첫 선을 보인 이후에는 어느 나라도 감히 그 무기를 사용할 엄두를 내지 못하고 있다.

이 무시무시한 원자폭탄을 가능하게 만든 과학적 원리도 애초에는 순수한 과학적 호기심에서 시작되었다. 18세기에 프랜시스 혹스비는 정전기 발생기를 가동시킬 때 공기를 뺀 유리공에서 밝은 빛이 생겨난다는 사실을 발견하였다. 또한 영국의 마이클 패러데이Michael Faraday(1791~1867)는 유리관 속 기체의 기압이 달라질 때 양극 사이에 생겨난 빛의 밝기가 변화하는 것을 발견하였다. 1869년 독일 과학자 요한 빌헬름 히토르프Johann Wilhelm Hittorf(1824~1914)는 진공관에서 생기는 빛이 음극에서 양극 방향으로 직선으로 이어지고 자기장에서는 휘어지는 현상을 발견하였다. 이후 이 선은 음극선cathode ray으로 명명되었고, 그 정체를 밝히기 위한 연구가 활발하게 이루어졌다.[1]

비슷한 시기 미국에서는 토마스 에디슨Thomas Edison(1847~1931)이

이 현상을 이용하여 가스등을 전기등으로 교체하기 위해 전구를 개발하고 있었다. 에디슨은 전구 속 필라멘트가 천천히 타면서도 오랫동안 빛을 내기를 바랐는데, 전구 내부를 진공으로 만들었던 것이 성공을 거두었다. 에디슨은 1879년 탄소 필라멘트 백열등으로 특허를 출원했다. 전구의 상용화를 가로막던 문제는 모두 해결된 것처럼 보였다. 그런데 얼마 안 되어 전구의 유리 안쪽이 검게 변하는 현상이 관찰되었다. 이 문제를 해결하려는 과정에서 1883년 탄소 필라멘트 사이에 금속판을 놓고 필라멘트의 전극에 전기를 가했고, 금속판에도 전류가 흐른다는 사실이 밝혀졌다. 아무런 접촉 없이도 필라멘트 사이의 진공 공간에 전류가 흐를 수 있음이 확인된 것이었다.[2]

음극선과 에디슨의 발견은 많은 물리학자들로 하여금 다양한 선 ray의 정체에 관심을 갖게 만들었다. 1895년 독일 물리학자 빌헬름 콘라드 뢴트겐Wilhelm Conrad Röntgen(1845~1923)은 진공관 내부의 전기 방전 및 음극선에 대해 연구하던 중, 진공관을 감광 물질을 바른 검은 판지로 덮어 놓았더니 판지가 형광 빛을 띠는 것을 발견하였다. 새로운 현상에 당황한 뢴트겐은 관을 교체하며 계속해서 실험하였고, 여전히 동일한 현상이 관찰됨을 확인하였다. 그리고 손을 포함해 여러 다른 물체들을 갖다 대었을 때 뼈나 금속 같은 조밀한 물체가 아닌 경우 그 빛을 막아내지 못함을 발견하였다. 몇 주 간의 연구를 통해 뢴트겐은 자신이 음극선과는 다른 새로운 선을 발견했다고 생각했고, 이를 X-선x-ray으로 공표하였다. 뢴트겐의 논문이 출판되자마자 X-선 발견에 관한 뉴스는 X-선의 강한 투과력이 만들어낸 사진들과 함께 전 세계로 퍼지며 대중의 흥분을 자아냈다. 더욱이 X-

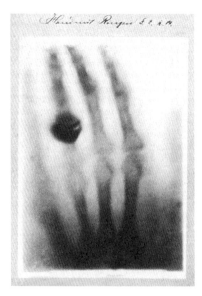

| 그림 1 | 뢴트겐이 부인의 손을 찍은 X-선 사진 (1895)

선은 투과율이 매우 뛰어났고, 음극선과는 달리 자기장에서 휘지 않았으므로, 학자들 역시 X-선이 음극선과는 다른 새로운 선이라고 받아들이며 열광하였다. 이는 뢴트겐의 논문이 발표된 1896년 한 해에만 X-선에 대한 책이 약 50권, 논문이 무려 1,000편이 넘게 출판되었던 것에서도 짐작할 수 있다.[3]

영국의 물리학자 조셉 존 톰슨Joseph John Thomson(1856~1940) 역시 X-선에 관심을 기울였다. 그 것은 주변 기체를 대전시킨다는 점 외에도 자신이 연구하던 음극 선과 관련되어 있다는 점에서 더욱 그의 흥미를 끌었다. 1897년 톰 슨은 음극선이 음의 전기를 띤 입자, 즉 전자의 흐름이라는 사실을 발견하였다.[4] 이후 영국 물리학자 오언 윌런스 리처드슨Owen Willans Richardson(1879~1959) 역시 에디슨이 발견한 현상이 진공 상태에서 자 유전자가 발생하여 나타난 현상임을 입증했다.

음극선과 X-선에 관한 연구가 활발했던 가운데, 1886년 프랑스의 물리학자 앙투완 앙리 베크렐Antoine Henri Becquerel(1852~1908)은 우라 늄에서 어떤 선이 방출됨을 발견하였다. 이 선은 투과율이 높고 통 과하는 기체를 대전시키며 어두운 곳에서 사진 건판을 감광시키는 등 X-선과 유사한 성질을 보였다. 그러나 당시에는 X-선이 큰 관심을 불러일으키고 있었고, 우라늄에서 방출되는 선 역시 X-선과 유사했으므로, 발견 초기에는 크게 주목받지 못했다. 그러다 1889년에 퀴리Curie 부부에 의해 폴로늄과 라듐에서 우라늄 방사선과 유사하지만 더 강력한 어떤 선이 방출되는 것이 발견되면서, 학자들의 비상한 관심을 불러 일으켰다.[5]

학자들의 주된 관심은 다양한 선들의 정체를 밝히는 것이었다. 이를 위해 학자들은 먼저 각각의 선들의 투과율을 조사하거나 전자기장에서 휘는지의 여부 등을 살펴보았다. 일부 학자들은 그 선들이 입자인지 아니면 파동인지에 대해 의문을 품었다. 특히, 1897년 톰슨이 음극선이 전자의 흐름이라는 사실을 밝혀낸 후, 학자들은 방사선 역시 입자들의 흐름에 의한 것이 아닌지를 의심하기 시작했다.

이런 가운데, 어니스트 러더퍼드Ernest Rutherford(1871~1937)는 방사선이 양이나 음의 전기를 띤 입자들이며, 특히 양의 전기를 띤 알파 입자가 방출될 때 방사능 물질 원자의 질량이 감소하면서 새로운 물질로 바뀌는 화학 변화가 일어나는 것을 발견하였다.[6] 이후 물리학자들이 무거운 알파 입자를 원자에 쏘았을 때 알파 입자가 원자 내부의 무언가에 부딪쳐 산란하는 현상을 관찰하면서, 원자 내부의 구성에 대한 의문이 커졌다. 그리고 1911년에 이르러 드디어 원자핵이 발견되었다.[7]

이어서 양의 전기를 띠는 원자핵에 양의 전기를 띠는 알파 입자 대신 다른 입자들을 충돌시키는 실험들이 이루어졌다. 특히 엔리코 페르미Enrico Fermi(1901~1954)는 중성자를 충돌시키는 실험을 통해 원자핵에 대한 이해를 증진시켰다. 페르미의 연구에 자극받은 리제 마이트너Lise Meitner(1878~1968)는 동료였던 오토 한Otto Hahn(1879~1968)과 프리츠 슈트라스만Fritz Straßmann(1902~1980)에게 중성자를 우라늄 핵에 충돌시키는 실험을 제안해 공동 연구하였다. 이후 마이트너가 유대인 박해를 피해 스웨덴으로 이주해 있던 사이 한과 슈트라스만은 연이은 실험을 통해 바륨에서 나오는 느린 속도의 중성자가 우라늄 핵에 충돌하면서 우라늄 핵이 분열되고 여기서 나온 중성자가 다시 연쇄 반응을 일으킨다는 사실을 발견하였다.[8] 이 사실은 1939년 1월 공식 발표를 통해 널리 알려졌고, 몇 달 뒤 4월에는 프랑스의 졸리오 퀴리 팀[9]이 우라늄-238에서 느린 연쇄 반응을 확인하면서 핵에너지 이용을 위한 특허를 출원하였다. 일부 과학자들은 곧바로 원자폭탄 개발의 가능성을 인지했다.[10] 다양한 선들에 대한 과학적 연구를 통해 원자의 구조가 드러나면서, 결국 원자폭탄의 원리까지 밝혀진 것이다.

연극 「코펜하겐」을 통해 보는 보어와 하이젠베르크의 고뇌

과학자들이 원자핵 분열을 통한 폭탄 제조 가능성을 인지하게 된 가운데, 히틀러가 장악하고 있던 독일에서는 1939년 4월 방사능 연구를 위한 '우라늄 클럽Uranprojekt' 프로그램이 시작되었다. 사태가 급박하게 돌아가자, 같은 해 8월 실라르드 레오Szilárd Leó(1898~1964)는 알베르트 아인슈타인Albert Einstein(1879~1955)을 설득해 미국 루즈벨트

대통령에게 독일 과학자들의 원자폭탄 제조 우려를 전달하였다.[11]

이런 상황에서 1939년 9월에 독일이 폴란드를 침공하면서 제2차 세계대전이 시작되었다. 곧이어 행렬역학과 불확정성의 원리를 발견했던 양자역학의 대가 베르너 하이젠베르크Werner Karl Heisenberg (1901~1976)가 우라늄 클럽의 소장이 되며 핵무기 개발에 참여하였다. 독일이 원자폭탄을 개발할 가능성이 현실화되자 루즈벨트 대통령은 곧바로 10월에 우라늄 자문위원회Briggs Advisory Committee on Uranium를 구성하였고, 비슷한 시기 영국에서도 두 사람의 독일 출신 물리학자가 영국 정부를 설득해 1940년 4월에 원자폭탄 연구를 위한 모드 위원회MAUD Committee가 구성되었다.[12]

이렇듯 양쪽에서 원자폭탄 개발을 위한 계획들이 서둘러 진행되던 상황에서, 1941년 9월 독일 원폭 계획의 중심에 서 있던 하이젠베르크가 주위의 의심과 위협에도 불구하고 독일군이 점령한 덴마크의 닐스 보어Niels Henrik David Bohr(1885~1962)를 찾아가는 일이 벌어졌다. 보어와 하이젠베르크는 각각 상보성 원리와 불확정성 원리를 통해 1920년대 코펜하겐 해석을 만들면서 양자역학 연구의 최전선에서 교류하던 인물이었다. 그러나 1941년 코펜하겐에서 만났을 때 그들의 상황은 완전히 달라져 있었다. 하이젠베르크가 독일군에 봉사하는 과학자였다면, 보어는 양자역학계의 세계적 대가로 명백히 독일군에 반하며 연합국 측 학자들과 주로 교류하고 있었다.

자연히 이 만남을 두고 많은 이들이 의문을 제기하였다.[13] 하이젠베르크는 그날 왜 보어를 찾아갔으며 어떤 이야기를 나누었을까? 독일의 원자폭탄 개발 상황을 보어에게 넌지시 알려 연합국 측에 전달하고자 했던 것인가? 그리하여 보어를 설득해 독일과 미국의 원자폭탄 개발을 지연시키려 했던 것인가? 아니면, 연합국 측의 원자폭탄 개발 상황을 파악하기 위한 것이었을까? 만약 하이젠베르크의 방문이 독일과 미국의 원자폭탄 개발 계획을 지연시키기 위한 것이었다면, 하이젠베르크는 전후 독일 측의 주장처럼 일부러 업무를 게을리함으로써 독일의 핵무기 개발을 지연시키며 자신의 양심과 연구 윤리를 지킨 도덕적인 인물이 된다. 반대로 보어를 통해 연합국 측 상황을 파악하려 했다면 독일이 핵무기 개발에 실패한 것은 단지 기술적 여건이 부족했기 때문이며, 하이젠베르크는 전시에 핵무기 개발에 최선을 다했으나 독일이 패전한 후 자신의 연구 윤리 책임을 벗기 위해 자신의 양심을 거슬렀던 기회주의적인 인물이 된다.

영국의 극작가인 마이클 프레인Michael Frayn은 전후 50년간 미국과 독일의 과학사학자들이 고민했던 이 질문들을 가지고, 그날 그들의 만남을 연극으로 재구성하였다. 하이젠베르크의 방문은 과학기술 연구가 개인의 사적인 연구에서 국가의 공적인 연구로 넘어가던 시기, 과학자의 연구 윤리에 대한 고민을 들여다 보기 위한 더없이 좋은 사례이기 때문이다. 1998년 런던 국립극장에서 초연된 이 작품은 2000년 토니 어워드 최우수 연극상을 수상하면서 큰 주목을 받았다. 이후 2000년 브로드웨이의 왕립극장Royale Theatre을 포함하여 전 세계 30여 개국으로 팔려 나갔고, 2002년에는 BBC에서 영상으로 제작되어 BBC와 PBS를 통해 방영되었다. 우리나라에서도 2007년 서울대학교 공과대학 동문들로 구성된 극단 '실극'의 초연을 시작으로, 이후 몇 해에 걸쳐 전문 극단에 의해 공연될 만큼 대중의 관심을 끌었다.

그런데 이렇게 큰 호평을 받은 연극임에도 그 내용이나 구성은 하이젠베르크의 불확정성의 원리만큼 모호하고 불확실하다. 연극에는 하이젠베르크와 보어, 보어의 부인 마그레타 세 사람만 등장하는데, 세 사람의 대화는 같은 배경 장면을 중심으로 계속해서 새롭게 재구성되며 반복된다. 세 사람이 같은 주제를 놓고

| 그림 2 | BBC에서 제작한 「코펜하겐」

계속해서 서로 다른 대답을 하면서 사건이 반복되는 것이다. 따라서 연극을 통해서는 결코 하이젠베르크의 완전한 의도와 그들이 구체적으로 무슨 이야기를 했는지를 파악하기 힘들다.[14]

그러나 하이젠베르크와 보어 그리고 마그레타가 실제로 어떤 대화를 했는지와 상관없이, 그들이 했을 법한 대화 내용을 들여다보는 것은 의미가 있다. 최근 우리 사회에서도 과학기술 연구 윤리에 대한 관심이 매우 커졌다. 그리고 연구 윤리에 대한 고민은 하이젠베르크나 보어 같은 일류 과학자들에게만 국한되는 것도 아니다. 특정 과학기술 연구의 권한이 개인에서 국가로 넘어가던 시기의 과학자의 연구 윤리에 대한 고뇌를 살펴보는 것은 자본주의 사회에서 국가 외에도 다양한 이해집단과 관련을 맺으며 연구에 매진하고 있는 과학기술자들의 연구 윤리에 대해 흥미로운 논의를 제시할 수 있다.

6.
과학기술에 대한
두려움

그 날의 대화

「코펜하겐」의 내용을 좀 더 자세히 들여다 보자. 연극이 늘상 공연되는 것은 아닌지라, 내 경우엔 BBC에서 제작한 영상으로 감상하였다. 이 작품은 원래 2막으로 구성되어 있는데, BBC 영상은 네 부분으로 나누어 살펴볼 수 있다. 우선 첫 번째 이야기는 하이젠베르크가 보어를 방문해 이야기를 나누다 함께 산책을 나간 뒤, 보어가 화를 내고 들어와서는 두 사람이 서먹하게 헤어지는 것으로 마무리된다. 두 번째 이야기에서는 세 사람의 유령이 보어의 집을 배경으로 그날 무슨 대화가 오갔으며, 하이젠베르크의 의도는 무엇이었는지, 보어는 그에 대해 어떻게 이해했는지를 설명한다. 이 부분의 설정에 따르면, 하이젠베르크는 보어를 통해 연합국 측 오펜하이머를 설득해 독일과 연합국 양측 모두가 원자탄 개발을 포기하게 되기를 바랐다. 국가 기밀에 해당하는 독일의 원자탄 개발 연구를 보어에게 알렸던 것도 바로 그런 의도에서였다. 하이젠베르크는 스승이자 아버지와 같았던 보어에게 물리학자가 폭탄 개발을 연구할 도덕적 권리를 가지는지를 질문한다.

> **하이젠베르크:** 그렇죠, 하지만 내가 우리 쪽 프로그램 책임을 계속 맡고 있으면 조만간에 독일 정부는 내게 찾아올 거예요 그래서 계속해야 할지 말지를 내게 물어 보겠죠. 난 그들에게 뭐라 말할지를 결정해야 해요.
>
>   …
>
> **하이젠베르크:** 보어, 난 알아야 해요 난 결정을 내려야 한다고요. 만약 연

238

합국이 폭탄을 만들고 있다면 내가 어떤 선택을 해야 할까요? 독일은 내가 태어난 나라예요. 독일은 지금의 나를 만들어준 곳이고, 내 어린 시절의 모든 면면이 담긴 곳이고, 내가 낙담했을 때 나를 일으켜 준 사람들이 있는 곳이고, 나를 격려해 주고 방향을 잡아준 사람들이 있는 곳이고, 내 심장에 호소한 모든 영혼들이 있는 곳이에요. 독일은 남편을 잃은 내 어머니고 내겐 없었던 남동생이고, 아내예요. 독일은 우리 아이들이라고요! 난 그들을 위해 어떤 결정을 내리는지 알아야 해요.

...

하이젠베르크: 하지만 연합국의 핵 프로그램은 우리가 대화하던 바로 그 순간에도 이미 진행되고 있었어요. 그들이 만들고 있는 폭탄은 우리에게 사용될 예정이었죠.

...

하이젠베르크: 폭탄을 히틀러에게만 떨어뜨리는 것도 아니잖아요 사정반경 내에 있는 모든 사람에게 떨어뜨리는 거였죠. 길거리에 있는 노인과 여자들에게, 어머니와 그 자식들에게요. 당신들이 폭탄을 제때 만들기만 했다면 그들은 내 동료 국민들일 수도 있었어요. 내 아내, 내 아이들, 그럴 계획 아니었나요?

그러나 이에 대해 보어와 마그레타가 받아들인 상황은 달랐다. 당시 독일이 유대인들을 내쫓고, 쫓겨난 유대인 학자들이 연합군과 함께 미국에서 원폭 개발을 하던 상황에서, 하이젠베르크가 갑자기 나타나 연합국 측 원폭 개발을 말려달라고 보어에게 부탁했던 것은 그들에게 어처구니없는 일로 여겨졌다.

마그레타: 아뇨, 그가 화를 낸 건 이해하기 시작했기 때문이예요. 독일은 최고의 물리학자 대부분을 유대인이라는 이유로 몰아내 버렸어요. 미국과 영국이 그들에게 피난처를 제공했죠. 이제 이 일은 연합국에게 구원의 희망이 되는 듯 보였어요. 그와 거의 동시에 당신이 나타나 닐스에게 울부짖으면서 그들이 포기하도록 설득해 달라고 애원하다니.

보어: 마그레타, 표현을 좀 삼가해야 할 것 같소.

마그레타: 하지만 가증스러워요 정말 숨이 막힐 정도로.

이야기는 여기서 끝나지 않고, 세 사람은 세 번째 이야기에서 다시 그날의 대화를 새롭게 시작한다. 여기에서 마그레타는 하이젠베르크가 방문한 것이 자신의 지위를 과시하려고 온 것으로 이해한다.

마그레타: 1924년에 처음 왔을 때 그는 보잘것없는 보조강사였죠. 굴욕을 당한 나라 출신으로 직장을 얻은 것만도 감사하는. 이제 그는 의기양양하게 돌아왔어요. 유럽 대부분을 정복한 국가의 지도적 과학자로서요. 그는 자신이 인생에서 얼마나 성공했는지 보여주려고 온 거예요.

보어: 이건 당신답지 않구려.

마그레타: 미안해요, 하지만 여기에 온 이유가 정말 그거 아닌가요? 자기가 중요한 비밀 연구의 책임을 맡았다는 걸 알려주려고 안달이 나서? 그러면서도 … 자신이 고상한 도덕적 독립성을 유지하고 있다는 걸 알려주려고? 그게 너무나 유명해진 나머지 게슈타포의 감시를 받는 신세가 됐고 독립성 유지에 너무나 성공한 나머지 이제는 멋지게 중요한 도덕적 딜레마까지 짊어지게 되었다고 말예요.

...

마그레타: 그리고 당신은 나치에게 이론물리학이 얼마나 유용할 수 있는 지 보여주고 싶었죠. 독일 과학의 명예를 살리고 싶었던 거예요. 당신은 그 곳에서 전쟁이 끝나자마자 독일 과학의 모든 영광을 되살리고 싶었어요.

...

마그레타: 플루토늄을 만들어낸다는 얘기요? 그랬죠. 왜냐하면 당신은 나 치가 거대한 자원을 쏟아부었는데도 당신이 폭탄을 못 만들어내는 건 아 닐까 두려워했으니까. 제발 당신이 저항의 영웅이라는 이야기는 하지 말 아줘요.

그러면서 보어와 마그레타는 하이젠베르크가 당시 원자폭탄을 개 발할 만한 구체적인 과학적 이해나 계산이 부족했다고 주장한다. 하 이젠베르크가 히로시마 폭탄의 연쇄 반응을 지탱하기 위한 임계질량 이 얼마였는지를 제대로 계산하지 못했으며, 우라늄-235의 확산 방 정식을 만들지도, 그 확산 속도를 계산하지도 않았다는 것이다.

불확정성의 원리와 미궁에 빠진 이야기

이야기가 점점 더 미궁으로 빠져 들어가는 가운데, 네 번째 이야기에 서 세 사람은 그날의 진실에 대해 마지막으로 다시 한 번 더 이야기 한다. 여기에서도 하이젠베르크는 우라늄-235의 확산 속도를 계산 할 생각도 하지 않은 모습으로 등장한다. 우라늄-235가 주어졌어도 그것으로 폭탄을 만들 만한 지식이 부족했다는 것이다.

그러나 네 번째 이야기에서 프레인이 정말로 강조하고 싶은 것은 불확정성의 원리다.[15] 하이젠베르크는 스물여섯 살의 젊은 나이에 양자역학의 중요한 개념인 불확정성의 원리를 발견하였다. 그는 관찰하는 과정에서 다양한 입자나 파동을 지닌 선이 관찰하려는 물체에 충돌할 때 그러한 관찰 행위 자체가 관찰 대상에 영향을 미쳐 대상 물체의 위치나 모멘텀과 같은 정보를 확실하게 알아내는 것이 불가능하다고 보았다. 즉, 관찰이라는 행위가 관찰의 대상에 영향을 미친다는 것이었다.

프레인은 바로 이 점을 강조하면서, 그날 구체적으로 무슨 일이 있었는지에 대해 절대적으로 확실한 지식은 결코 알아낼 수 없다고 주장한다. 동시에 그 만남은 보어와 하이젠베르크에게 충격을 미쳐 그들의 이후 궤적에 영향을 미쳤다고 설명한다. 만남 이전에 원자폭탄에 대해 전혀 관심을 가지고 있지 않았던 보어가 만남 이후 스웨덴을 거쳐 로스 알라모스로 가서 연합국 측 원폭 제조에 기여했다면,[16] 원자폭탄을 개발하고 있던 하이젠베르크는 만남 이후 개발에 적극적으로 임하지 않아 결국 수많은 생명을 지켜낼 수 있었다는 것이다.

또한 프레인은 이 연극의 상연과 그것이 불러일으킨 파장 역시 하이젠베르크와 보어 가족에게 영향을 미쳤다고 이야기한다. 독일이 패전한 후 원자폭탄 개발을 진두지휘했던 하이젠베르크에게 의혹의 시선이 집중되었다. 많은 이들이 제2차 세계대전 동안의 그의 연구와 행적에 대해 의구심을 가졌고, 정부 기관의 조사와 질의가 이어졌다. 하이젠베르크는 자신이 원자폭탄 제작에 적극적으로 임하지 않았으며 일부러 작업을 질질 끌었다고 주장하였다.[17] 사실 많은 이들이 그가 1941년 보어를 만나러 코펜하겐에 갔던 이유는 연합국 측 원자폭탄 프로그램에 대한 정보를 얻기 위해서였을 거라고 의심하였다. 그러나 하이젠베르크는 자신의 의도는 자신의 노력에 더해, 보어의 중재를 통해 원자폭탄 개발을 막으려고 한 것이었다고 주장하였다.[18]

하이젠베르크가 자신의 견해를 직접적으로 피력한 것과는 달리, 보어는 자신의 의견을 직접적으로 내보이지 않았다. 보어는 전후 하이젠베르크가 그날의 만남에 대해 자신의 의견을 피력하였을 때, 공개적으로 반박하지 않고 개인적인 서신을 작성하였다. 그러나 여러 번 다시 쓰고 고치는 과정에서 보어는 결국 하이젠베르크에게 그 편지를 보내지 않았고, 그 편지를 코펜하겐에 있는 자신의 문서 보관고에 넣어 보어의 사후 50년 동안 공개하지 않기로 결정하였다. 그런데 프레인의 연극이 큰 관심과 논쟁을 불러일으키면서 보어 가족은 그동안 비공개된 편지를 공개하기로 결정했다.

보어의 편지에 의하면, 당시 하이젠베르크는 크게 두 가지 점에서 보어의 심기를 건드렸다. 우선 하이젠베르크는 독일에 점령된 덴마크의 지도적 과학자인 보어를 찾아와 독일과 덴마크가 우호적인 관계로 발전하는 데 협조해달라고 요청했던 것으로 보인다.[19] 굳이 이런 일에 하이젠베르크가 나선 이유와 관련해서는 두 가지를 생각할 수 있다. 먼저 그는 당시 자신의 과학적 연구와 지위에 대해 상당한 자신감을 가지고 있었다. 당시 독일 군대는 승승장구하고 있었고, 하이젠베르크는 히틀러 정부의 최고 과학자로서 조국 독일에 기여할 준비가 되어 있었다.

6.
과학기술에 대한
두려움

다른 한편으로, 그는 독일의 유대인 탄압에 대해 반감을 지니고 있었다. 이러한 태도로 인해 독일 정부로부터 사상에 대한 의심을 받았고, 그에 대한 조사가 이루어지기도 했다. 이런 그가 독일 정부로부터 세계적인 과학자였던 보어를 회유하는 임무를 부여받았으니, 하이젠베르크로서는 정부의 신뢰를 얻기 위해 자신의 태도를 적극적으로 표현할 필요가 있었다.[20] 그러나 이러한 하이젠베르크의 행동은 한때 스승이었던 보어를 경악하게 만들었다. 덴마크의 대표적 과학자이자 자신의 어머니가 유대인이었던 보어로서는 독일과 덴마크의 유대를 위해 노력해 달라는 하이젠베르크의 제안이 굴욕으로 여겨졌던 것이다.

보어를 분노케 했던 또 다른 이유는 원자폭탄 제조와 관련된 것이었다. 보어에 따르면, 하이젠베르크는 자신이 원자폭탄 제조와 관련된 핵물리학의 지식들을 완전히 이해하고 있음을 보어에게 알렸던 것으로 보인다. 하이젠베르크는 전후 자신이 코펜하겐을 방문한 의도를 소개하면서, 독일 물리학자들이 빠른 시일 내에 원자폭탄을 제조하는 것은 사실상 거의 불가능하다는 점을 들어 나치 정권을 설득하려는 계획을 보어에게 알리고 싶었다고 밝혔다.[21] 그러나 하이젠베르크는 실제로는 그런 의견을 보어에게 전달하지 않았다. 대신 보어가 썼던 편지에 따르면, 하이젠베르크는 원자폭탄이 만들어지면 전쟁이 곧바로 종결될 수 있을 것이라는 점을 보어에게 분명하게 전달하였다.[22]

다른 한편 자네가 내게 이 전쟁이 지속된다면 원자폭탄으로 승패가 결정날 것이라는 말을 꺼냈을 때, 내가 받았던 인상을 분명하게 기억하네. 나는 이 말에 전혀 반응을 보이지 않았지. 하지만 자네는 그것을 의구심의 표현이라고 생각했는지, 자네가 지난 몇 년간 이 문제에 천착했고, 그 가능성에 대해 확신한다고 말했네. 하지만 자네는 독일 과학자들이 사태가 그렇게 흘러가는 것을 막기 위해 어떤 노력을 하고 있는지 전혀 내비치지 않았어.[23]

이는 독일에 의해 자신의 조국이 점령된 보어를 경악시키기에 충분했다. 그날의 진실에 대해서는 어느 누구도 절대적으로 확신하기 어렵다. 하지만, 하이젠베르크와 보어가 처했던 상황은 그날의 사건이 두 사람의 만남으로 그치지 않고, 두 사람의 문제를 넘어서게 만들었다.

난 자네에게 이 말을 하는 것이 내 의무라고 생각하는데… 자네의 기억이 얼마나 자네를 속였는지를 보고 난 크게 놀랐다네. 그 대화는 내게 분명한 인상을 심어 주었어. 독일에서는 자네 지도하에 원자무기 개발을 위한 만반의 준비가 진행 중이라는 것과… 난 아무 말 없이 듣고 있었지. 인류에게 중대한 문제가 걸려 있었고 그 속에서 우리는 개인적 우정에도 불구하고 양측의 대표자로 간주되어야 했으니까.[24]

연구 윤리 문제 외에도 이 작품이 대중에게 강렬한 여운을 전하는 것은 세 사람의 고뇌와 그들의 서글픈 인연에 대한 안타까움이다. 제2차 세계대전이 발발하지 않았다면, 어느 누구보다도 절친한 스승과 제자 사이로 남아 양자역학 연구에 매진하였을 그들이었다. 그러나 전쟁의 소용돌이 속에서 그들은 마지막 남은 귀중한 시간을 정치와 윤리 문제 등을 고민하는 데 오롯이 바쳤다. 또한 코펜하겐에서의 한 차례의 만남 이후 그들은 각자의 자리에서 서로에 대해 배신감을 느끼고, 귀중한 이를 잃은 박탈감에 슬퍼하며, 또한 그리움에 사무친 채로 과거를 회고하며 그들의 삶을 마감하였다.

프레인은 이 연극을 통해 이 두 과학자들에 대해 도덕적 판단을 내리기 전에 먼저 그들에 대해 이해할 것을 주문한다. 그날 구체적으로 무슨 이야기를 했는지보다는 그들이 당시 얼마나 고뇌하고 있었는지에 주목하기를 바라는 것이다. 하이젠베르크와 보어가 연구를 시작하던 즈음, 물리학 연구는 개인의 순수한 진리 추구의 영역에 있었다. 같은 연구 주제를 탐구하던 학자들은 경쟁자이기 이전에 동료였다. 같은 스승 밑에서 서로 토론하고 도움을 주고받으면서 해당 분야의 진리를 탐구하고 나누던 이들이었다. 그러나 전쟁이 벌어지면서 물리학자들은 자신의 의지와는 상관없이 국가 기밀 기술 개발에 동원되었다. 그리고 그들은 새로운 이해관계에 휘말리면서 이전과는 다른 연구 방식을 요구받았다. 이제 더 이상 과학기술 연구는 다양한 이해관계와 무관하기 힘들어진 것이다.

오페라 「닥터 아토믹」을 통해 보는 오펜하이머의 고뇌

「코펜하겐」이 독일의 원자폭탄 개발을 둘러싼 유럽 과학자들의 고뇌를 그린 작품이었다면, 그 반대편에는 연합국의 원자폭탄 개발을 담당했던 미국 과학자들의 고뇌가 있었다. 미국에서 원폭 개발을 논의하고 있던 1941년 12월 일본이 진주만을 공습했고, 독일도 미국에 전쟁을 선포하면서 미국이 본격적으로 전쟁 당사자가 되는 상황이 벌어졌다. 미국에서는 곧바로 원자폭탄 개발을 위한 S-1 프로젝트가 승인되었다. 원자폭탄 개발 계획이 서둘러 준비되었고, 1942년 8월 드디어 맨해튼 프로젝트Manhattan project가 가동되었다.

맨해튼 프로젝트가 본격적으로 진행되면서 줄리어스 로버트 오펜하이머Julius Robert Oppenheimer(1904~1967)가 원자폭탄 제조와 관련된 과학기술적 문제들을 담당하는 로스 알라모스 연구소Los Alamos National Laboratory의 소장으로 부임하였다. 오펜하이머는 젊은 시절 미국 하버드 대학교, 영국 케임브리지 대학교, 독일 괴팅겐 대학교에서 핵물리학 및 양자역학을 공부하였다. 1942년 1월부터는 고속 중성자 연구 책임자로 S-1 프로젝트에 참여하였으며, 여기서 리더로서의 능력을 발휘하여 로스 알라모스 연구소의 소장으로 임명되었다.

그런데 오펜하이머의 지휘 아래 원자폭탄 개발이 거의 완성되어 가던 즈음, 과학자 그룹 내에서는 서로 다른 의견들이 제시되었다. 무엇보다도 1944년 첩보를 통해 독일의 핵무기 개발이 사실상 불가능하다는 사실이 알려지면서 과학자들이 동요했던 것이 그 계기가 되었다. 애초 핵무기를 개발하기로 한 이유는 독일의 핵무기 개발 가능성 때문이었다. 그 위협이 사라진 이상, 핵무기 개발을 지속할 이유가 없어진 셈이었기에 일부 과학자들을 중심으로 핵무기 개발을 중단하자는 목소리들이 나타나기 시작했다.

반면, 오펜하이머를 비롯한 일군의 학자들은 핵무기 개발을 계속해야 한다고 생각했다. 그들이 보기에 핵무기는 결국 누군가에 의해 제조될 것이 분명했다. 그렇다면 원자폭탄을 먼저 보유하는 것은 국가 안보를 위해 매우 중대한 문제일 뿐만 아니라, 전후의 평화를 유지하는 데도 결정적인 역할을 할 수 있는 것이었다.[25]

의견이 갈리던 상황에서도 원자폭탄 개발은 계속되었다. 첫 실험이 이루어지기 직전의 두려움과 초조함은 2005년에 상연된 오페라 「닥터 아토믹Doctor Atomic」에서 잘 드러난다. 오페라 1막의 배경이 되는 1945년 6월에는 한 달 전인 5월에 독일이 이미 항복하여 원자폭탄 개발의 목적이 사라진 상태였다. 로스 알라모스에서는 원자폭탄 개발을 계속해야 하는지를 두고 논란이 있었는데,[26] 오페라에서는 에드워드 텔러Edward Teller(1908~2003)가 그러한 회의를 대변하여 원자폭탄이 얼마나 끔찍한 무기인지를 설파한다. 그러고는 원자폭탄에 대해 알고 있는 유일한 이들인 과학자들이 그 실상을 사람들에게 알

| 그림 3 | 「닥터 아토믹」의 한 장면. 원자폭탄 모형을 사이에 두고 과학자들이 논쟁을 하고 있다.

려주어야 한다는 실라르드의 편지를 읽어가며 노래를 부른다.[27] 로버트 R. 윌슨Robert Rathbun Wilson(1914~2000) 역시 원자폭탄을 떨어뜨리기 전에 일본에게 통보함으로써 그들이 선택할 수 있도록 하는 것이 인도주의 국가인 미국이 취해야 할 임무라고 이야기한다.

그러나 엄청난 재원을 투자한 계획이 막바지에 갑자기 중지되기는 힘들었다. 극 중의 오펜하이머는 윌슨이나 텔러의 주장을 정치권이 받아들이지 않을 것이라고 이야기하며, 원자폭탄 실험은 계속되어야 한다고 설득한다. 첫 번째 원자폭탄 시험을 앞둔 상황에서 사람들은 제각각 불안과 회의를 드러낸다. 일부는 실험이 도중에 잘못되어 원자핵 분열의 연쇄 작용을 통해 대기의 공기와 반응하게 된다면 단지 실험이 이루어지는 뉴멕시코뿐만 아니라 지구 전체에 영향을 미칠 수 있다고 주장한다. 또 다른 일부는 실험 자체가 성공하지 않을 것이라며 회의적인 견해를 내비친다.

2막 3장에 이르면, 원자폭탄이 터지기 직전의 상황이 전개된다. 텔러는 원자폭탄의 위력과 관련하여 과학자들 사이에서 내기가 있었다고 전하며, 오펜하이머에게 폭탄의 위력이 어느 정도 될 것 같으냐고 묻는다. 오펜하이머는 TNT 폭약 300톤 가량의 위력일 것이라고 대답한다. 텔러는 적어도 TNT 2만 톤 정도는 될 것이며, 자신은 대략 4만 5,000톤가량의 위력일 것으로 내기를 걸었다고 이야기한다. 실제 히로시마에 떨어진 원자폭탄이 1,500톤이었고, 나가사키에 떨어진 원자폭탄이 2,000톤가량이었음을 감안하면, 오펜하이머의 예상치는 한참을 밑도는 것이었다. 그런 가운데 오페라는 마지막 카운트다운으로 넘어가고, 침묵과 함께 무대가 마무리된다.

오페라에서 오펜하이머는 왠지 모를 불안감 속에서도 원자폭탄 제
조 및 실험을 반대하지 않고 계속 추진하는 모습으로 등장한다. 그
런데 원자폭탄의 위력이 TNT 300톤일 거라 예상했던 것에서 짐작
할 수 있듯이, 실제 원자폭탄의 위력을 체험하고 난 뒤 그의 태도는
달라졌다. 이전에 그는 원자폭탄과 관련된 논의는 정치권에서 알아
서 할 일이고, 그쪽에서 난 결론을 과학자들이 바꿀 수는 없다고 생
각했다.[28] 그러나 히로시마와 나가사키에 떨어진 폭탄의 위력과 아
무런 이유 없이 죽거나 다친 일본 시민들의 실상을 알게 된 후 생각
이 바뀌었다. 히로시마와 나가사키에서 원자폭탄으로 사망한 이들
은 20만 명이 넘었다. 그 이전의 어떤 폭탄과도 비교할 수 없는 수준
이었다.

　오펜하이머는 1945년 10월 로스 알라모스의 소장직을 사임하고
칼텍 교수로 복귀하였다. 그러면서 다양한 통로를 통해 핵무기에 대
한 우려를 전달하고, 적절한 핵무기 통제를 위한 생각과 태도의 변화
를 촉구하였다. 정치권에는 이제 더 이상 전쟁 무기 연구에 과학자들
을 동원하지 말라고 촉구하였다. 트루먼 대통령을 만난 자리에서는
"내 손에 피가 묻어 있는 것 같습니다"라고 말하며 핵무기 기술을 국
제적으로 통제하여 핵무기가 확산되지 않도록 해달라고 요청했다.
또한 대중들을 만나는 자리에서는 핵무기가 얼마나 끔찍한 물건이
며, 그것을 보유한다는 것이 얼마나 큰 변화를 의미하는지를 설파하
였다.[29] 1947년부터는 대통령 직속 원자력 자문위원회의 의장으로 활

동하면서 원자폭탄의 신중한 관리와 평화적 이용을 강조하였다.[30]

그런데 1949년 8월에 소련이 원자폭탄 실험에 성공하자, 미국에서는 더 강력한 핵무기 개발을 요구하는 목소리들이 커졌다. 텔러를 위시한 일부 과학자들은 과학의 발전과 소련에 대한 미국의 절대적 우위를 위해서라도 수소폭탄 개발을 서둘러야 한다고 주장하였다. 반면 오펜하이머는 수소폭탄을 개발한다고 해도 결국 소련 역시 개발하게 될 것이므로, 과도한 군비 경쟁이 지속되는 가운데 인류는 치명적인 상황으로 나아갈 수 있다고 생각했다.[31]

오펜하이머가 수소폭탄에 반대하던 당시의 정세는 점점 그에게 불리하게 돌아갔다. 1947년 소련이 동유럽 국가들을 점령했고 1949년에는 중국이 공산화되었다. 더구나 소련의 원자폭탄 개발이 공산주의자들의 스파이 활동과 연계되어 있다는 사실이 드러나던 무렵인 1950년 2월에는 상원의원 조지프 매카시Joseph McCarthy(1908~1957)가 의회 안의 공산주의자들의 존재를 폭로했다. 이후 매카시즘McCarthyism이라고 불리는 반공산주의 열풍과 함께 공산주의와 관련된 것이면 사소한 것 하나까지도 조사되고 의심받기에 이르렀다. 여기에 더해 1950년에 발발한 한국전쟁은 이전까지 주저했던 과학자들로 하여금 수소폭탄 개발로 돌아서게 하는 데 결정적인 역할을 했다.

수소폭탄 개발을 반대했던 오펜하이머는 곧바로 사상적으로 의심받기 시작했다. 1950년 봄부터 FBI와 반미 활동 조사 위원회 그리고 법무부 등이 주축이 되어 오펜하이머를 감시하고 조사했다. 또한 오펜하이머에 대해 불리한 증언을 하는 고발자가 나타났고, 원자력 에너지 위원회의 오펜하이머 보안 파일이 검토되는 등 그에 대한 공격이 준비되었다. 1953년 12월, 원자력 에너지 위원회의 주도 아래 오펜하이머가 소련의 간첩이라는 고발장이 접수되었고, FBI는 공산주의와의 관련 여부를 조사한다는 이유로 그를 소환했다.[32] 이 과정에서 오펜하이머는 수소폭탄 개발을 반대했던 사실에 더불어, 젊은 시절(1936~1942) 공산주의에 관심을 기울였던 정황과 동생 및 옛 애인의 공산주의 이력 등이 드러나면서 공산주의자로 몰릴 위기에 처했다. 오펜하이머는 자신의 무고함을 밝히고 명예를 되찾기 위해 청문회에 임했다. 그러나 오펜하이머에 반대하는 이들로 구성된 청문위원들에게는 이미 결론이 내려져 있었다. 1954년 4월과 5월에 걸친 청문회 이후 오펜하이머는 모든 공직을 박탈당하고 일개 대학 교수로 전락하기에 이르렀다.[33]

농락당한 현실과 「J. 로버트 오펜하이머 사건」

오펜하이머에게 커다란 정신적 충격을 안겨 주었던 청문회 사건은 이후 독일의 극작가 하이너 키파르트Heinar Kipphardt(1922~1982)에 의해 기록극으로 재조명되었다. 제목 자체가 「J. 로버트 오펜하이머 사건In der Sache J. Robert Oppenheimer」(1963)인 이 작품은 오펜하이머가 청문회를 치르던 한 달 동안에 이루어진 사건을 소재로 삼아 당시의 기록을 생생하게 들려준다. 이 작품에서 키파르트는 오펜하이머로 대변되는 물리학자들의 비극적 상황과 갈등을 청문위원들과 오펜하이머의 변론을 통해 흥미롭게 풀어내었다. 이 작품은 1960~70년대 독

일에서 유행한 기록극(나치 지
배나 유대인 박해 그리고 원폭 제조
와 같은 현대사의 중요한 사건들의
실상을 관객들에게 왜곡 없이 전달
한다는 취지로 발전한)의 유행과
함께 세계적인 주목을 끌었다.

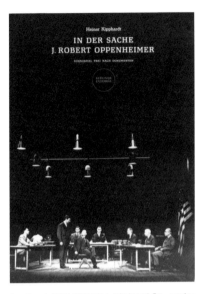

　그런데 이 작품이 사람들
의 주목을 받으면서 키파르트
와 오펜하이머를 비롯한 청문
회 당시의 실제 인물들 사이
에서 갈등이 빚어졌다. 작품
은 오펜하이머를 비극의 주인

| 그림 4 | 독일 베를리너 앙상블의 「J. 로버트
오펜하이머 사건」 공연(1965)

공으로 묘사해 그를 변론하였으나, 정작 오펜하이머 자신은 내용의
일부가 사실과 일치하지 않는다는 점을 들어 불만을 표출하였다. 과
학자인 그에게 사실과 사실이 아닌 것의 경계는 분명했다. 그는 청문
회는 비극이라기보다는 일종의 코미디였으며, 자신의 변호사는 극과
는 달리 청문회 중간에 참여하였고, 극중 최후 진술도 청문회 당시에
는 없었던 사건이라는 점 등을 들며 극 중 내용의 사실 여부를 두고
문제를 제기하였다.[34]

　이에 대해 키파르트는 기록극이라는 장르의 예술적 측면을 강조
하였다. 제한된 분량의 극 안에 역사적 사실들을 그대로 담기는 힘들
며, 의미 있는 내용을 전달하기 위해 기록 자료들의 배타적인 선택과
적절한 편집 및 배치 등은 필수 불가결하다고 주장하였다. 그러면서

6.
과학기술에 대한
두려움

사실과 다른 세부적인 문제들에 대해서는 공연 전에 미리 성명을 내어 사실 관계를 충분히 전달하겠다고 설득하였다. 오랜 공방 끝에 오펜하이머는 1965년 12월에 이르러 키파르트의 견해를 수용하며 앞서의 비판을 철회하였다. 「J. 로버트 오펜하이머 사건」의 미국 공연은 1967년 5월 로스앤젤레스에서 이루어졌는데, 이것은 1967년 2월에 오펜하이머가 후두암으로 사망한 후였다.[35]

키파르트의 「J. 로버트 오펜하이머 사건」은 과학기술 연구의 이면에 정치적인 이해관계들이 어떻게 개입되고, 그 과정에서 과학자가 어떻게 농락되고 희생될 수 있는지를 잘 보여준다. 오펜하이머의 삶은 한 편의 영화처럼 드라마틱한 점이 있었다. 그는 인류 최초의 원자폭탄 개발을 이끌었던 과학자로, 프린스턴 대학교 고등연구소 소장과 미국물리학회 회장 등을 거치며 미국 물리학계 최고의 지위에 있었다. 그러나 히로시마와 나가사키에 원폭이 투하된 한 후 스스로의 과학적 소신으로 수소폭탄 개발을 반대하였고, 그 결과 공산주의자로 몰려 모든 공직에서 쫓겨나는 등 그동안 쌓아올렸던 명예를 하루아침에 잃고 말았다. 청문회는 그에게 큰 충격을 안겨 주었다. 그는 만성적인 두통에 시달리다 후두암으로 죽었다.

최고의 과학자인 오펜하이머가 정부 정책 결정 과정에서 자신의 소신을 밝혔다는 이유로 완전히 추락하였다는 사실은 후세대 과학자들에게 큰 영향을 미쳤다. 자신의 연구가 전쟁에 관련되고 정부에 의해 응용 연구를 하도록 임명된 것이라면, 그의 연구는 이제 더 이상 그의 것이 아니었다. 그것은 그저 국가의 전쟁 연구에 종속될 수밖에 없는 것이었다.

제2차 세계대전 직후 미국 사회가 바라본 원자폭탄

과학자 사회가 원자폭탄의 실상과 그 위험성을 두고 의견이 갈리며 논쟁하던 사이에도 대중들은 원자폭탄에 대해 여전히 잘 모르고 있었다. 처음에는 원자폭탄이 전쟁에 나갔던 남편과 동생이나 아들을 다시 찾아준 고마운 존재였고, 미국의 자랑이었다. 원자폭탄 개발과 관련된 지역의 신문사들은 앞 다투어 자신들의 도시와 원자폭탄을 연결지었고, 오펜하이머나 그로브즈 장군 같은 인물들을 치켜세웠다.[36] 1945년에 나온 대중가요 '원자폭탄이 떨어졌을 때When The Atom Bomb Fell'는 일본의 끔찍한 참상을 두고 당시 미국인들이 어떤 생각을 하고 있었는지를 보여준다. 정치나 전쟁에 무관한데도 원자폭탄에 희생된 사람들에 대한 인도주의적인 태도는 찾기 힘들었고, 그저 미군들이 살아 돌아온 데 대한 안도만 있을 뿐이었다. 일반 시민들은 그저 국가와 언론이 이끄는 대로 설득되고 있었다.

오, 큰 소리로 솟아올라 구름 갈랐네.

그리고 집들은 사라져 버렸어.

또 커다란 빛 덩이, 일본을 공포로 채웠네.

그들은 그게 자신들의 심판의 날이라고 생각했어야 해.

연기와 불이 도쿄 땅을 헤쳐 갈랐네.

유황과 먼지가 온통 가득했네.

모든 걸 치우고 나면, 잔인한 일본인들이 쓰러져 있겠지.

우리 전사들의 기도에 대한 응답이야.
오 주여. 우리 전사들의 기도에 대한 응답이여.

참호엔 불신자가 하나도 없었네.
그리고 전에 결코 기도하지 않았던 이들
지치고 핏발 선 눈, 하늘로 들어 올려
또 주께 기도했지, 저 끔찍한 전쟁 끝내달라고.

그들은 그에게 자신의 집과 사랑하는 이들에 대해 말했지.
그들은 그들이 거기 있기를 바란다고 말했어
믿어. 히로시마를 강타한 폭탄은
우리 전사들의 기도에 대한 응답이었어.

연기와 불이 도쿄 땅을 헤쳐 갈랐네.
유황과 먼지가 온통 가득했네.
모든 걸 치우고 나면, 잔인한 일본인들이 쓰러져 있겠지.
우리 전사들의 기도에 대한 응답이야.
오 주여. 우리 전사들의 기도에 대한 응답이여.

　　제2차 세계대전 이전까지만 하더라도, 오랜 역사와 문화를 자랑
하는 유럽의 선진국들에 비해 이민자들이 개척한 미국은 여러 면에
서 뒤쳐져 있었다. 전문적인 연구자가 되려는 이들은 미국 대학을 나
온 뒤 독일, 프랑스, 영국, 이탈리아 등지로 유학을 떠났고, 그곳의 선

진 문물과 지식을 배우고 돌아와 미국 대학을 유럽과 같은 연구 대학으로 발전시키고자 고군분투하고 있었다. 그런 미국에서 전 세계에서 유일하게 원자폭탄과 수소폭탄이 잇달아 개발되었던 것이다. 제2차 세계대전 이후 미국은 최강대국의 반열에 올랐고, 세계적인 과학자들의 이민과 함께 세계 최고의 과학기술 역량을 지니게 되었다. 과학기술에 대한 미국인들의 긍지는 대단할 수밖에 없었다.

그 결과 1945년 이후에는 뉴스나 드라마, 대중가요 등에서 원자폭탄이나 수소폭탄이라는 단어가 수시로 등장했다.[37] 미국인들에게 원자폭탄이나 수소폭탄은 미국의 자랑이었고, 지겨운 전쟁을 단번에 끝낼 수 있었던 보물이었다. 주머니에서 아무리 세금이 새어나가도 감내할 수 있는 대상이었고, 연인을 향한 사랑에 비유될 만큼 폭발적으로 강렬한 존재였다.

이 시기 미국에서는 TV나 라디오를 틀기만 해도 혹은 학교든 상점이든 거리에서든 어디에서나 쉽게 원자폭탄에 관해 접할 수 있었다. 「라이프」나 「타임」 같은 잡지들은 저명 물리학자들과의 인터뷰를 통해 원자폭탄에 대한 두려움은 근거 없는 것이라고 설득했고, 원자폭탄과 원자력 에너지를 인류 진보와 평화의 상징으로 내세웠다.[38] 상점에서는 원자폭탄 반지Lone Ranger Atomic Ring가 사은품으로 들어간 콘프레이크가 판매되었고, 일본 열도에 원자폭탄을 투하하는 보드게임Atomic bomb game이 만들어졌다.[39] 원자폭탄이 터질 때 생기는 버섯구름은 여성들이 쓴 모자에도 올라갔고, 수영복 장식에도 쓰였으며, 축하 파티의 케이크에도 사용되었다.[40] 원자폭탄이나 수소폭탄은 미국 대중들에게 무엇보다도 익숙한 대상이었다.

6.
과학기술에 대한
두려움

| 그림 5 | 전후 비키니 환초로 알려진 마셜 제도 지역에서 최초로 투하된 원자폭탄 실험(1946)을 자축하는 장면. 당시 원자폭탄이 터질 때 생기는 버섯구름 형상의 케이크를 만든 것이 적잖은 논란을 불러일으키기도 했다.

이 시기에는 원자폭탄을 주제로 흥미로운 노래를 불렀던 가수들도 많았다.[41] 재즈 가수 슬림 가일라드Slim Gaillard (1916~1991)의 「원자 칵테일」 (1946), 컨트리 뮤직 가수 부캐넌 브라더스Buchanan Brothers의 「원자 파워」(1946), 파이브 스타즈Five Stars의 「원자탄 그대 Atomic Baby」(1957), 소울 밴드 코모도스Commodores의 「우라늄」(1955), 컨트리 뮤직 가수 행크 윌리엄스Hiram King Williams(1923~1953)의 「당신의 원자탄 마음Your Atom Bomb Heart」(1955) 등 원자폭탄에 빗댄 노래들이 홍수를 이루었다.

컨트리 뮤직 밴드 알 로저스와 그의 로키 산맥 녀석들Al Rogers & his Rocky Mountain Boys의 「수소폭탄」(1954)과 록 밴드 빌 헤일리와 그의 혜성들Bill Haley and His Comets의 「열세 명의 여인들」(1954)은 당시 원자폭탄을 대하던 일반 시민들의 태도가 어떤 것이었는지를 짐작하게 한다. 「수소폭탄」에서 수소폭탄 개발 비용으로 인해 피폐해진 민간의 삶을 수소폭탄 찬양이라는 우회적인 방식으로 풍자하고 있었다면, 「열세 명의 여인들」에서는 수소폭탄 이후에 그려지는 흥미로운 삶을 통해 수소폭탄에 대한 거부감을 덜어내고 있었다.

오, 야호 수소폭탄/ 찬양하라, 떨어뜨려라/ 오, 야호, 수소폭탄/ 주가 내

게 자비를 베푸시네

오, 일하고, 땀 흘리고, 난 그저 살아가고 있네, 삶은 힘들어/ 그들은 내가 이제까지 이미 충분히 고생했다고 생각하지 않는 것 같아/ 오, 야호, 수소폭탄/ 주가 내게 자비를 베푸시네

내가 버는 돈은 한 푼 남김 없이 세금과 청구서로 들어가지/ 아마도 그들이 내 문제에 대한 해결책을 찾아냈나봐/ 오, 야호. 수소폭탄/ 찬양하고, 오 떨어뜨려라/ 오, 야호. 수소폭탄/ 오 주가 내게 자비를 베푸시네

그건 나만큼 작고, 나보다는 가치가 떨어지지만/ 적어도 이 세상에서 가장 큰 그것으로 날 털어 버릴거야/ 찬양하고, 오 떨어뜨려라/ 오, 야호. 수소폭탄/ 오 주가 내게 자비를 베

| 그림 6 | 원자폭탄이 터질 때 생겨나는 버섯구름에 착안하여 만든 1950년대의 수영복

| 그림 7 | '원자 커피 머신Atomic coffee machine' 이라는 이름의 1940년대의 커피 머신. 이탈리아, 오스트리아, 영국, 헝가리 지역에서 다양한 원자 커피 머신들이 판매되었다.

푸시네/ 오 주가 내게 자비를 베푸시네/ 주가 내게 자비를 베푸시네

— 「수소폭탄」(1954)[42]

지난밤에 꿈을 꾸었네/ 수소폭탄의 꿈을/ 글쎄, 그 폭탄이 터졌어/ 그리고 난 꼼짝할 수 없었지/ 지하의 유일한 남자는 바로 나 뿐이었어

마을에는 13명의 여자와/ 한 명의 남자뿐이었지/ 열세 명의 여자와/ 오직 한 명의 남자뿐이었어/ 그리고 재미있는 건/ 마을에 있는 한 명의 유일한 남자가 나라는 거야/ 글쎄, 열세 명의 여자와/ 남자라고는 나밖에 없다네

난 아침마다 두 처녀의/ 식사 시중을 받았지/ 정말이라니까/ 한 명은 차에 설탕을 타고,/ 다른 한 명은 내 빵에 버터를 발라주었다네/ 두 명의 여자는 내게 돈을 주었어./ 두 명은 내게 옷을 주었고/ 그리고 또 다른 사랑스러운 여인은, 내게 다이아몬드 반지를 사주었지/ 40 캐럿쯤 될 거야.

글쎄, 마을엔 열세 명의 여자와/ 오직 한 명의 남자뿐이었어/ 마을엔 열세 명의 여자와/ 오직 한 명의 남자뿐이었지/ 내가 잊을 수 없는 건/ 그들이 생각나는데/ 열세 명의 여자와 그렇더라도/ 글쎄 열세 명의 여자와/ 주위의 유일한 남자

— 「열세 명의 여인들」(1954)[43]

「원자 카페」가 보여준 진실

당시 원자폭탄을 둘러싼 정부의 홍보와 대중들의 반응은 다큐멘터리 영화 「원자 카페」(1982)에서 잘 드러난다. 세 명의 감독(Jayne Loader, Kevin Rafferty, and Pierce Rafferty)이 5년간 준비한 이 영화는 나래이션 없이, 1940~60년대 자료들만 사용해 만들어졌다. 여기에는 군 홍보 필름을 포함해서 텔레비전 프로그램, 광고, 라디오 프로그램, 영화,

대중가요, 교육 홍보 영상 등이 짜깁기되어 편집되었다. 이 다큐멘터리는 대중들이 원자폭탄에 대해 얼마나 무지했으며, 정부는 다양한 매체를 이용하여 어떻게 대중들로 하여금 원자폭탄의 위험을 경시하도록 했는지를 잘 보여주었다.

가령, 이 영화의 백미로 꼽히는 군 홍보 영상을 보면, 군대가 군인들을 대상으로 방사능의 위험에 대해 얼마나 순진하게 홍보하고 있었는지가 잘 드러난다. '병력 원폭 테스트Troop Test Smoky'라는 이름의 군사 훈련에서는 원자폭탄이 터지는 제로 지점 근처에 미군들을 배치한 후 폭탄이 터지고 버섯구름이 올라갈 때, 군인들을 그 제로 지점으로 행진시켰다. 이는 전략상으로는 원자폭탄으로 인해 적군의 군대가 흐트러진 사이에 적군의 대열에 합류하여 그들을 무찌르는 전술을 테스트하기 위함이었다. 이 실험에서 군인들은 원자폭탄이 터진 후 얼마 되지 않아 곧바로 그 자리에서 일어나 버섯구름 속으로 걸어 들어간다. 일부는 원자폭탄이 터진 직후 그 광경을 보기 위해 고개를 들고 먼지 폭풍을 온몸으로 맞기도 한다.

미국에서는 1945년에서 1992년 사이에 총 1,032번의 원자폭탄 실험이 진행되었다. '병력 원폭 테스트'는 1957년 5월부터 10월까지 총 29차례에 걸쳐 원자폭탄을 터트렸던, 역사적으로 가장 큰 논란을 일으켰던 실험인 '플럼바브 박전operation plumbbob'(1957) 가운데 하나였다. 원자폭탄이 구조물과 사람 그리고 동물에 어떤 영향을 미치는지를 조사하기 위한 이 실험에서 1만 6,000명의 미군과 1,200마리의 돼지가 방사능에 노출되었다. 특히, 「원자 카페」에 등장하는 1957년 8월의 병력 원폭 테스트에서는 3,000명가량의 미군이 방사능에 심

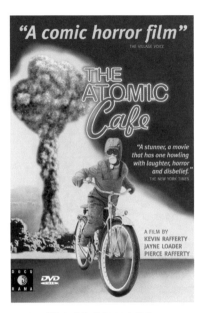

| 그림 8 | 「원자 카페」 DVD 표지 사진

| 그림 9 | '병력 원폭 테스트' 작전 모습

각하게 노출되었다. 1970년대 말에 나온 조사에 따르면, 당시 스모키 테스트에 참가했던 군인들이 일반인에 비해 백혈병 발병 수치가 비정상적으로 높았던 것으로 확인되었다. 또한 방사능에 많이 노출된 군인들이 그렇지 않은 군인들에 비해 백혈병 발병 비율이 3배 이상 높고, 사망 시기 역시 대략 20퍼센트 이상 빠른 것으로 확인되었다. 충격적인 결과였다.[44]

그러나 당시 원자폭탄 실험에 동원된 미군들이 교육받은 내용을 보면, 훈련 교관들 역시 원자폭탄과 방사능에 대해 얼마나 무지했으며, 또한 의도적으로든 아니든 얼마나 왜곡된 정보가 전달되었는지를 확인할 수 있다.

훈련 교관: 제군들이 감안해야 할

것은 기본적으로 세 가지이다. 폭풍, 열, 방사능이다. 방사능은 원자 무기의 사용으로 얻어진 새로운 효과 중 하나다. 솔직히 지상에 있는 병사를 기준으로 볼 때 방사능은 이 셋 중 가장 덜 중요한 효과이다. 제군들은 방사능을 볼 수도, 느낄 수도, 냄새 맡을 수도, 맛볼 수도 없다. 제군들에게 지급된 필름 배지와 방사선량계를 통해 제군들 부대의 방사능 안전 모니터가 방사능에 노출된 양을 알려줄 것이다. 방사능 수준이 높을 수도 있지만 제군들이 명령을 따르기만 하면 병에 걸리지 않도록 제때 이동시켜 줄 것이다. 제군들이 불임이 되거나 심한 병에 걸릴 정도로 감마 방사선을 맞는 일이 생긴다면, 그때쯤에는 폭풍이나 날아다니는 파편, 열에 의해 이미 죽어 있을 것이다. 제군들, 이상이다. 스스로에 대해 걱정하지 마라. 이번 실험에 관한한 제군들은 괜찮을 것이다.

원자폭탄에 대한 점증하는 두려움

대중문화에 원자폭탄이나 수소폭탄이 흥미로운 주제로 등장하고 홍보 영상 등을 통해 왜곡된 정보가 전달되던 사이, 다른 한편으로는 핵전쟁 및 방사선에 대한 두려움이 점점 더 커지고 있었다. 나가사키와 히로시마의 끔찍한 현장 사진들이 교과서나 잡지 등에 실리고, 원자폭탄 실험 결과에 대한 이야기들이 회자된 데 따른 결과였다.

더욱이 1946년 비키니 섬에서의 원자폭탄 실험 결과는 많은 이들에게 충격을 안겨주었다. 이 실험에서는 원자폭탄이나 방사선이 인체에 미치는 영향을 파악하기 위해 돼지와 염소를 폭발 현장에 노출시켰고, 많은 동물이 희생된 사실이 확인되었다.[45] 비키니 섬에서 이루어진 원자폭탄 실험 결과와 관련 인물들의 인터뷰는 이 시기 「리더스 다이제스트」, 「새러데이 리뷰Saturday Review」, 「라이프」같은 대중매체에서 다루어진 주요 주제 중 하나였다. 원자폭탄이 폭발하면서 대기에 방출된 강력한 방사능 물질과 실험 대상 동물들의 희생 그리고 물고기들의 떼죽음에 관한 침울하고 끔찍한 이야기들은 미국 사람들에게 방사능에 대한 두려움을 극적으로 고조시켰다.[46] 동물 실험은 이후에도 계속되었는데, 1953년 네바다에서 이루어진 실험에서는 직접적으로 동물 실험을 목표로 하지 않았음에도 불구하고, 인근 유타 주에서 방목되고 있던 양 4,200마리가 죽는 일이 벌어졌다. 군과 정부는 미디어를 통해 원자폭탄 실험에도 불구하고 동물들이 무사하다고 설득하였지만, 실험 과정에서 희생된 동물들은 원자폭탄이나 방사능이 인체에 무해하지 않음을 명백히 드러냈다.[47]

대중들의 불안감은 1954년에 상영된 「그것들Them」이나 「고질라 Godzilla」와 같은 영화들에서도 잘 드러난다.[48] 「그것들」은 원자폭탄 실

험이 이루어진 뉴멕시코 사막에서 방사능에 노출되어 거대해진 개미들이 사람들을 공격한다는 내용이다. 「고질라」는 비키니 섬에서 이루어진 수소폭탄 실험을 배경으로 하는데, 해저에서 수소폭탄이 폭발하며 만들어진 45미터 높이의 거대 방사능 공룡 괴물이 바다에서 조업하던 일본 어부들과 섬 주민들을 마구 죽인다. 원자폭탄 실험이나 방사능으로 생겨난 괴물은 1945년부터 1965년 사이에 500편 이상의 영화들에서 다루어졌을 정도로 관심을 끈 소재였다. 이 돌연변이 괴물들은 연구실, 해저, 사막, 북극, 심지어 우주에서도 만들어졌다.[49]

만화 영화에서도 과거와는 다른 캐릭터들이 등장했다. 1953년에 제작된 「원자 쥐Atomic Mouse」에서는 유순한 쥐가 우라늄-235 알약을 먹고 초능력을 가지게 된다. 원자 쥐는 가슴에 'A'가 새겨진 옷을 입고 망토를 걸친 뒤 평화를 지키기 위해 고군분투한다. 1955년에 등장한 원자 토끼Atomic Rabbit는 우라늄 방사선에 노출된 당근을 먹고 난 뒤 강력한 힘을 지니게 된다. 마찬가지로 가슴에 'A'와 'R'이 적힌 옷과 망토를 걸치고 적으로부터 토끼들이 사는 도시Rabbitville를 지킨다. 2년 뒤에 나온 「원자 고양이 Atom The Cat」에서는 우리에게 '톰과 제리'로 잘 알려진 고양이 톰이 어느 날 원자로 옆에

| 그림 11 | 원자 고양이 톰(1957)

서 잠을 자다가 방사선에 노출된 뒤 초능력을 지닌 '원자 고양이'가 된다. 보이지 않는 방사능과 유전자 변형 등에 대한 두려움이 괴물에 대한 상상으로 이어진 것이다.[50]

수그리고 감싼 뒤 대피소 들어가기

1949년 소련의 핵실험 성공에 이어 1950년에는 한국전쟁이 발발하고, 이후 장거리 미사일 등이 개발되면서 미국인들은 점차 미국 본토에 핵폭탄이 떨어질지도 모른다는 두려움을 갖게 되었다. 이렇게 되자 1950년대에 들어서면서 미국 정부는 국민들을 안심시키기 위한 대피 훈련을 시작했고, 이를 위한 교육용 영상도 만들어졌다. 「수그리고 감싸Duck and Cover」(1951)는 대표적인 대피 훈련 교육용 영상 자료였다.[51] 이 영상에서 버트라고 불리는 거북이는 폭탄이 터질 때면 등껍질 속으로 몸을 움츠려 위험을 피한다. 이 영상은 1951년에 처음 상영된 이후 1991년까지 학생들에게 교육용으로 방영되었고, 실제로 책상 밑에 들어가 머리를 잡고 몸을 웅크리는 연습이 이어졌다.[52] 사실 이런 방식은 원자폭탄 및 방사능에 대한 실제적인 지식에 기반한 것은 아니었다. 원자폭탄이 실제로 떨어진다면 이러한 훈련은 아무런 도움도 되지 못하기 때문이다. 그러나 불안한 시대에 이러한 훈련은 학생들을 안정시키는 데는 도움이 될 수 있었다.[53]

버트라는 이름의 거북이가 있었지/ 그리고 버트는 매우 기민했어/ 어떤 위

| 그림 12 |
원폭 대비 훈련 교육용으로
만들어진 「수그리고 감싸」

험도 그를 위협하지 못했지. 그는 절대로 다치지 않았어/ 그는 어떻게 할
지를 정확히 알았지

그는 몸을 수그리고는 머리를 감쌌지. 수그리고 머리를 감싸고/ 그는
머리와 꼬리 그리고 작은 네 다리를 감췄어/ 그는 몸을 수그리고 머리를
감쌌지.

—「수그리고 감싸」 중

방사능 낙진 대피소 역시 정부 프로그램 중 하나였다. 전후 미국 사
회의 핵심에는 가족과 집이 있었다. 가족과 집은 어떠한 위협에도 지
켜야 하는 것이었고, 필요하다면 스스로 보호해야 했다. 이런 맥락에
서 집 안에 방사능 낙진 대피소를 설치하는 집들이 늘어났고, 대피소
를 청소하고 물품을 정리하는 것이 주부의 일과 중 하나가 되었다.[54]
사실 미국 정부는 1957년까지도 이 문제에 적극적이지 않았다. 잡지
나 신문이 대피소 설치를 홍보하던 상황에서도, 연방 정부가 주축이
된 대피소 설치 프로그램은 마련되지 않았다. 그러나 1957년 핵 관

| 그림 13 | 원자폭탄에 대한 두려움이 커지면서 훈련이 강화되던 상황을 이야기하는 잡지의 한 면(1951)

련 안보 태세를 조사했던 게이더 보고서Gaither Report가 소련이 조만간 미국이 가진 모든 종류의 핵무기를 갖추게 될 것이고, 미국의 전쟁 대비 훈련 등이 소련에 한참 뒤쳐져 있다고 발표하면서 방사능 낙진 대피소에 대한 관심이 갑작스레 커졌다. 이에 정부는 대피소 건설을 일종의 방어 프로그램의 일환으로 적극적으로 장려하였고, 1958년부터는 개인 대피소 건설을 위한 매뉴얼을 배포하였다.[55] 이 모든 것이 대중의 심리적 안정에는 도움이 될 수 있었다.

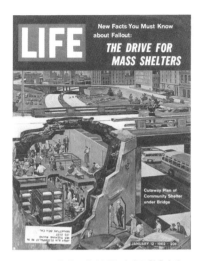

| 그림 14 | 방사능 대피소를 커버로 한 「라이프」 (1962년 1월)

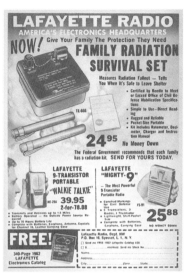

| 그림 15 | 핵전쟁에 대비하는 서바이벌 키트 광고(1962)

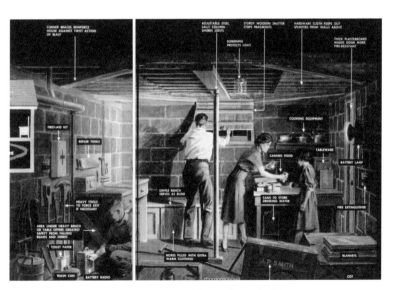

| 그림 16 | 「파퓰러 사이언스」가 디자인한 지하 대피소 모습(1951년 3월)

6.
과학기술에 대한
두려움

방사능 돌연변이 슈퍼 히어로

방사능 피해에 대한 두려움은 이 시기에 유행한 슈퍼 히어로 만화에서도 잘 드러난다. 전후에 등장한 미국 만화에는 배트맨이나 캡틴 아메리카 같은 이전 시대 슈퍼 히어로들이 원자폭탄을 가진 악당들에 맞서는 스토리가 줄을 이었다. 1947년의 『스타 스팽글드 코믹스 Star Spangled Comics』에는 배트맨이 로빈을 발로 차서 원자폭탄을 바다에 빠뜨리고, 1952년의 『캡틴 아메리카』에서는 악당으로부터 원자폭탄 기밀 문서를 빼돌린다. 악당은 '미스터 원자Mr. Atom'나 '원자맨Atom man' 같은 이름으로 등장하는 경우가 많았는데, 히어로들은 그에 맞서 원자폭탄 투하를 막고 인류를 구원했다.[56]

그런데 1945년 무렵의 슈퍼 히어로들과 1960년 이후의 슈퍼 히어로들 간에는 꽤 큰 차이가 있다.[57] 이는 미국 만화계의 대표 주자인 마블 코믹스Marvel Comics의 대표적인 캐릭터들을 통해 잘 드러난다. 초기 마블 코믹스의 대표적인 캐릭터들인 네이머 더 서브 마리너Namor the Sub-Mariner(1939), 휴먼 토치Human Torch(1939), 캡틴 아메리카Captain America(1941)는 동화 같은 설정이나 혹은 최신 과학기술의 도움으로 초능력을 갖게 된다.

우선 네이머 더 서브 마리너는 인간 선장과 미지의 해저 왕국 아틀란티스의 공주 사이에 태어난 하이브리드다. 엄청난 수압을 견딜 수 있고, 초고속으로 수영하면서 주로 물 속에서 강력한 힘을 발휘한다. 휴먼 토치는 과학자가 만든 안드로이드로, 산소에 노출되면서 화염에 휩싸이는, 물에 가장 취약한 존재다. 휴먼 토치는 시간이 지나면

서 자신의 몸의 온도를 스스
로 조절할 수 있게 되고, 자신
의 초능력을 인류를 위해 사
용한다. 마지막으로 캡틴 아메
리카는 제2차 세계 대전이 터
지면서 조국에 봉사하기 위해
실험적인 비밀 혈청을 맞고
초인적인 힘을 발휘하는 캐릭
터다. 그는 그리스 신화의 영
웅 아킬레우스의 방패를 닮은
초강력 방패를 가지고 다니면
서 초인적인 힘으로 적을 무
찌른다. 마술과도 같은 방식이
나 최신 과학기술 연구를 통
해 초인적인 능력을 지니게
되는 것이다.

이와 달리 1960년대의 마
블 코믹스 캐릭터들은 대부
분 방사능 노출을 통해 초인적
인 돌연변이가 된다. 이 시기
의 대표적인 작품들인『판타스
틱 4』(1961),『인크레더블 헐
크』(1962),『어메이징 스파이

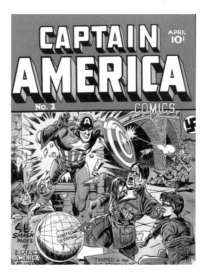

| 그림 17 |『캡틴 아메리카』 2권의 표지(1941).
캡틴 아메리카가 오른쪽의 히틀러를 무찌르고
있다.

| 그림 18 |『판타스틱 4』2권 표지(1962)

6.
과학기술에 대한
두려움

더맨』(1963).『X-맨』(1963)의 주인공들이 모두 그렇다. 우선 『판타스틱 4』는 미스터 판타스틱, 인비저블 우먼, 휴먼 토치, 싱으로 구성되어 있다. 이들은 미국이 개발한 우주선에 탑승하여 시험 비행을 나가는데, 한 사람의 실수로 우주 방사선에 노출되면서 강력한 힘을 지니게 된다.[58]

나머지 슈퍼 히어로들 역시 어떤 식으로든 방사능과 관련이 있다. 우선 헐크의 경우, 원작자 스탠 리Stan Lee는 엄청난 덩치에 연두색 피부를 가진 헐크를 프랑켄슈타인과 지킬 앤 하이드로부터 영감을 받아 창조했다고 밝혔지만, 정상적이던 사람이 헐크로 바뀌게 되는 것은 그가 개발한 감마 폭탄의 시험 과정에서 엄청난 양의 감마 방사선에 노출되고 나서다. 헐크는 평소에는 괜찮지만, 흥분하거나 분노하면 엄청난 거인 괴물로 변신한다.[59]

1963년에 나온 『어메이징 스파이더맨』의 스파이더맨 역시 책 읽기를 좋아하는 소심한 고등학생이 과학 전시장에 방문했다가 방사선에 노출된 거미에 물린 후 초인적인 능력을 얻게 되는 것으로 시작한다.[60] X-맨의 경우에는, 그들 모두가 어떻게 돌연변이가 되었는지를 자세하게 설명하지 않는다. 하지만 1권에 등장하는 찰스 새비어 교수 Professor Charles Xavie는 자신이 첫 번째 원자폭탄 프로젝트에서 일했던 부모에게서 태어났고, 다른 사람의 생각을 읽을 수 있을 뿐 아니라 자신의 생각을 다른 이들에게 주입할 수도 있다고 이야기한다.[61] 그의 설명을 통해 다른 X-맨들 상당수가 어떤 식으로든 원자폭탄이나 방사선과 관련되어 있을 것을 짐작할 수 있다.

「닥터 스트레인지러브」가 보여준 핵전쟁을 둘러싼 정치 현실

원자폭탄에 대한 두려움이 커지는 가운데 세계는 새로운 냉전의 시대로 접어들었다. 1948년 소련이 베를린을 봉쇄하고, 1949년에 중국이 공산화되면서 소련과 중국을 중심으로 한 공산주의 진영과 미국 및 서유럽 국가들로 구성된 서방 세계가 대치하는 상황이 벌어진 것이다. 더욱이 소련이 베를린 봉쇄 직후 원자폭탄 개발에 성공함으로써 양 진영의 대립은 더욱 첨예해졌다. 소련의 위협을 느낀 서방 세계는 미국의 핵우산을 기대하며 북대서양조약기구NATO를 결성(1949)하였고, 소련을 위시한 동유럽 국가들은 바르샤바조약기구 Warsaw Treaty Organization(1955)로 맞섰다.

냉전의 긴장은 갈수록 고조되었다. 1957년 소련이 대륙간 탄도미사일 개발에 성공하고, 세계 최초로 인공위성 스푸트니크Sputnik를 쏘아 올리자 서방 세계는 충격에 빠졌다. 1959년에 시작된 베트남 전쟁과 핵전쟁의 가능성이 제기된 1962년의 쿠바 미사일 위기 그리고 1963년의 중성자 폭탄 개발까지, 세계는 일촉즉발의 상황으로 치달았다. 냉전의 대결 속에서 언제든 핵폭탄이 떨어질 수도 있다는 사실은 모두를 두려움에 떨게 했다.

이러한 두려움은 대중문화를 통해서도 잘 드러났는데, 스탠리 큐브릭Stanley Kubrick(1928~1999) 감독은 영국 공군 장교 피터 조지의 소설 『적색 경보Red Alert』(1958)를 각색[62]한 영화 「닥터 스트레인지러브 Dr. Strangelove」(1964)[63]에서 냉전과 그에 따른 핵전쟁의 위기를 코믹한 방식으로 탁월하게 묘사하였다. 이 영화에서 핵전쟁은 아주 어이없게

273

6.
과학기술에 대한
두려움

| 그림 19 | 「닥터 스트레인지러브」 포스터

시작된다. 공산주의에 대해 강박관념을 지닌 잭 D. 리퍼Jack D. Ripper 장군이 부하인 라이오넬 멘드레이크Lionel Mandrake 대령에게 전시 상태라고 속여 기지를 봉쇄하고 전 군의 라디오를 수거한 뒤, 핵무기를 탑재한 B-52 전폭기에 소련 기지를 공격하라고 지시한 것이다. 이 사실을 알게 된 전쟁 상황실의 대통령이 리퍼 장군과의 교신을 시도하지만, 리퍼 장군의 기지 봉쇄와 외부와의 연락 두절로 B-52는 소련 기지에 더 가깝게 다가간다. 결국 냉전의 대결 속에서 핵무기를 관할하는 군과 정부가 올바른 판단을 하지 못할 때, 핵전쟁이 어처구니없이 일어날 수 있음을 보여주는 것이다. 더욱이, 영화에서는 서방의 핵 공격이 개시될 때, 소련에는 인류 파멸의 흉기, 코발트 토륨 G가 자동으로 폭발하도록 프로그래밍되어 있다.

> 소련 대사: 폭발하면 치명적 방사능 낙진이 생기고 열 달이면 지표는 달과 같이 황폐하게 된다고요!
>
> 장군: 말도 안 되는 소리! 아무리 심한 낙진도 2주 후면 안전 단계에 이른다고 들었소.

소련 대사: 코발트 토륨 G를 모르는군.

대통령: 그게 뭐요?

소련 대사: 방사성 원소 반감기가 93년에 이르는데, 100메가톤수의 50개 폭탄에 코발트 토륨 G로 커버를 씌운 것으로, 폭발하게 되면 심판의 날에 나 있을 법한 장막인 방사선 구름이 형성돼, 지구를 93년은 휘감게 될 거요!

장군: 빨갱이들 허풍은 알아줘야 한다니까.

대통령: 이해 안 되는 게 있소. 소련에선 우리 측이 공격하면 그걸 터뜨리 겠다는 겁니까?

소련 대사: 정신이 제대로 박힌 인간은 못할 짓이죠. 인류 파멸의 흉기는 자동으로 작동됩니다.

대통령: 어쨌든 해제할 방법은 있겠죠?

소련 대사: 인위적 저지 시엔 자동 폭파 됩니다.

대통령: 자동 폭파?

장군: 빨갱이들 음모에 시간 낭비하고 있어요.

장군: 배치도를 보세요. 우릴 처부술 태세라고요.

대통령: 미친 짓이군. 왜 그런 걸 만들었소?

소련 대사: 반대도 있었습니다만, 결국 무기 확장 경쟁, 우주 개발 경쟁 등 의 비용을 조달하기 힘들었죠. 게다가 인민들은 생활고로 불평이 많았죠. 심판의 날 무기 계획이 연간 국방비에서 차지하는 비율은 아주 미비합 니다. 하지만 가장 큰 계기가 된 것은 미국 측에서도 비슷한 걸 만든다는 소문이었죠.

대통령: 터무니 없는 소리. 난 승인한 적 없소.

소련대사: 「뉴욕타임즈」에서 봤는데요.

대통령: 스트레인지러브 박사, 그런 걸 만들고 있소?

닥터 스트레인지러브: 잠시만요, 각하. 제 권한, 즉. 무기연구개발 국장으로서 작년에 그와 같은 연구를 블랜드 사에 의뢰했었습니다. 당시 나온 보고서를 보고 이 아이디어는 현실적인 전쟁 억지력이 될 수 없다고 결론지었었죠. 바로 지금 너무도 분명해진 이 이유 때문에요.

대통령: 저들이 그런 물건을 만들 가능성이 있다는 거요?

닥터 스트레인지러브: 최소한의 원자력만 있어도 가능한 기술입니다. 만들려는 의지의 문제죠.

대통령: 자동으로 작동하면서 또 한편으론 저지가 불가능하다는 게 가능한 일이오?

닥터 스트레인지러브: 가능의 문제가 아니라 필수적인 요소입니다. 바로 그 점이 기계의 특성입니다. 전쟁 억제력이란 적이 침공을 주저하게 만드는 기술입니다. 따라서 저지 불가능한 자동 기능은 인류 파멸 무기를 주무르는 인간에게는 … 두렵고 명확하여 전쟁 억지 기능을 톡톡히 합니다.

장군: 우리도 한 대 있었으면 좋겠군.

대통령: 엄청난 기계야. 어떻게 자동으로 작동하지?

닥터 스트레인지러브: 아주 간단한 원리죠. 우선 폭탄을 매장하죠. 크기는 상관없어요. 그리고 그것들을 거대한 컴퓨터들에 연결합니다. 그러곤 폭탄이 폭발될 상황을 구체적이고 명확하게 설정해서 컴퓨터에 프로그램화 하는 거죠. 비밀로 하는 한 무용지물이죠. 왜 비밀로 한 겁니까?

소련 대사: 월요일에 인민회의에서 발표할 예정이었소. 서기장은 깜짝쇼를 좋아하시죠.

리퍼 장관이 자살하고 맨드레이크 대령이 암호를 해독하여 뒤늦게 교신에 성공하지만 B-52는 이미 통제 밖인 상황이다. 영화의 말미에서는 B-52의 핵폭탄이 소련 기지에 투하되고, 잠시 후 인류 파멸의 흉기, 코발트 토륨 G가 연이어 폭발한다.

그런데 전혀 코믹하지 않은 이 상황을 코믹하게 만드는 것은 등장 인물들의 진지한 태도다. 영화에서는 크게 세 분야의 인물들이 문제를 키운다. 우선 군으로 대표되는 리퍼 장군과 벅 터기드슨Buck Turgidson 장군은 반공주의적 태도로, 오히려 핵전쟁의 상황을 적극적으로든 혹은 소극적으로든 내심 반기는 인물들이다. 미국 대통령과 소련 서기장으로 대표되는 정부 관료들은 냉전 시기의 위태로움 속에서 각각 통제 불가능하게 폭주할 수 있는 R-작전과 코발트 토륨 G 프로그램을 승인하는 이들이다. 마지막으로, 닥터 스트레인지러브가 보여주는 과학기술자는 인류 파괴로까지 이어질 수 있는 위험한 무기의 작동 원리를 이해하고 있는 자로, 정부 관료들의 승인 없이도 인류 파괴로 이어질 수 있는 흉기를 개발할 수 있는 이들이다. 결국, 영화는 위 세 분야의 담당자들 중 한 사람이라도 비정상적으로 폭주할 때, 세상이 가공할 위험에 노출될 수 있다는 것을 말해 준다.

레이먼드 브릭스의 「바람이 불 때에」와 노부부의 죽음

냉전이 고조되는 동안에도 일반 대중들의 상당수는 여전히 원자폭탄의 실상과 위험을 제대로 인지하지 못하고 있었다. 원자폭탄 실험이

6.
과학기술에 대한
두려움

무려 1,000여 회에 걸쳐 이루어졌지만, 사막이나 바다 한 가운데서 이루어진 탓에 대중들은 그 실상을 알기 어려웠다. 원자폭탄의 위력에 대한 우려와 「수그리고 감싸」에서 드러나는 안일한 태도는 냉전 시기 동안 그렇게 공존하고 있었다. 원자폭탄은 먼 이야기였고, 경험해보지 않은 막연한 공포일 따름이었다.

이런 중에도 냉전은 한층 더 고조되고 있었다. 1979년에는 소련이 아프가니스탄을 침공했고, NATO 회원국들이 새로운 중거리 핵미사일을 배치하기로 결정하였다. 1977년 카터 미 대통령이 중성자탄 생산 방침을 선언한 것 역시 군비 경쟁에 불을 지폈다. 1980년대 초가 되자 핵전쟁의 가능성은 더욱 커져갔다.

그에 비해 핵무기의 진실과 그 위험성에 대해 대중들에게 정확하게 알리고 홍보하는 작업은 여전히 제대로 이루어지지 않았다. 1990년대 초까지도 학생들은 「수그리고 감싸」를 보며 대피 훈련을 하고 있었

| 그림 20 | 「바람이 불 때에」 애니메이션 DVD 표지

고, 훈련만 잘 하면 안전할 수 있다고 생각했다. 또한 방공호를 만들던 시민들은 당장 원자폭탄이 떨어진다고 하더라도 방공호와 저장 식품만 잘 준비해두면 핵전쟁의 위협으로부터 안전할 수 있다고 안심하고 있었다.

이러한 핵무기에 대한 무지와 안일함은 그림책 「바람이 불 때에When the Wind Blows」(1982)를 통해 더욱 가슴 아프게 전해진다. 핵무기의 파괴력은 블

록버스터 영화 등을 통해 보다 생생하게 묘사될 수도 있을 것이다. 그러나 「바람이 불 때에」는 핵전쟁이 일반 시민들에게 어떤 결과로 나타날 수 있는지를 순진한 노부부의 모습과 그들의 대화를 통해 아주 잔잔하게 묘사한다. 이 작품은 1986년에 애니메이션으로도 제작되었는데, 애니메이션의 세밀한 묘사와 애잔한 배경 음악은 노부부에게 다가온 무서운 현실을 더욱 드라마틱하게 표현하고 있다.

이 작품이 가슴 아프게 다가오는 것은 노부부의 핵전쟁에 대한 지식이 너무도 단순하고 순진하다는 데 있다. 노부부는 라디오를 통해 핵전쟁이 일어날 상황임을 듣고는 서둘러 준비를 한다. 그러나 부부의 정신세계는 아직 제2차 세계대전 시대에 머물러 있다.

부인: 진짜로 전쟁이 일어나면 누가 이길까요?

남편: 글쎄, 미국은 대륙 간 미사일과 극지 잠수함 덕분에 전술핵에서 우위를 차지하고 있어. 하지만 선제공격을 당할 경우에는 수없이 많은 러시아 녀석들이 중부 유럽 평원을 쓸어버릴 거고, 그러면 미국 전략 공군이 굉음을 내며 날아올 거야. B-29, B-17, B-19기가 포를 가득 싣고 엄청나게 무장을 해서 "좋아, 병사들! 진격이다!" 공군이 러시아의 방어망을 박살내면, 해병대가 낙하산을 타고 내려와 적군을 소탕하겠지. 그 다음엔 대장성들이 시찰을 하는 거야. 아이젠하워와 몽고메리처럼. 그러면 러시아군이 항복할 거고 항복 조건이 제시될 거야. 그런 다음엔 자유로운 공명 선거가 실시되겠지. 한 사람 앞에 한 표씩. 요즘엔 물론 여자한테도 선거권이 있지. 그렇게 해서 자유 진영에 대한 공산권의 위협은 한풀 꺾이고, 민주주의 원칙들이 러시아 전역에 퍼질 거야. 그 사람들이 좋든 싫든 간에 말야. 이

게 내가 조만간에 벌어질 거라고 예상하는 세계의 시나리오야.

일본을 제외하고는 어느 나라 사람들도 원자폭탄의 위력을 직접 경험하지 못했다. 그들로서는 핵전쟁을 그들이 경험한 전쟁으로 그저 유추할 수 있을 뿐이었다. 더욱이 정부의 지침 역시 제2차 세계대전 수준에 머물러 있었다. 정부 지침에는 핵전쟁에 대비해 준비해야 할 것들이 쓸데없이 꼼꼼하게 제시되어 있었지만, 정작 원자폭탄 투하 이후에 실제로 어떤 상황이 벌어질 것인지에 대해서는 아무런 설명이 없었다. 제한되고 왜곡된 정보를 가진 노부부가 할 수 있는 건, 최대한 정부가 알려준 지침대로 준비하고 대처하는 것이었다.

남편: 정부 지침에 따라 창문을 막는 거요. 이렇게 해야 해. 어 … 그래. 그리고 물론 예의 위원회도 있지. 커먼터럼이던가? 소련 최고 위원회 말야. 그들은 '비제이키'를 맡고 있어 비밀 정보 기관이지. 줄여서 SS라고 하고. 우리 지역 담당은 EMI-5라고 부르지. 아주 복잡해.

부인: 흠집이 나지 않게 조심하세요. 편지를 쓰면 효과가 있을 거 같아요?

남편: 누구한테?

부인: 소련 지도자요. 비제이 뭐시기인가.

남편: 뭐라고 쓸 건데?

부인: 오, 글쎄요 어 … 비제이 뭐시기 각하. 우리 영국 국민들은 폭격에 질렸습니다. 폭탄 세례는 2차 대전 때 히틀러에게 충분히 받았으니까 우릴 좀 평화롭게 내버려 두세요. 당신은 당신대로 우리는 우리대로 살아가면 되잖아요. 부디 건강하시기를. 제발 폭탄을 떨어뜨리지 마세요. 당신의 친

구 제이 블록스 부부.

남편: 아주 좋아요, 여보. 정말 훌륭해. 우편으로 부치기엔 좀 늦은 거 같아. 요즘 우편 배달 상태가 어떤지 알잖소. 빠른 우편으로 보내야 제때 도착하겠어. 하지만 난 이 목록에 있는 걸 준비해야 해. "쓰레기통, 달력, 책, 놀이기구, 종이, 연필, 부삽, 가래, 쇠지레, 도끼, 손도끼 톱, 경보용 호루라기나 징, 세간을 담거나 피난할 때 쓸 여행가방, 끈, 집게 구급약품, 안전핀, 가위, 부목, 아스피린, 설사약, 의료용 핀셋, 칼라민 로션, 방부제, 벼룩약, 쥐약, 인슐린, 혈압약, 고무장갑, 생리대, 거울, 화장지, 안약" 종이 부대를 준비하라는 건 정말일까, 아니면 농담일까? 농담인지 진담인지 정말로 모르겠군.

부인: 무슨 소리예요, 여보?

남편: 음, 핵폭탄이 터지기 전에 반드시 종이 부대에 들어가야 된대.

부인: 왜요?

남편: 그게 하얀 페인트 같은 구실을 하나봐. 열을 좀 막아 주겠지.

부인: 말도 안돼요.

남편: 종이 부대가 있긴 해. 농장에서 거기다 감자를 담아 왔잖아. 넉 장은 있을 거야.

부인: 더러울 거예요 그 부대들이 깨끗한 게 확실해요?

남편: 응, 여보. 내가 깨끗이 닦았어.

부인: 정말 바보 같아요!

남편: 눈구멍을 뚫어도 좋을지 모르겠네. 흰 옷을 입는 게 좋다는군. 히로시마에서는 무늬가 있는 옷을 입은 사람들은 그 부분에 화상을 입고 흰 부분은 괜찮았대. 단추 자국까지 났다지.

부인: 하지만 그건 일본 사람들이었잖아요.

6.
과학기술에 대한
두려움

남편: 흰 셔츠 깨끗한 거 있소?

부인: 폭탄이 터지면 입게? 내가 크리스마스 때 선물한 그 좋은 새 옷을 입으려는 건 아니겠죠! 그 옷을 버리긴 싫어요. 폭탄에 대한 대비면 헌 옷을 입어요. 새 옷은 남겨 두세요.

남편: 알았소. 그런데 줄무늬가 없는 낡은 흰 셔츠가 있나? 몸에 줄무늬가 생기는 건 싫은데.

이렇게 정부의 지침에 따라 준비하고 대처한 노부부에게 닥친 현실은 그런 준비가 별 필요가 없음을 확인시켜 줄 뿐이다. 전기도, 수도도 모두 끊긴 상태에다 텔레비전이나 라디오 그리고 전화는 무용지물일 뿐이고, 물이나 음식물조차 제대로 구하기 어렵다.

부인: 낙진은 어떻게 생겼어요?

남편: 나도 몰라 정부 지침서에 낙진 구별법은 안 나와 있어. 내 생각엔 눈 같을 거 같아. 색깔만 회색이고.

부인: 잔디 색깔이 이상해요.

남편: 그렇군, 내일 스펀지 씨 집에 가서 비료를 구해 와야겠어.

부인: 핵 폭발 때문에 문을 닫았을지도 몰라요.

남편: 스펀지 영감이 장사를 안 한단 말야? 그러느니 차라리 죽고 말 걸.

부인: 구름이 굉장히 자욱해요. 거의 안개 같아요.

남편: 정원 일을 하려면 해가 좀 나야 할 텐데.

부인: 우유 배달부가 아직도 안 왔어요.

남편: 그래, 당연하지. 폭탄이 터졌으니 더 늦을 거요.

부인: 혹시 징집돼서 싸우러 갔다거나 그런 건 아닐까요?

남편: 그래 … 그렇지도 몰라. 하지만 그러느니 여자를 데려가거나 뭐 다른 걸 가져가지 않았을까. 너무 조용하군, 안 그래?

부인: 그래요.

남편: 기차도 안 지나가네.

부인: 자동차도 없어요.

남편: 폭발 때문에 모두 파업했나 봐.

부인: 탄내가 아주 지독해요.

남편: 맞아, 하긴 당연한 일이지.

부인: 마치 … 고기 굽는 냄새 같아요.

남편: 그래, 고기 파티를 하나봐. 사람들이 이번 주에는 일요일이 되기도 전에 만찬을 하나보군. 상황이 어떻게 될지 몰라서 그럴 거야.

부인: 길이 아주 이상해졌어요. 좀 녹은 거 같아요.

남편: 그래서 우유 배달부가 늦나보군. 길바닥 어디에 붙어 버렸나봐.

순진한 노부부는 점차 배고픔과 목마름, 두통, 구토, 몸살 등을 겪으면서 서서히 죽어 간다. 몸 여기저기에 출혈이 생기고, 피부에 반점이 생기며, 머리카락이 빠지면서 말이다. 마지막 장면에서 지치고 불안해진 부인은 남편에게 종이 부대를 다시 덮어쓰자고 제안한다. 그러고는 마지막으로 '여보, 우리 기도할래요?'하고 묻는다. 남편은 시편 23편의 일부를 기억해내며 하나님을 찾고, 서서히 잠잠해지며 작품이 끝난다.

6.
과학기술에 대한
두려움

남편: 오 하나님. 언제 어디서나 우리를 보살피시고,

부인: 그거예요. 계속하세요.

남편: 전지전능하시고 은혜로우신 하나님 아버지, 음.

부인: 좋아요.

남편: 사랑이 많으신 하나님, 우리는 이제 여기에 모여 … 하나님 앞에 … 막대기와 지팡이로 인도하시니 걱정할 것 없어라. 푸른 초장에 누이시며 … 더 이상 생각이 안나.

부인: 잘했어요, 여보. 푸른 풀밭이 보고 싶네요.

남편: 아, 그래, 맞아! 사망의 음침한 골짜기를 다닐지라도.

부인: 그만 됐어요, 여보. 이제 그만.

「닥터 스트레인지러브」의 정부와 군 당국 그리고 정치인들이 원자폭탄을 놓고 적국을 상대로 위험한 줄다리기를 하는 동안, 「바람이 불 때에」의 소시민들은 원자폭탄이 투하된 후 어떤 일이 벌어지는지도 제대로 모른 채 조용히 죽어갔다. 「닥터 스트레인지러브」의 정부와 군 당국에게 원자폭탄은 단추 하나만 누르면 되는 일종의 게임처럼 여겨졌을 수 있다. 그러나 「바람이 불 때에」의 노부부처럼 진실을 제대로 알지 못하는 시민들에게 그것은 참혹한 현실이 될 수 있었다.

컴퓨터 게임 속 핵전쟁 이후의 포스트 아포칼립스적 세계

「바람이 불 때에」에서 드러나듯, 냉전이 극심하던 1980년대 초에는

많은 이들이 핵전쟁이 실제로 일어날 수도 그리고 그러한 전쟁을 통해 이 세계가 완전히 초토화될 수도 있겠다고 생각했다. 그러한 생각은 1980년대 초에 등장한 영화 및 애니메이션에 분명한 영향을 미쳤다.[64] 1982년부터 연재되기 시작한 일본 만화 「아키라」, 1983년의 「그날 이후The Day After」, 1983년의 「테스타먼트Testament」 그리고 1984년의 「쓰레즈Threads」 등은 모두 핵전쟁이 일어난 이후의 황폐한 삶을 적나라하게 그려내고 있다. 「그날 이후」와 「쓰레즈」가 핵폭발 장면을 포함해 핵전쟁 후에 벌어지는 소름끼치는 일들을 구체적으로 담아내고 있다면, 「테스타먼트」는 핵폭탄이 터진 후 마을에 사는 이들의 삶이 구체적으로 어떻게 참혹하게 변해 가는지를 생생하게 그려내고 있다.

이러한 두려움은 1980년대 이후 개인용 컴퓨터의 보급과 함께 발전한 컴퓨터 게임의 소재로도 활용되었다. 게임에서 핵전쟁 이후의 인류 종말의 위기를 보여주는 포스트 아포칼립스적 세계관으로 발전한 것이다.[65] 가령, 1988년에 등장한 '웨이스트랜드Wasteland'의 배경은 2087년이다. 주인공이 1998년에 일어난 핵 세계대전을 통해 몇 곳만 남아 있는 인간 거주지를 찾아, 남아 있는 인간들을 없애려는 인공지능 컴퓨터와 사이보그들의 공격을 막는 것이 전체적인 스토리이다.

컴퓨터 그래픽 기술이 향상되면서 웨이스트랜드의 스토리는 폴아웃Fallout 시리즈에서 더욱 세련된 모습으로 나타났다. 1997년에 출시된 폴아웃 시리즈는 웨이스트랜드와 마찬가지로 2077년 핵 세계대전으로부터 한 세대 정도가 지난 후의 세상이 배경이다. 핵전쟁으

6.
과학기술에 대한
두려움

로 세상이 방사능과 화염에 휩싸이지만, 소수의 사람들은 볼트텍 사가 만든 지하의 볼트에 들어가 방사능을 피해 몇 십 년 동안 생활한다. 게임은 하나 둘 열리는 볼트에서 나온 이들이 방사능에 노출되어 변형된 돌연변이들과 한 돌연변이에 의해 창조된 슈퍼 뮤턴트 그리고 황무지에서 살아남은 이들을 상대로 모험을 벌이는 것으로 이루어져 있다. 폴아웃 시리즈는 현재 폴아웃 4(2015)까지 출시된 상태인데, 모든 버전이 인류란 결코 전쟁을 멈추지 않는 종족이라는 사실을 공통적으로 담고 있다.

폴아웃 시리즈 외에도 핵전쟁이 배경인 컴퓨터 게임은 지금도 계속해서 만들어지고 있다. 자신의 핵전력을 이용해 상대국을 전멸시키는 '데프콘Defcon'(2006), 2033년을 배경으로 핵전쟁과 생화학전으로 러시아 모스크바의 지하철 역 근처에서 살게 된 이들이 서로 다투거나 방사선으로 돌연변이가 된 이들과 싸우는 '메트로 2033'(2010)[66] 그리고 1950년대를 배경으로 핵무기(나가사키에 떨어진 원자폭탄 팻맨 Fat Man, 히로시마에 떨어진 리틀 보이Little Boy, 현재 전 세계에서 가장 강력한 핵무기인 차르 봄바Tsar Bomba 중에 하나를 선택하도록 되어 있다)를 선택한 뒤 투하 전 60초간 필요한 물건과 가족을 챙겨 지하 대피소로 이동하는 「60초!」(2015) 등 핵전쟁과 그 이후의 세계를 살아가는 이야기는 현재에도 여전히 계속되고 있는 것이다. 어찌 보면 이런 과정을 통해 끔찍한 핵전쟁이 현대인들에게 너무도 익숙한 이야기가 되고 있는 것 같다.

| 그림 21 | '폴아웃 3'의 인트로 장면. 막강한 방어력과 함께 힘을 배가시키는 파워 아머를 착용한 병사가 황폐해진 세상 앞에 서 있다.

| 그림 22 | '메트로 2033' 중 핵전쟁에서 살아남은 이들이 방사선 돌연변이들에 맞서 싸우는 장면.

6.
과학기술에 대한
두려움

사실 원자폭탄 제조에 활용된 과학기술은 당초에는 원자폭탄 개발을 위한 것이 아니었다. 핵물리학 연구는 군사적인 목적보다는 물질 내부의 비밀을 밝히려는 순수한 학문적 욕망에서 발전했다. 그런데 원자 내의 핵분열을 통해 막대한 에너지가 방출될 수 있음이 밝혀진 이후 모든 상황이 바뀌었다. 원자폭탄 제조를 위해 모든 것이 양해되었고, 모든 노력이 집중되었다. 원자폭탄을 제조한 이후 어떤 일이 벌어질지에 대해서는 많은 논의가 이루어지지 않았으며, 그것을 사용하는 것이 어떤 윤리적인 문제를 지니는지에 대해서도 고민하지 않았다. 모든 것은 원자폭탄 제조 그 자체에 맞춰져 있었다.

그런데 막상 원자폭탄이 완성되고 실험이 끝났을 때, 그 무기의 위력을 가장 잘 이해하고 있었던 과학자들은 회의에 빠졌다. 너무도 강력한 무기 앞에서 그들은 자신들의 연구가 더 이상 자신들의 소유가 아니며, 자신들의 통제 아래에 있지도 않다는 걸 깨닫게 되었다. 그들의 삶 또한 정치적인 문제로부터 자유롭지 못했으며, 젊은 시절의 연구는 어느덧 그들에게 족쇄가 되어 갔다.

원자폭탄을 놓고 이렇게 과학자들이 좌절하고 고뇌하는 동안에도, 일반 대중들은 여전히 낙관적인 태도를 가지고 있었다. 그들에게 원자폭탄은 전쟁을 끝내고 사랑하는 가족을 집으로 돌려보내주는 고마운 존재였으며, 사악한 적을 제거하여 사회를 안정시키는 데 도움을 주는 효과적인 도구였다. 강력한 핵무기가 있다는 것은 그만큼 더 안전하다는 것을 의미했고, 그런 핵무기 개발을 위해 세금을 걷는 것은 아무런 문제가 되지 않았다.

그러나 핵무기가 안전이 아니라 끔찍한 두려움과 위협의 존재가 되는 데는 얼마 걸리지 않았다. 두려움은 가정으로, 학교로 그리고 직장으로 번져 갔고, 그 두려움을 잠재울 방안들이 강구되기 시작했다. 비상벨이 울릴 때 머리를 숙이는 훈련이 계속되었고, 지하 대피소를 만들어 비상 식품을 채워 놓는 것이 유행처럼 번져갔다. 이런 방안들이 핵무기 투하 이후에 얼마나 효과적일지에 대해서는 크게 고민하지 않았다. 대중들을 위로하고 안심시킬 수만 있다면 그것은 그것으로 이미 충분히 효과적인 것이었다.

시간이 흘러 핵무기에 대한 사회적 인식이 얼마나 순진했는지가 드러났지만, 그것을 통제하는 것은 더욱 어려운 문제가 되었다. 이제 더 이상 핵무기 없는 세상을 상상하기는 어려워졌다. 그것은 특정한 시대적 상황과 다양한 욕망으로부터 탄생했지만, 그것이 생명을 얻고 난 이후에는 그것을 만든 과학자의 손도 그리고 개별 국가의 손도 벗어났다. 결코 돌이킬 수 없는 현실이 된 것이다.

IV

우주

상상력의 힘

7

인간이 맞닥뜨린 우주

달로 가는 방법

달은 인간에게 언제나 특별한 대상이었다. 밤하늘에 두둥실 떠 있는 달은 다른 어떤 별이나 행성보다도 인간의 상상을 자극했다. 상상은 달에 가고 싶다는 욕망으로 이어졌다. 달에 어떻게 갈 수 있는지는 중요하지 않았다. 바람에 실려 가거나, 새를 타고 가거나, 혹은 마법을 통해 갈 때 중요한 것은 달에서의 탐험이었지, 달에 가는 방법이 아니었다.

상상은 에드가 앨런 포Edgar Allan Poe(1809~1849)나 쥘 베른Jules Verne (1828~1905)에 이르러 보다 구체화되었다. 과학 소설은 허구적 상상을 넘어 논리적이고 진지한 사색으로 발전해 나갔다. 그 결과, 과학 소설은 과학기술자들에게 흥미로운 아이디어를 제공하는 것은 물론이고, 그러한 과학기술 개발에 요구되는 다양한 정치적, 사회적, 경제적 문제들을 미리 점검해 보는 가상 테스트로 기능할 수 있었다.

이 장에서는 과학 소설을 중심으로 달에 가고자 했던 인간의 상상이
어떻게 변모해 왔는지를 자세히 살펴볼 것이다.

16세기 이전의 달나라 여행

달은 인류에게 아주 오래된 주제다. 고대 아리스토텔레스의 자연철
학에서는 인간이 사는 지상계와 행성들이 운동하는 천상계가 달을 기
준으로 뚜렷하게 구분되어 있었다. 달 아래의 지상계가 변화와 생성
이 존재하는 불완전한 곳이었던 반면, 달을 포함한 그 위의 천상계는
등속 원운동(고대 그리스인들은 여러 도형 중에서도 원을 가장 완벽하고 우아한
도형으로 보았다)만을 영원히 지속하는 완전한 곳이라 여겨졌다. 지상계
와 천상계를 구성하는 물질 역시 서로 달랐다. 지상계가 물, 불, 흙, 공
기의 4원소로 이루어져 있었다면, 천상계는 4원소와는 다른 제5원소
(플라톤은 이 원소를 에테르Aether라고 명명했다)로 이루어져 있었다.[1] 이렇
듯 달은 가장 가까이 있음에도 지상계가 아닌 천상계의 대상이었다.
　그런 미지의 세계인 달을 바라보며 인간은 그곳으로의 여행을 꿈
꾸어 왔다. 그 바람은 문학 작품에서 구체적으로 형상화되었다. 서기
2세기에 로마인 루키아누스Lucian of Samosata(125~180)는 『참된 역사
Lucian's True History』에서 달로의 탐험을 이야기한다. 자신이 살던 바다
저편의 세계를 궁금해하던 루키아누스는 탐험을 떠난다. 출발 다음
날 지중해 서쪽 끝 지브롤터 해협에서 서쪽으로 항해하던 루키아누스
일행은 갑자기 불어 닥친 회오리바람으로 인해 위로 들어 올려진다.

그리고 강력한 바람에 의해 79일 동안 어디론가 끌려가다 80일째 되는 날 동그랗고 반짝이는 섬에 도착한다. 밤이 되자 멀리 떨어진 수많은 섬에서 형형색색으로 반짝이는 불빛과 도시, 바다와 강, 산과 나무들을 발견한다.

그들은 이내 자신들이 보고 있는 곳이 지구임을 깨닫고, 달에 도착했음을 인지한다. 루

| 그림 1 | 도레Gustave Doré가 그린 『참된 역사』의 삽화(1868)

키아누스 일행은 그곳의 왕을 만나게 되는데, 그들과 마찬가지로 왕 역시 자다가 회오리바람에 실려 달에 도착한 지구인이다. 이후 루키아누스 일행은 달나라 왕의 편에 서서 태양과 금성 등에서 온 다양한 종족들로부터 위협을 받기도 했으며, 여러 행성을 거치며 독특한 지형과 괴상한 동물들 및 원주민들을 경험한다. 그렇게 우여곡절을 겪고 난 뒤 루키아누스 일행은 달에서 갑자기 일어난 폭풍우를 통해 다시 지구로 돌아온다.[2]

중세에 들어서는 달에 인간이 산다거나 달로 여행을 간다는 이야기가 자취를 감추었다. 기독교 사회인 중세 유럽에서는 기독교 신학과 아리스토텔레스의 철학이 조화를 이루면서 천상계와 지상계의 구분이 더욱 뚜렷해졌다. 기독교의 믿음에 따르면, 신이 창조한 인간이란 생명체는 지상계에만 국한될 뿐 천상계에는 존재할 수 없었다.

지구는 온 우주의 중심으로, 신이 창조한 인간이 존재하는 유일한 공간이었다. 반면 달을 포함한 천상계에는 완전한 제5원소만이 존재할 뿐, 불완전한 생명체가 있을 곳은 없었다.

태양 중심설과 달나라 여행

16세기에 코페르니쿠스의 태양 중심설이 제기되면서 다시 우주에 대한 다양한 발상이 나타났다. 지구가 우주의 중심이 아니라 태양이 우주의 중심이라면, 지구는 수성이나 금성, 목성, 토성, 화성과 같은 행성들과 동일한 지위에 놓이게 된다. 그렇다면 지구에 인간이 살고 있듯이 지구 외 다른 행성에 인간과 같은 생명체가 살지 않는다고 확신하기 어려웠다.

조르다노 브루노Giordano Bruno(1548~1600)의 무한 우주에 대한 생각이 나타났던 것도 바로 이 시기였다. 아리스토텔레스 철학의 오류를 발견하고 코페르니쿠스의 태양 중심설을 받아들였던 그는 신의 존재를 부정하지는 않았지만 기존의 기독교적 우주관에 대해서는 비판적인 입장을 취했다.『무한자와 우주와 세계』에서 무수한 천체가 무한히 운동하는 무한 우주를 상정했던 것은 대표적인 사례였다. 그런데 무한 우주라는 생각은 기독교적 우주론에 맞설 뿐 아니라, 신과 인간 사이의 관계에서 설정된 인간의 독특한 위치나 성경적 세계관을 부정하는 것으로 보였다. 안 그래도 종교 개혁으로 시끄럽던 상황에서, 교황청이 위치한 로마에서의 도전은 용납되기 힘들었다. 결국 브루

노는 카톨릭 교회의 이단 심문을 거쳐 화형으로 생을 마감하였다.[3]

브루노의 화형은 17세기 초 새로운 학문에 대한 가톨릭 교회의 태도를 보여 준다. 이 시기 가톨릭 교회는 왕권 강화와 개신교의 확장 등으로 인해 위기 의식을 가지고 있었다. 이는 1543년에 출판된 코페르니쿠스의『천구의 회전에 관하여』가 뒤늦게 1616년에 금서로 지정된 것에서도 잘 드러난다. 1633년에는 갈릴레오가『두 가지 주된 우주 구조에 대한 대화』(1632)를 집필했다는 사유로 그에 대한 이단 심문이 이루어졌다. 당시에 전통적인 우주관에 도전한다는 것은 매우 위험한 일이었다.

이런 상황에서 어느 누구도 대놓고 우주인이나 달에 사는 인간을 논하기는 어려웠다. 그 결과 이 시기에 우주 여행이나 달 탐험과 같은 주제를 다룬 작품들은 모두 작가가 죽고 난 뒤에 출판되었다. 가령, 독일의 천문학자이자 수학자였던 요하네스 케플러Johannes Kepler(1571~1630)의『꿈Somnium』[4](1634)이나 영국의 신학자였던 프랜시스 고드윈Francis Godwin(1562~1633)의『달세계 인간』[5](1638)이 바로 그러했다.

그런데 과학이 크게 발전했던 근대 초에 태풍을 타고 달에 간다는 식의 설정은 아무리 소설이라고 해도 받아들여지기 어려웠다. 우주 여행을 주제로 글을 쓰려는 이들은 우주로 가는 방법에 대해 보다 더 진지하게 고민해야 했다. 그 방법은 멋진 비행체를 고안하는 것일 수도 있었고, 아니면 완전히 반대로 신비로운 마술이나 꿈 등의 장치를 이용하는 것일 수도 있었다. 고드윈의『달세계 인간』이 전자를 사용했다면, 케플러의『꿈』은 후자를 사용했던 경우였다.

먼저, 고드윈은『달세계 인간』에서 달로의 여행을 위해 새를 이용

The VOYAGE to the WORLD in the MOON.

| 그림 2 | 고드윈의 소설에 실린 야생 거위를 활용한 비행체 삽화

한 날 것을 고안한다. 결투에서 사람을 죽인 벌로 동인도로 망명하게 된 주인공 곤살레스는 그곳에서 무역업을 통해 재산을 모은 뒤 다시 고향 스페인으로 돌아가려고 한다. 그러나 여행 도중 아프게 되면서 회복을 위해 세인트 헬레나 섬에 잠시 머물게 되고, 그곳에서 통신과 교통수단의 필요를 위해 야생 거위gansa를 훈련시킨다. 그런데 섬을 나와 다시 스페인으로 돌아가려는 과정에서 곤살레스는 그 거위에 이끌려 우연히 달에 도착하게 된다. 여기서 고드윈은 비행체의 구조를 상세히 묘사하면서 도르래를 이용해 비행체의 균형을 어떻게 잡아가는지를 구체적으로 설명한다. 물론 그의 작품의 핵심은 과학기술이 아니다. 달에 사는 월인月人들을 만나 의견을 나누면서 당시 유럽 사회를 풍자하는 것이 더 중요하고 비중 있는 대목이다.[6] 그러나 풍자를 위해서라도 고드윈은 달로 여행하는 과정에 대해 보다 더 진지하게 고민해야 했다.

이에 반해, 케플러의 『꿈』에서는 악마의 주술을 통해 곧바로 달에 가게 된다. 꿈에서 마녀[7] 피올크실드Fiolxhilde가 태양이 지고 일식이 일어날 때 달의 정령Daemon of Lavania을 소환하면 곧바로 아들 두

| 그림 3 | 캐나다 예술가인 버티나 포깃Bettina Forget이 케플러의 『꿈』을 읽고 감명을 받아 책의 삽화로 창작한 시리즈 중 하나. 포깃은 이 작품을 위해 케플러의 『꿈』 속 스토리와 관련된 이미지들을 찾은 뒤 이를 무작위로 겹쳐 인쇄하고, 그 위에 다시 그림을 그렸다. 이 그림은 『꿈』에 등장하는 아이슬란드의 헤클라 산을 염두에 두고 제작한 '헤클라 산Mount Hekla'(2009)이다. 그림 왼쪽 아래에는 작품의 두 주인공인 아이슬란드의 소년과 그의 어머니 마녀가 그려져 있다.

라코투스Duracotus와 함께 달 여행이 시작되는 것이다. 이 작품은 케플러가 천문학의 전통적인 원운동과 등속 운동을 부정하며 타원 궤도 운동과 부등속 운동인 면적 속도 법칙을 소개하였던 『신천문학 Astronomia Nova』(1609)의 집필 과정에서 구상되었다.[8] 따라서 달에 가는 방법이나 달의 생명체에 대한 묘사만 두고 생각한다면 비합리적으로 보이지만,[9] 전체 내용으로 판단하면 다를 수도 있다. 전문적인 천문학자였던 케플러의 관점에서는 달로의 여행이란 당시 수준으로는 전혀 가능하지 않으며, 따라서 논리적으로 설득시킬 수 있는 문제가 아니라고 여겼을 수 있는 것이다.

실제 『꿈』에서 달에 가는 방법은 비합리적이지만, 막상 지구에서 달로 가는 과정에서 경험하는 현상이나 달에서 관찰하는 행성 운동에 대한 설명은 상당히 논리적이고 과학적이다. 지구와 달 사이의 성층권의 상태, 우주 공간에서의 인력이나 무중력 상태, 달에서 바라보는 지구 자전이나 태양의 모습 등은 그가 전하고자 했던 것이 달나라 여행이 아니라 천문학 연구를 통해 상상하게 된 우주의 모습임을 짐작하게 한다.[10]

비행기구의 등장과 그 열광

한편, 근대 과학혁명을 거치며 실제로 나는 비행체가 등장했다. 최초의 발명품은 포르투갈 제국의 성직자인 바르톨로메우 드 구스망 Bartolomeu de Gusmão(1685~1724)의 파사롤라passarola(포르투갈어로 큰 새를 뜻한다)였다. 기록에 의하면, 구스망은 1709년 봄에 자신의 발명품인 파사롤라에 대한 설명서를 작성하였고, 이를 근거로 특허를 받았다.[11]

그런데 파사롤라를 묘사한 삽화들이 알려지면서 구스망의 발명에 대한 의혹이 제기되었다. 구스망이 작성한 원고에는 그림이 전혀 없었지만, 같은 해에 오스트리아의 한 저널이 구스망의 특허 소식을 소개하면서 이해를 돕기 위해 삽화를 실었던 것이 문제를 낳았다(그림 4). 이 삽화는 구스망의 비행체가 흥미롭긴 하지만 현실적으로 가능해 보이지 않는다는 인상을 주었고, 실제로 실험에 성공했는지를 두고 많은 논란이 빚어졌다. 구스망의 원고를 제외하면, 자료나 기기 등이 전혀 남아 있지 않다는 점도 이런 의심을 부추겼다.[12]

확실한 것은 구스망이 파사롤라에 대해 특허를 받은 후, 1709년 8월 포르투갈 왕 존 5세와 궁정인들 앞에서 파사롤라의 원형이 된 비

| 그림 4 | 구스망의 파사롤라를 상상한 18세기 초의 삽화

| 그림 5 | 1709년 포르투갈 궁정에서의 비행 실험을 상상해서 재현한 1940년 작품

행체를 선보였다는 사실이다. 기록에 의하면, 그날 구스망은 종이가 가득 담긴 나무로 된 바구니를 가져와 왕 앞에서 바구니 아래에 불을 붙였다. 그러자 종이가 부풀면서 그림 5에서와 같이 비행체가 위로 떠올랐다고 전해진다.[13] 그림 5는 20세기에 그려진 작품이어서 구스망의 비행체가 그림의 물체와 완전히 동일한지 여부는 확인할 길이 없다. 그러나 구스망이 열기구의 원리를 응용했던 것은 확실해 보인다.

구스망의 비행 원리는 이후 1782년 프랑스 제지업자의 아들인 몽골피에 형제Joseph-Michel and Jacques-Étienne Montgolfier의 열기구로 이어졌다. 몽골피에 형제가 구스망의 원리를 알고 열기구를 고안했던 것은 아니었다. 조셉 몽골피에가 우연한 기회를 통해 공기가 종이나 천을 부풀어 오르게 한다는 사실을 깨달은 것이 발명의 발단이었다. 그는 곧바로 성직자이자 화학자였던 조셉 프리스틀리Joseph Priestley(1733~1804)의 공기에 대한 연구를 공부하기 시작했다. 그는 본격적으로 열기구를 고안하면서는 풍선을 올라가게 만드는 연기의 '힘'에 대해 관심을 가지게 되었고, 기존의 과학 지식이 부족한 상황에서 자신이 새로운 과학적 현상을 발견했다고 생각하여 그 연기를 '몽골피에 가스'라고 명명하였다.[14]

그는 형 에티엔느와 함께 최초의 현대적 열기구를 제작하였다. 그들은 독자적인 실험을 통해 자신들의 열기구 모델의 가능성을 확인하였고, 자신이 생기자 1783년 지역의 상류층 인사들을 초대해 시범 비행을 선보였다. 고향인 아노네Annonay에서 실시된 이 비행을 위해 그들은 세 겹의 종이 위에 굵은 삼베 천을 이어 붙인 초대형 열기구를 만들었다. 시범 비행에서 열기구는 10분 정도 날아가면서 2,000

미터 가까이 올라가는 성공을 거두었다.[15] 이 소식은 여러 지역으로 전해졌고, 곧바로 열기구 비행에 대한 관심이 크게 늘어났다.

| 그림 6 | 르베이용이 재현한 몽골피에 형제의 열기구 모델(영국 과학박물관)

형 에티엔느는 동생과 자신이 개발한 발명품에 대해 공식적인 인정을 받고자 파리로 출발하였다. 파리에서는 먼저 당시 기술 특허 심사를 관장하고 있던 파리 과학아카데미에 열기구에 관한 리포트를 제출하였다. 그런 다음 부유한 벽지 제작자였던 쟝 바티스트 르베이용Jean Baptiste Reveillon(1725~1811)과 함께 광택이 있는 뻣뻣한 태피터taffeta 천에 하늘색과 황금색으로 태양과 황도 십이궁 기호를 표현한 거대한 열기구 풍선을 제작하였다. 그리고 수차례에 걸쳐 파리 과학아카데미 회원들을 초청해 시범 비행을 선보인 뒤, 루이 16세와 마리 앙뜨와네뜨 왕비가 지켜보는 가운데 공개 비행을 성공적으로 마쳤다.[16]

몽골피에 형제의 열기구가 성공하면서 프랑스에서는 열기구에 대한 관심이 폭발적으로 증가하였다. 몽골피에 형제 외에도 많은 이들이 제각각의 방식으로 열기구를 제작했다. 가령, 프랑스의 내과의사이자 파리 과학아카데미의 회원이었던 자끄 샤를Jacques Alexandre César Charles(1746~1823)의 수소기구는 대표적인 사례였다. 파리 과학아카데미에서 새로운 발명을 조사하는 임무를 맡고 있던 샤를은 몽골피에 형제의 발명품을 접하면서 헨리 캐번디시Henry Cavendish(1731~1810)의 가벼운 기체(당시에는 가연성 기체Flammable air 등으로 불리다가 라부아지에에 의해 수소로 명명되었다)를 떠올렸다. 영국의 화학자 겸 물리학자였던 캐번디시는 1766년 공기보다 10배 이상 가벼운 기체를 분리하는 데 성공해 이를 논문으로 발표하였다. 이에 대해 잘 알고 있었던 샤를은 몽골피에 형제의 열기구를 조사하면서 그 속에 그 기체가 들어 있을 거라 판단했다. 이후 샤를은 로베르 형제Anne-Jean Robert(1758~1820), Nicolas-Louis Robert(1760~1820)와의 연구를 통해 가벼운 기체를 실크 천 안에 포집할 수 있었고, 1783년 8월 자신의 비행기구를 날리는 데 성공하였다.[17]

여러 팀들 사이에서 열기구를 둘러싸고 경쟁이 벌어지자 몽골피에 형제는 서둘러 최초의 유인 비행을 계획하였다. 당시에는 이미 무인 비행이 성공을 거두면서 높은 곳의 대기가 인체에는 어떤 영향을 미치는지에 대한 관심이 증가하던 터였다. 몽골피에 형제는 먼저 1783년 9월 19일 루이 16세와 왕비 마리 앙투아네트를 비롯해 수많은 사람들이 지켜보는 가운데 기구 안에 오리와 양 그리고 수탉을 넣은 뒤 베르사이유 궁전 뜰에서 공개 시범 비행을 선보였다.[18]

동물 비행이 성공을 거둔 후에는 최초의 유인 비행을 준비하였다. 이를 위해 먼저 줄을 단 상태로 유인 비행을 준비하였다. 그런 다음 뜨거운 공기 배출을 조절하는 밸브 조작 문제 등을 해결한 후인 1783년 11월에는 지방 아카데미에서 물리 및 화학을 가르치던 쟝 프랑소와 필라트르 드 로지에Jean-François Pilâtre de Rozier(1754~1785)와 몽골피

| 그림 7 | 열기구의 유인 비행 시험(1783). 열기구에 탄 사람과 땅에서 줄을 붙잡고 있는 사람들, 이를 구경하고 있는 많은 사람들을 볼 수 있다.

에 형제의 지인인 프랑소와 로랑 아를당데 후작François Laurent marquis d'Arlandes(1742~1809)을 태운 세계 최초의 유인 비행이 이루어졌다. 이들을 태운 열기구는 25분 정도에 걸쳐 9킬로미터 가까이 성공적으로 날아갔다.[19] 이어 1783년 12월에는 샤를과 로베르 형제의 수소기구

7.
인간이 맞닥뜨린
우주

에 사람이 탑승한 첫 유인비행이 시도되었다. 샤를과 로베르가 탄 이 비행에서 수소기구는 2시간 넘게 36킬로미터 가량을 날아가는 큰 성과를 거두었다. 유인 기구 비행의 성공은 또 다른 시험 비행으로 이어졌고, 비행기구에 대한 열광은 더욱 뜨거워졌다.[20]

하늘에서 떨어진 달

다른 한편, 열기구를 이용한 비행은 사회적으로 큰 파장을 불러일으켰다. 많은 사람들이 열기구에 열광하며 관심을 기울이는 동안에도, 이를 두렵게 바라보는 이들도 있었다. 가령, 1783년 6월의 한 시험 비행에서는 갑자기 남풍이 불면서 열기구 속 버너 불이 풍선에 옮겨 붙는 사고가 발생했다. 근처에서 이 장면을 본 농부들은 이를 심판의 날의 징조로 여겼다. 이들은 하늘에서 뜨거운 달이 떨어진 거라 생각하여 크게 놀란 나머지 열기구가 다 타버릴 때까지 불을 끄지 않았다. 1783년 8월

| 그림 8 | 1784년 1월. 로지에를 포함해 7명의 사람들을 몽골피에 형제의 열기구에 태운 유인 비행의 모습

에 이루어진 샤를과 로베르 형제의 첫 수소기구 비행의 경우에도, 기구가 고네스Gonesse 지역 근처에 착륙했을 때 하늘에서 내려온 괴물이라 여긴 주민들은 삼지창과 총으로 수소기구를 파괴해버렸다.[21] 또다른 열기구 비행을 목격한 어떤 이들은 열기구가 올라가는 것이 악마의 힘에 의한 것이라 여겨 공포에 사로잡히기도 했고, 두려운 나머지 기구에 타고 있는 이들이 신인지 인간인지를 묻는 경우도 있었다.[22] 대중들의 두려움이 커지면서 시범 비행이 있는 날이면 사람들이 당황하지 않도록, 경찰 측에서 미리 열기구에 대한 설명을 제공하는 일도 벌어졌다.[23]

이런 가운데 열기구를 돈벌이로 활용하려는 이들도 나타났다. 많은 사람들이 열기구에 환호하자 돈을 벌기 위해 열기구를 만들거나,

| 그림 9 | 1783년 8월, 프랑스 고네스 지역에 샤를과 로베르의 수소기구가 착륙하자 놀란 주민들이 삼지창과 총으로 열기구를 파괴하는 모습

7.
인간이 맞닥뜨린
우주

열기구에 거금을 투자하는 이들이 생겨난 것이다. 이들은 수익을 올리기 위해 자신들의 열기구 비행을 구경하려는 이들에게 과도한 입장료를 요구하는 경우가 많았다. 하지만 열기구 제작 초기에는 불완전한 요소들이 많았고 사건 사고가 끊이지 않았다. 열기구를 만든다고 해서 반드시 돈을 벌 수 있는 것은 아니었던 상황에서, 결국 이런 행태는 사회적 논란을 불러일으켰다.

가령, 1784년 3월 아베 몰리앙Abbé Miollan과 장 프랑소와 자니네Jean-François Janinet는 프랑스에서 가장 큰 몽골피에식 열기구를 선보이겠다고 공언하며 많은 입장권을 비싸게 판매했다. 같은 해 7월 14일에 드디어 높이 34미터, 지름 25미터가 넘는 거대한 풍선이 룩셈부르크 공원에 준비되었다. 이 자리에는 정부 고관들과 파리 과학아카데미 회원들을 포함해 다양한 계층의 수많은 사람들이 모여들었다. 그런데 원래 계획했던 시간이 지났는데도 비행은 시작되지 못했다. 오후 3시부터 본격적으로 풍선을 부풀리기 시작했지만 알 수 없는 이유로 풍선이 제대로 부풀어지지 않았고, 결국 열기구가 떠보지도 못하고 실패하는 일이 벌어졌다. 이렇게 되자 사람들은 화를 참지 못하고 풍선을 찢고 기구들을 파괴했다. 이 과정에서 화재가 일어나 모든 것이 불타는 최악의 사건이 벌어졌다. 대중들의 분노는 식지 않았고, 몰리앙과 자니네를 조롱하는 카툰이 신문에 실리기에 이르렀다.[24]

그러나 이 모든 것도 결국 열기구 열풍을 보여주는 것에 다름 아니었다. 프랑스에서 시작된 열풍은 다양한 이들과 여러 분야에 영향을 미치면서 영국과 미국을 포함해 전 세계로 빠르게 퍼져나갔고,

| 그림 10 | 몰리앙과 자니네의 시도를 풍자한 카툰(1784). 왼쪽에는 물리학을 상징하는 여인이 불을 끄려는 자니네의 벗겨진 엉덩이를 회초리로 내리치려 하고 있고, 오른쪽에는 몰리앙을 상징하는 고양이 얼굴의 남성이 스위스 경찰에게 끌려가고 있다.

많은 분야에서 다양한 용도로 제각기 다른 열기구들이 만들어졌다(그림 11). 기상학자들은 소규모 열기구를 제작해 기상 현상 연구에 활용했다. 모험가들 중에는 풍선을 타고 한 달 안에 프랑스에서 영국으로 가겠다고 공언하는 이들도 나타났다. 수많은 역사적 성취와 기록들이 생겨났고, 또 그와 함께 사건 사고 역시 끊이지 않았다. 그러나 분명한 건, 하늘을 날고자 하는 욕망을 통해 이제 인류에게 하늘을

나는 기술이 생겼다는 것이었다. 그리고 그 기술은 시행착오와 변형 그리고 혁신 등을 통해 점점 더 발전하고 있었다.

열기구로 가는 달나라 여행

에드가 앨런 포가 잡지에 『한스 팔의 환상 모험The Unparalleled Adventure of One Hans Pfaall』(1835)을 발표했던 당시는 열기구가 발전하며 계속해서 새로운 혁신들이 시도되던 때였다. 프랑스와 영국 사이는 물론이고, 유럽과 미국을 잇는 대서양 횡단 역시 시도되고 있었다. 이런 상황에서 포는 대담하게 풍선을 이용한 달 여행을 상상했다.

한때 로테르담의 풀무 수리공이었던 한스 팔은 프랑스 혁명 이후의 어지러운 시대 상황에서 사람들이 넘쳐나는 신문으로 풀무 대신 부채질을 하게 되자 자신의 생계를 이어갈 수 없는 상황에 처한다. 그는 가난해져 처자식을 먹여 살리기도 어려운 상황에 내몰리고, 빚쟁이들에게 쫓기며 뒷골목을 정처 없이 떠도는 신세가 된다. 그러던 어느 날 가판대에서 천문학 책을 발견하면서 그의 인생에 큰 변화가 일어난다. 아직 살아 있고 새로운 희망을 꿈꿀 수 있기에 어떤 어려움이 있더라도 달에 가겠다고 결심하는 것이다. 팔은 기계와 천문 관측에 관한 책을 구입하고, 달에 타고 갈 열기구와 장비들을 마련한다. 열기구를 타고 험난한 상황을 극복한 뒤 달에 도착한 팔은 달에 거주하며 그곳 생활에 적응해간다. 그러나 이내 고향과 가족이 그리워진 팔은, 달 주민 하나를 지구로 보내 로테르담 천문과학대학의 총장과 부총장에게 자신의 옛 허물을 덮어달라는 편지를 전달한다. 소설은 총장과 부총장의 면죄 결정에도 불구하고, 팔의 편지를 전달한 달 주민이 답장은 받지 않은 채 떠나버린 상황을 아쉬워하는 것으로 마무리된다.

이 소설의 간략한 줄거리만 들으면 열기구로 달까지 여행한다는 이야기가 황당하게 여겨질 수 있다. 그러나 팔이 달 탐험을 계획한 후 어떤 준비를 했고, 또 열기구가 달에 도착하기까지 어떤 일이 있었는지를 자세히 설명하는 부분을 읽고 있자면, 그의 이야기가 그저 황당하게만 들리지는 않는다. 우선 포는 자신의 주특기를 살려 독자들이 소설의 논리를 납득하며 따라갈 수 있도록, 과학기술을 포함한 관련 지식들을 아주 상세하게 묘사하였다.

> 그래도 여전히 걱정스러운 문제는 있었습니다. 신체는 고도가 높을수록 호흡 곤란 이외에도 코피가 나거나 거북함, 두통 같은 고통스러운 증상을 겪게 됩니다. 높은 곳에서 나타나는 자연적인 현상이죠. 그런데 이 증상이 한없이 심해진다면? 죽을 때까지 계속된다면? 나는 그렇지 않으리라 결론

내렸습니다. 이러한 증상은 기압이 낮아져 혈관이 확장되었기 때문에 나타납니다. 호흡 곤란의 경우처럼 말입니다. 신체의 생리적 체계가 붕괴된 것이 아니라 대기 밀도에 원인이 있습니다. 기압이 낮으면 대기 밀도가 낮고 대기 속 산소 농도도 낮아 혈액에 산소가 원활하게 공급되지 못합니다. 산소 공급만 제대로 되면 진공 상태라도 살지 못할 이유는 없습니다. 우리가 호흡이라 일컫는 것도 심장의 수축과 이완이며, 이는 순전히 근육의 힘으로 작동합니다. 호흡 덕분에 심장이 뛰는 것이 아니라 심장 근육의 활동 덕분에 호흡하는 것이죠. 그러니 기압에 익숙해지기만 하면 고통스러운 증상은 서서히 줄어들 것입니다. 나는 배짱 좋게 내 몸이 버텨주리라 믿었습니다. (중략)

8시 15분, 이제 숨을 쉴 때마다 아주 고통스러워 당장 공기 압축 기계를 사용하기로 했습니다. 기계에 대해 설명해야 할 것 같습니다. 먼저 나와 고양이를 방어막으로 둘러 희박한 대기에서 보호한 다음, 공기 압축기를 이용해서 주위 공기를 압축하여 방어막 안으로 넣을 것입니다.

이를 위해 공기가 새지 않고 튼튼하면서도 유연한 고무 천막을 준비했습니다. 천막은 매우 커서 곤돌라를 모두 덮을 수 있었습니다. 나는 천막을 곤돌라 바닥 전체에 깔고 끈 바깥쪽을 따라 곤돌라 옆면을 싼 다음 그물이 연결된 위쪽 쇠고리까지 들어 올렸습니다. 천막을 위로 끌어올려 사방을 완전히 둘러싸면 천막 끝자락을 쇠고리와 그물 사이에 넣어 입구를 묶어야 합니다. 그러면 먼저 쇠고리에서 그물을 풀어야 하는데, 그물이 쇠고리와 분리되는 동안 곤돌라를 어떻게 받칠까요?

이 문제를 해결하려고 그물을 쇠고리에 묶지 않고 쇠고리와 연결한 올가미 묶음에 묶어두었습니다. 여러 고리로 이루어진 올가미는 필요하면

몇 개만 풀면 되고 쇠고리에 묶인 나머지 올가미가 곤돌라를 붙잡아줄 테니까요.[25] (중략)

내가 처음 달 여행을 계획할 때 달에 가까이 갈수록 압축된 대기가 존재한다고 가정하고 모든 계획을 세웠습니다. 그 반대를 증명하는 수많은 이론이 있음에도, 대기 존재설에 대한 불신이 팽배했음에도, 나는 내 주장을 밀고 나갔습니다. 달에 대기가 존재한다는 근거는 엥케 혜성과 황도광뿐 아니라 릴리엔탈과 슈뢰터의 관찰에서도 찾을 수 있었습니다.

이틀 반 동안 일몰 직후부터 완전히 어두워지기 전까지 달을 관찰했습니다. 달이 완전히 선명해지기 전 초승달의 양쪽 끝이 태양 빛을 반사해 빛나는데 초승달 끝에서 가늘고 희미하게 빛이 연장되는 부분이 관찰되었습니다. 나는 태양 빛이 달의 대기에 의해 굴절되어 달의 반원 너머까지 연장된다고 확신했습니다. 그리고 달 대기의 높이가 413미터고 태양 빛을 굴절시킬 수 있는 가장 높은 높이는 1,638미터임을 계산해냈습니다. 달이 지구와 32도 각도에 있을 때 달의 대기는 어두운 반구 안으로 빛을 굴절시켜, 지구에서 굴절된 빛보다 더 빛나는 황혼을 만들 수 있습니다. 『철학 회보』 후편 82권에 보면, 목성의 세 번째 위성이 목성 빛을 가려 생긴 그림자가 1~2초 만에 사라지고, 네 번째 위성이 목성 가장자리에서 보이지 않게 되었다는 내용이 나오는데, 이 문구 역시 내 의견을 뒷받침합니다.[26]

포의 『한스 팔의 환상 모험』에 대해서는 그동안 작품의 몇 가지 설정을 중심으로 인문학적 고찰이 이루어져 왔다. 가령, 로테르담 하늘에서 내려온 열기구를 보며 "누가 이렇게 더러운 신문지 조각으로 열기구를 만든단 말인가?"라고 말하는 대목을 근거로, 포의 글은 당시 인기를 누리던 값싼 신문들이 선풍적인 화제를 제시하고는 곧바로 사라지는 세태를 묘사하는 것이라고 주장하는 이들이 있다. 또한 팔이 도착한 달세계의 모습을 제시하며, 소설 속 달세계와는 다른, 당시 사회의 부조리한 모습을 풍자하려는 의도에서 집필된 것이라고 보는 이들도 있다.[27]

그러나 그러한 인문학적이고 사회적인 이야기를 하기 위한 것이라고 보기에는 이 책의 묘사가 너무도 사실적이고 구체적이다. 포는 과학적이고 기술적인 논의들에 기반하여 달 여행을 최대한 그럴듯한 방식으로 묘사하고 있다. 사회적인 함의를 지닌다고 볼 수 있는 앞부분과 뒷부분의 일부를 제외하면, 압도적인 분량을 차지하는 것은 주인공의 비행에 관한 세세한 기록이다. 그 부분을 읽어보면, 포가 이 소설을 쓰기 위해 얼마나 많은 자료들을 참조했으며, 또 구체적인 내용을 고안하기 위해 얼마나 고민했을지를 충분히 짐작할 수 있다.

다만 달에 도착하여 그곳의 세계를 묘사하는 부분은 그 이전까지의 서술과 달리 상상의 날개를 달고 개연성의 경계를 넘어선다. 귀가 없고 "입이 찢어졌나 싶을 정도로 벌어진 작고 못생긴 사람들"이 살고 있는 작은 마을에 이르러서는 일종의 판타지가 되는 것이다.[28]

이러한 상상력도 1844년에 출판된 『풍선 장난Balloon Hoax』에 이르면, 상당히 절제되는 모습을 보인다. 『풍선 장난』에서는 열기구를 통한 대서양 횡단 소식을 당시의 기술적 성취들과 뉴스에 기반해 매우 그럴듯하게 그려내고 있다. 소설의 구조 역시 앞부분의 대서양 횡단 성공 언론 기사와 맨 뒷부분의 언론 기사를 제외하면, 거의 모든 내용이 열기구에 탔던 가상의 몽크 메이슨Monck Mason과 실제 인물을 차용한 해리슨 에인즈워스Harrison Ainsworth(1805~1882)가 쓴 대서양 횡단에 대한 과학기술적 설명과 비행 일지로 이루어져 있다.[29] 개연성 있는 사실과 과학기술적 논리에 기반한 서술은 추리 작가로서의 포의 면모를 잘 드러내 보여준다 할 것이다.

지구에서 달까지 갔다 다시 달을 돌아오기

과학기술에 기반한 포의 서술은 프랑스의 쥘 베른으로 자연스럽게 이어졌다. 포는 미국 작가였지만, 샤를 피에르 보들레르Charles Pierre Baudelaire(1821~1867)가 포의 작품을 프랑스어로 번역하면서 19세기 후반 프랑스에서 큰 인기를 끌었다. 베른은 평생 포의 소설을 애독했던 것으로 알려져 있는데, 실제 작품을 읽어보면 두 사람의 서술이 얼마나 유사한지를 곧바로 이해할 수 있다.

베른의 작품에서 묘사된 과학기술은 이후 실제로 개발되거나 상용화된 경우가 많은 것으로도 유명한데, 그의 작품을 읽어보면 왜 그게 가능했는지를 곧바로 짐작할 수 있다. 베른의 작품은 포의 작품과 유사하면서도 보다 엄밀한 과학기술적 지식에 기반하여 매우 구체적이고, 사실적이며, 철저하게 개연성 있는 이야기를 추구한다. 그의 작품에서 가장 중요한 주제 역시 처음부터 끝까지 과학기술에 관한 것이었다.

『지구에서 달까지』(1865)는 그런 베른의 모습을 아주 잘 보여준다. 이 작품에서 베른은 사람을 지구에서 달까지 보내기 위해 어떤 문제들을 고민하고 해결해야 하는지를 매우 구체적으로 제시한다. 가령, 달에 사람을 보내는 프로젝트를 진행하기 위해서는 기금을 모으는 것이 가장 중요한 선결 과제일 텐데, 『지구에서 달까지』는 실제 이 문제로부터 시작한다. 그리고 실제 이 프로젝트가 진행된다면 어떤 과정 및 논의들이 필요한지를 보여주기 위해 클럽 결성, 대중매체 홍보, 과학기술 자문 및 계산, 재료 및 부지 선정 그리고 제품 제작 및 시험 과정 등에 이르기까지 그 준비 과정을 매우 구체적으로 기술하고 있다.

그가 제시하는 구체적인 계산과 과학기술적 근거들은 놀라울 정도로 세밀하고 정확하다. 가령, 대포 클럽Gun Club de Baltimore의 바비케인 회장은 달 프로젝트와 관련된 천문학적 문제들에 대한 자문을 구하기 위해 매사추세츠 주 케임브리지에 있는 천문대에 여섯 가지 질문 목록을 보낸다.

1. 포탄을 달에 쏘아 보내는 것은 가능한가?
2. 지구와 달의 거리는 정확히 얼마인가?
3. 포탄에 충분한 초속도를 부여하면 달까지 얼마나 걸릴까? 그리고 포탄을 달의 정해진 위치에 명중시키려면 언제 쏘아야 하는가?
4. 달이 포탄이 도달하기에 가장 유리한 위치에 오는 것은 정확히 언제인가?
5. 포탄을 발사할 대포는 정확히 하늘의 어느 위치를 겨냥해야 하는가?
6. 포탄이 발사될 때 달은 정확히 어느 위치에 있어야 하는가?[30]

먼저 첫 번째 질문에 대한 대답을 살펴보면, 그가 포탄이 초속 12킬로미터로 발사될 때 지구의 중력이 미치는 영향과 지구의 인력과 달의 인력이 상쇄되는 지점 등을 구체적으로 묘사하고 있음을 알 수 있다.

가능합니다. 포탄을 초속 12킬로미터의 초속도로 발사하면 달에 보낼 수 있습니다. 계산 결과는 이 속도로 충분하다는 것을 보여줍니다. 포탄이 지구를 떠나면 중력은 거리의 제곱에 비례하여 줄어듭니다. 즉 거리가 3배로 늘어나면 중력은 1/9로 줄어듭니다. 따라서 포탄의 무게는 급격히 줄어들어, 지구에서 달까지 거리의 47/52을 갔을 때 달의 인력과 지구의 인력이 균형을 이루면 포탄의 무게는 '제로'가 될 것입니다. 포탄이 그 위치를 통과하면 이번에는 달의 인력에만 이끌려 달로 떨어질 것입니다. 이론적인 가능성은 의심할 여지없이 입증되어 있습니다. 실제로 성공할지 여부는 오로지 발사장치의 성능에 달려 있습니다.[31]

또한 여섯 번째 질문에 대한 대답을 살펴보면, 달이 어느 지점에 있을 때 포탄이 발사되어야 하는지를 계산하기 위해 달의 회전 운동과 포탄 발사 시점의 달의 위치, 포탄이 달까지 날아가는 동안 달이 움직이는 거리 그리고 지구의 자전이 포탄에 미치는 영향 등을 세밀하게 고려하고 계산하고 있음을 알 수 있다.

달은 하루에 13도 10분 35초씩 나아가므로, 포탄이 발사될 때 달은 그 네 배인 52도 42분 20초만큼 천정에서 떨어져 있어야 합니다. 이것이 포탄이 달까지 나아가는 동안 달이 움직이는 거리입니다. 하지만 지구의 자전이 포탄에 미치는 영향도 고려해야 합니다. 포탄은 달에 도달할 때까지 지구 반지름의 16배, 달의 공전 궤도에서 계산하면 11도에 해당하는 거리를 벗어납니다. 따라서 위의 52도에 이 11도를 더해야 합니다. 그렇다면 포탄을 발사할 때 달은 수직에서 약 64도쯤 기울어진 각도에 있어야 합니다.[32]

베른의 구체적이고 정확한 계산은 놀라울 정도다. 바비케인 회장은 남북전쟁이 끝나 대포 클럽 회원들이 무료해진 상황에서 달까지 쏘는 포탄을 고안한다. 이때 포탄의 속도는 물론이고, 포탄, 포환, 대포의 재료, 각각의 외벽의 두께와 제작비, 대포의 길이와 형태, 포탄을 공중으로 발사할 때 포탄에 작용하는 힘, 포탄과 대포의 추진력을 위해 필요한 화약의 양과 종류, 포탄 실험이 이루어질 장소 선택의 기준 그리고 막대한 비용 문제 해결 방법 등 고려해야 하는 모든 문제들을 구체적으로 고민한다. 그런 뒤 과학기술적 근거를 들어 합리적인 선택을 한다. 그가 이 모든 문제들에 대해 구체적인 수치까지 제시하는 모습은 가히 놀라울 정도다.

달에 생명체가 존재하는지의 문제를 논하면서도 그는 근거 없는 상상의 나래를 펴지 않는다.

| 그림 12 | 포탄 우주선이 달을 향해 날아가는 장면. 『지구에서 달까지』 1872년 판본의 삽화

"아르당 씨" 낯선 사내가 말을 이었다. "당신은 달에 생명체가 살고 있다고 주장했소. 그럴지도 모르지만, 한 가지는 확실합니다. 달에 외계인이 살고 있다면, 그 외계인은 숨을 쉬지 않고 살 겁니다. 당신을 위해서 경고하겠는데, 달 표면에는 공기 분자가 하나도 없으니까 말이오."

"달에는 공기가 전혀 없다고요? 누가 그런 말을 하는지 말씀해주시겠습니까?"

"과학자들이 그렇게 말하고 있소."

...

"아시다시피" 낯선 사내가 말을 이었다. "빛이 공기 같은 매체를 지날 때는 직선이 구부러집니다. 다시 말해서 굴절 현상을 겪게 되지요. 그런데 달이 별을 가려도 그 별빛은 달 가장자리를 지날 때 조금도 편향을 보이지 않습니다. 굴절 현상이 일어나는 징후가 전혀 없는데, 이는 분명 달에 공기가 없다는 뜻입니다."

...

"이제 중요한 사실로 들어갑시다. 1860년 7월 18일의 일식 때, 프랑스의 유능한 천문학자인 로스다는 태양의 초승달 모양의 양끝이 뭉툭하고 둥글게 잘려 있는 것을 알아차렸습니다. 이것은 햇빛이 달의 대기를 통과할 때 굴절되었기 때문이라고 말할 수밖에 없는 현상입니다. 달리 설명할 수는 없습니다."[33]

"하지만 그 사실은 확실합니까?" 낯선 사내가 날카롭게 물었다.

"절대 확실합니다."

과학적이고 사실주의적인 경향은 『지구에서 달까지』에서 대포가 달에 도착하는 것으로 끝나지 않고, 대포가 발사된 후에 로켓 발사로 일어난 충격과 그것을 바라본 사람들의 반응에 대한 이야기로 끝나는 것으로도 잘 드러난다.

이후 『지구에서 달까지』의 속편으로 『달을 돌아서Around the Moon』 (1869)가 출판되었는데, 이 경우에도 베른의 상상은 그 선을 넘어서지 않는다. 즉, 포탄을 타고 달에 도착한다면, 당시의 과학기술적 기준에서 생각할 때 지구로 돌아올 수 있는 방법이 없다. 따라서 (한글로 출판된 제목은 '달나라 탐험'이지만) 소설에서 포탄은 달 주위를 회전할 뿐, 결코 달에 닿지 않는다. 대신 『달을 돌아서』의 대부분의 이야기는 포탄에 타고 있던 세 사람에게 벌어진 일과 그들 사이의 대화로만 구성되어 있다. 포탄 속에서 바라본 지구와 달의 모습, 시간이 흐르면서 그 모습이 어떻게 변화할지에 대한 설명, 포탄 내부 공기 생성의 문제, 포탄의 초속도를 계산한 방식, 지구의 운행이 갑자기 멈추거나 지구가 태양과 부딪치면 어떤 일이 일어날지에 대한 상상, 포탄 속에서 던져진 물건들의 운동, 달에 도착해서 지구로는 어떻게 돌아갈 것인지에 관한 고민, 달에 도착하면 무엇을 할 것인지, 포탄에서 무중력 상태를 경험하는 이유는 무엇이며, 또한 포탄이 지구의 중력과 달의 인력이 같아지는 중립점에 도달하는 시간은 언제인지 등의 내용을 구체적인 수치를 써서 정확하게 계산해내고 있는 것이다.[34]

이러한 베른의 논의는 실제 로켓 발사 과정에서 놀라울 정도로 정확함이 확인되었다. 베른의 작품에서 발사 기지가 위치한 플로리다 주의 탬파Tampa는 달이 천정에 왔을 때 포탄이 발사되어야 한다는 점을 들어 발사 지점의 위도가 0도에서 28도 사이에 있어야 한다는

| 그림 13 | 2015년 12월 11일 우주인 3명을 태우고 귀환한 캡슐. 베른의 포탄 우주선과 상당히 유사하다.

계산으로부터 구해진 곳이었다. 이후 미국의 '케네디 우주센터John F. Kennedy Space Center'는 베른의 탬파로부터 불과 200킬로미터밖에 떨어지지 않은 곳에 세워졌다. 또한 낙하 시점의 충격을 줄이기 위해 역추진 로켓을 사용해야 한다고 보았던 점이나 우주 여행이 인체에 미치는 영향을 확인하기 위해 먼저 동물 시험 비행을 했던 점도 현실에서 똑같이 반복되었다. 특히, 베른이 포탄 낙하 지점으로 제시했던 북위 27도 7분 서경 41도 37분 지점이 달로 날아간 최초의 유인 우주선 아폴로 8호의 지구 귀환 낙하 지점과 4킬로미터밖에 차이가 나지 않았다는 점은 실로 놀라운 일이었다.[35] 이는 베른이 자신의 소설을 쓰면서 의미 없는 숫자들을 나열한 것이 아니라, 과학기술 지식에 근거해 철저하게 고민하고 치열하게 계산한 것이었음을 보여준다.

스매싱 펌킨스의 '오늘 밤, 오늘 밤'이 그린 멜리에스의 「달로의 여행」

베른의 『지구에서 달까지』와 『달을 돌아서』는 후대에 멜리에스에 의해 영화로 제작되었다. 그 결과물인 「달로의 여행」(1902)은 최초의 SF 영화로 기억된다. 멜리에스는 왜 이 영화를 만들었을까?

　마술가이자 마술 극장 운영주이기도 했던 멜리에스는 영화 속에서 마술을 구현하고자 했다. 당시 사진 기술자이자 사진가였던 뤼미에르 형제의 영화가 그저 일상의 움직임을 담는 '움직이는 사진'에 불과했다면, 마술가 멜리에스의 영화는 마치 마술을 부리듯 현실에 없는 것을 만들어내고 있었다. 그의 영화에서는 머리가 악보 위를 날아다니고(그림 14), 조각상이 사람으로 변하며, 벽난로에서 커다란 얼굴이 나타난다.[36] 그런 그에게 달로의 여행이란 현실에선 불가능하지만 너무도 매혹적인 주제였다. 더구나 그는 자동인형이나 영사기 등을

| 그림 14 | 머리가 악보 위에 그려져 있는 멜리에스의 영화 「음악 애호가」(1903)의 한 장면

통해 이미 과학기술의 힘과 그 위력에 대해 공감하고 있었다. 그가 프랑스의 위대한 SF 작가 베른의 작품을 영화화하기로 선택했던 것은 어쩌면 자연스러운 결과였다.

멜리에스는 「달로의 여행」에서 『지구에서 달까지』의 서술을 요약하며 익살스럽게 묘사한다. 영화는 대포클럽 회원 대신 프랑스 왕립 대학의 교수들이 모여 달로의 여행을 함께 논의하는 장면으로 시작한다. 이때 마술사와 같은 복장을 한 교수들의 모습은 달로의 여행이라는 것 자체가 현실에서는 불가능한, 마술적인 주제임을 표현하고 있는 듯하다. 논의를 마친 교수들은 마술사의 옷을 벗고 다시 현대식 복장을 한 뒤 포탄 우주선이 있는 곳으로 이동한다. 그런 다음 대포와 포탄 우주선이 완공되고 나면, 원작과는 달리 여섯 명의 교수들이 포탄 우주선에 올라탄다.

만약 멜리에스가 그 이후 장면에서도 계속해서 베른의 서술을 따라가고자 했다면, 여섯 명의 교수들이 우주선 안에서 소란을 벌이다 다시 지구로 돌아오는 것으로 끝났을 것이다. 그렇게 되면 멜리에스의 독특한 유머와 마술적인 요소가 결합될 여지가 없어진다. 이 부분에서 멜리에스는 베른의 작품에 바로 1년 전인 1901년에 출판된 허버트 조지 웰스Herbert George Wells(1866~1946)의 『달의 첫 방문자The First Men in the Moon』를 결합시켰다. 그 결과 역사상 가장 유명한 영화 장면 가운데 하나인, 얼굴 모습을 한 달이 한 눈에 포탄을 맞는 장면이 탄생했다. 포탄 우주선이 달에 도착한 것이다.

영화는 여기서부터 『달의 첫 방문자』의 내용으로 바뀐다. 포탄 우주선에서 나온 교수들은 달 위에 서서 지구의 모습을 바라보고, 추운

7.
인간이 맞닥뜨린
우주

| 그림 15 | 「달로의 여행」에서 우주선이 달에 도착하는 장면

밤을 경험한다. 그러고는 달 내부의 동굴에 들어가 빠르게 성장하는 식물을 만나고, 조금만 충격을 가해도 부드러운 과자처럼 부서지는 이상한 모습의 월인들을 만난다. 이후 일행 모두가 월인들의 왕 앞으로 끌려가는 경험을 한 후 도망쳐 나와 우주선을 타고 지구로 돌아온다.[37]

지구로 돌아오는 장면 역시 유머러스하다. 『달의 첫 방문자』에서는 주인공 베드포드가 가상의 반중력 물질인 케이버라이트Cavorite를 바른 구체球體 속으로 들어가 스위치를 켜면 구체가 순식간에 지구를 향해 날아가 영국의 한 해안가에 도착한다.[38] 그러나 멜리에스는 웰스의 귀환 방식을 선택하지 않았다. 그의 영화에서는 낭떠러지 위에 정박해 있던 포탄 우주선의 꼭대기 부분에 매달려 있는 줄을 한 교수가 잡아당기며 낭떠러지 밑으로 떨어지면 우주선 역시 곧바로 지구의 바다로 떨어진다. 그리고 포탄 우주선이 바다 깊은 곳에 빠졌다가 다시 올라오는데, 그 다음부터는 다시 베른의 『달을 돌아서』의 이야기로 연결된다. 곧바로 도착한 구조선에 의해 구조되어 돌아오는 것이다.

웰스의 『달의 첫 방문자』는 그의 대표작 중 하나로 손꼽히지만, 국내에서는 『타임머신』이나 『우주 전쟁』 등에 비해 인지도가 약한 편이라 할 수 있다. 이렇게 된 데에는 1969년에 아폴로 11호가 달에 착륙한 이후에 밝혀진 사실들이 책의 내용과 너무 상이했던 것도 영향을 미쳤을 것이다. 일반적으로 SF 작품의 특징 중 하나는 아직 실현되지 않은 미래의 모습을 그럴듯하게 묘사하는 것일 텐데, 『달의 첫 방문자』는 그런 면에서 이미 유통 기한이 지난 느낌을 준다. 그러나 웰스가 자신의 SF 작품들을 통해 과학기술에 기반한 엄밀한 사실성을 추구하기보다는, 미래에 가능할지도 모르는 과학기술을 통해 당시 사회의 이면을 풍자하고 과학기술에 대한 비판에 주력했다는 점에서 그의 작품은 계속해서 주목할 필요가 있을 것이다.

이렇듯 흥미로운 멜리에스의 영화는 프랑스가 제1차 세계대전에 휩쓸리면서 상당 부분 소실되었다. 더구나 에디슨의 특허로 제작된 미국 영화가 크게 유행하면서 대중들로부터 점차 잊혀져 갔다. 1930년대에 멜리에스를 기억하는 영화인들에 의해 그의 공로가 다시 인정받게 되었지만, 이미 미국 영화가 영화계를 주름잡던 시기에 멜리에스의 영화가 들어설 자리는 없었다.

그러던 중 1996년에 스매싱 펌킨스Smashing Pumpkins의 뮤직비디오 '오늘 밤, 오늘 밤Tonight, Tonight'이 발표되면서 멜리에스의 영화가 다

| 그림 16 | '오늘밤, 오늘밤'이 수록된 스매싱 펌킨스의 세 번째 앨범 「멜랑콜리와 무한한 슬픔」(1996)의 자켓 이미지

| 그림 17 | '오늘밤, 오늘밤'의 뮤직비디오 자켓 이미지

시 주목받기 시작했다. 이 노래는 펌킨스가 제작한 세 번째 앨범 「멜랑콜리와 무한한 슬픔Mellon Collie and the Infinite Sadness」의 대표곡인데, 그 뮤직비디오가 큰 틀에서 볼 때 멜리에스의 「달로의 여행」의 줄거리를 그대로 따라 만들어졌다. 크게 보아 다른 점은, 뮤직비디오에 등장하는 우주선의 모양이 약간 바뀌었다는 점, 우주선에 탄 주인공들이 사랑하는 부부라는 사실 그리고 우주선에서 두 부부가 우산을 타고 달로 낙하한다는 점 정도 뿐이었다. 뮤직비디오는 멜리에스가 사용한 초기 영화 기법을 상당 부분 채용하여 마치 세련된 20세기 초의 무성영화를 보여주는 것 같다. 이 뮤직비디오는 발표되자마자 큰 주목을 받았고, 1996년 MTV 비디오 뮤직 어

워드에서 총 여섯 개의 상을 수상하는 영예를 거두었다.[39] 1997년에는 그래미 어워드에서 '최고의 단편 뮤직비디오' 부문에 노미네이트 되기도 했다. 이것이 바로 멜리에스의 작품이 가지는 힘일 것이다.

2010년에는 「달로의 여행」의 채색판이 복원되었다. 이는 1993년 한 후원자가 멜리에스의 채색본 필름을 스페인의 영화 필름 보관소에 기증했기에 가능한 일이었다. 이 사실이 알려지면서, 프랑스 영화사 '랍스터 필름Lobster Films'이 채색본 거래를 요청하였고, 여러 회사가 힘을 합쳐 2011년에 이 필름을 완벽하게 복원하는 데 성공했다. 복원된 작품은 프랑스 일렉트로닉 그룹 에어Air의 사운드트랙을 덧입어 2011년 깐느 영화제에서 개봉되었다.[40] 같은 해 멜리에스의 영화인으로서의 삶을 그린 영화 「휴고」(2011)가 개봉되었음을 감안할 때, 20세기 말과 21세기 초는 멜리에스가 완벽하게 다시 복원된 시대가 아닌가 싶다.

아폴로 11호와 스페이스 오디티

20세기 후반에 이르러서는 소설 혹은 영화에서나 갈 수 있던 달에 직접 갈 수 있게 되었다. 아폴로 11호의 성공이 바로 그것인데, 닐 암스트롱Neil Armstrong과 버즈 올드린Buzz Aldrin은 인류 최초로 달에 착륙한 우주인이라는 영예를 얻었다. 우주선과 이들이 달 위에 서 있는 장면은 20세기 후반 급속도로 보급된 텔레비전을 통해 전 세계 시청자들의 뇌리에 각인되었다.

그런데 아폴로 11호가 발사되기 5일 전인 1969년 7월 11일, 프랑스 가수 데이빗 보위David Bowie(1947~2016)[41]는 '스페이스 오디티space oddity'라는 노래를 발표하였다. 이 곡은 보위가 같은 해 상영된 스탠리 큐브릭 감독의 「2001 스페이스 오디세이2001: A Space Odyssey」(1968)를 보고 영감을 받아 작사 작곡한 노래였다. 문제는 이 노래가 카운트다운 후 회로에 문제가 생겨 우주 비행사 톰과 지상관제소 사이의 교신이 끊어진 상황을 묘사했다는 점이다. 아폴로 11호의 임무가 성공한 덕분에 노래도 별 문제 없이 성공을 거두었으나, 만약 달 탐사 이전에 아폴로 11호에 탔던 우주 비행사들이 들었다면 매우 기분이 나빴을 수도 있었을 것이다.

| 그림 18 | 달에 착륙한 아폴로 11호와 우주비행사 사진

2013년에는 실제 우주비행사였던 크리스 해드필드Chris Hadfield가 우주정거장에서 이 노래를 부르며 뮤직비디오를 찍어 유튜브에 올렸다. 뮤직비디오는 큰 인기를 얻었는데, 그는 이륙하다 문제가 생기는 장면을 지상으로 안전하게 귀환하는 장면으로 가사의 일부를 살짝 바꾸었다(진한 글씨). 귀환을 얼마 남겨두지 않은 상황에서 보위의 가사를 그대로 부르기는 찜찜했을 것이다.

여기는 지상통제팀, 톰 소령 들으시오

여기는 지상통제팀, 톰 소령 들으시오

단백질 알약을 복용하고 헬멧을 착용하십시오

(소유즈(우주선) 출입구를 잠그고 헬멧을 착용하십시오 (10, 9, 8 ...))

여기는 지상통제팀, 톰 소령 들으시오 (10, 9, 8, 7, 6)

카운트 다운 시작. 엔진 가동 (5, 4, 3)

| 그림 19 | 우주정거장의 내부를 보여주는 해드필드의 뮤직비디오 장면

점화장치 점검, 당신에게 신의 가호가 임하길 (2, 1, 0)

(우주정거장에서 분리돼 나오세요. 신의 사랑이 당신과 함께 하길)

여기는 지상통제팀, 톰 소령 들으시오

당신은 정말 대단한 일을 해냈습니다.

그리고 언론은 당신이 누가 만든 셔츠를 입고 있는지 알고 싶어 합니다

괜찮다면, 캡슐을 맡길 시간입니다

(하지만 할 수 있다면 캡슐을 인도할 시간입니다)

여기는 톰 소령, 지상통제팀 들으시오

나는 문을 통과하고 있습니다.

(난 완전히 맡겼습니다)

그리고 난 매우 특이한 방식으로 떠다니고 있습니다

그리고 별들이 오늘 따라 매우 다르게 보입니다

여기 나는 깡통(캡슐) 안에 앉아 있습니다

세상에서 멀리 떨어져

지구라는 행성은 푸르고

그리고 내가 할 수 있는 것은 아무것도 없습니다

비록 10만 마일이 넘는 속도로 비행하고 있지만

(10만 마일을 비행했지만)

나는 정지해 있는 것처럼 느껴집니다

그래도 내 우주선은 어디로 가야 하는지를 아는 것 같습니다

(그리고 머지않아 가야할 시간임을 압니다)

내 아내에게 내가 많이 사랑한다고 전해주십시오. 그녀도 알고 있겠지만

(사령관(톰 소령)은 다시 지구로 돌아올 걸 압니다)

여기는 지상통제팀, 톰 소령 들으시오

회로가 작동하지 않는데, 뭔가 잘못된 것 같습니다

((도착할) 시간이 거의 다 됐고, 그리 멀지 않습니다)

내 말이 들립니까 톰 소령?

내 말이 들립니까 톰 소령?

내 말이 들립니까 톰 소령?

들립니까

그리고 난 내 깡통 안을 떠다니고 있습니다.

달에서 멀리 떨어져서

(마지막으로 본 세상의 어렴풋한 모습)

지구라는 행성은 푸르고

그리고 내가 할 수 있는 것은 아무것도 없습니다.

우주 여행의 위험성은 그동안 일어났던 여러 사고들을 통해서도 잘 드러난다. 1986년 1월에는 우주 왕복선 챌린저호가 발사 약 70초 후에 공중 폭발하는 사고가 일어났다. 이 사고는 미국인들에게 큰 충격을 안겨주었다. 이후 조사 과정에서 추진용 로켓의 O링과 그것을 다뤘던 공학자들의 윤리에 문제가 있었다는 사실이 드러났다.[42] 2003년에는 컬럼비아호가 지구로 귀환하던 중 폭발하는 사고가 일어났다. 사고 조사 후 한쪽 날개에 생긴 구멍이 원인으로 지목되었다. 우주선 폭발 사고는 작은 실수를 통해서도 벌어질 수 있으며, 매우 복잡

| 그림 20 | 챌린저호 승무원들과 폭발 모습

한 절차와 과도한 비용이 소요되는 우주선 프로그램에 늘 잠재해있는 문제라 할 것이다.

아서 클라크의 '낙원의 샘'과 우주 엘리베이터

안전하고 효율적인 우주 왕복선에 대한 고민은 일찍부터 있어 왔다. 가령, 베른의 『지구에서 달까지』에는 포탄 열차가 등장한다. 소설에서는 세 사람이 들어가는 작은 포탄 모양의 우주선이 발사되는데, 주인공인 미셸 아르당은 보다 정기적인 여행선을 상상한다.

인간은 처음에는 네 발로 걸었고, 다음에는 두 발로 걸었고, 다음에는 짐수레, 마차, 승합마차, 철도로 여행했습니다. 미래의 탈 것은 포탄입니다. 행성 자체도 포탄에 지나지 않습니다. 조물주가 쏜 대포알이 바로 행성들인 것입니다. 하지만 이제 우리의 탈 것으로 돌아갑시다. 여러분 중에는 포탄에 주어진 속도가 지나치게 빠르다고 생각하시는 분도 있으실 겁니다. 그것은 결코 사실이 아닙니다. 모든 천체는 그보다 더 빨리 움직입니다. 지금 우리를 태우고 있는 지구는 태양 주위를 그보다 세 배나 빠른 속도로 돌고 있습니다.

여러 행성이 움직이는 속도를 말씀드리지요. … 해왕성은 2만 킬로미터의 속도로 움직입니다. … 일부 혜성은 근일점에서 시속 560만 킬로미터의 속도를 내기도 합니다. 우리 포탄은 처음에는 4만 킬로미터의 속도로 게으르게 빈둥거릴 것이고, 게다가 그 속도는 계속 떨어질 것입니다! 그게 흥분할 일입니까? 언젠가는 빛이나 전기를 이용한 기계가 훨씬 빠른 속도로 이것을 능가할 것은 분명하지 않습니까?

…

그거야 어쨌든, 다시 한 번 말하면 지구에서 달까지의 거리는 정말로 하찮은 것이어서 진지하게 고민할 가치도 없습니다. 가까운 장래에 포탄 열차를 타고 지구에서 달까지 편안하고 쾌적하게 여행할 수 있을 거라고 말해도 지나친 과장이라고는 생각지 않습니다. 승객들은 꿀벌이 날아가듯 일직선으로 빠르게 목적지에 도착할 테고, 피곤하지도 않을 것입니다. 20년 안에 지구인의 절반이 달을 여행하게 될 것입니다![43]

그러나 포탄 열차의 정기적인 운행이 현실에서 성공하기 위해서는 지지대나 레일이 필요하다. 바로 이 지점에서 몇몇의 학자들이 우

| 그림 21 | 베른이 『지구에서 달까지』에서 상상한 포탄 열차. 1872년 판본의 삽화

주 엘리베이터를 떠올렸다. 이 개념은 1960년 러시아 엔지니어인 유리. N. 아추타노프Yuri N. Artsutanov가 '하늘의 케이블카'라는 이름으로 처음 제시한 것으로, 정지 위성에서 지구로 늘어뜨린 케이블을 통해 하루 1만 2,000톤의 무게를 들어 올린다는 아이디어에서 비롯되었다. 이 개념은 1966년 「사이언스」에 "위성을 연장시켜 이룩하는 진정한 '스카이 훅'"이라고 소개되었으며, 이후 우주 엘리베이터를 만들기 위해 필요한 인공위성 등 관련된 여러 문제들이 많은 연구가 이루어졌다.[44]

SF계의 대가라 할 수 있는 아서 클라크Arthur Charles Clarke(1917~2008)는 바로 이 개념에 천착해 소설을 집필하였다. 1979년에 출판된 『낙원의 샘The Fountains of Paradise』(1979)이 바로 그것이다. 이 소설에서 클라크는 초강도 물질인 '하이퍼필라멘트hyper-filament'가 20세기 말에 발견되고, 심우주 공장에서 무제한의 하이퍼필라멘트를 제조할 수 있게 되면서 우주 엘리베이터 건설이 가능해졌다는 설정을 한다. 그런 다음 주인공인 공학자 바네바 모건이 그러한 우주 엘리베이터를 건설하기 위해 공학적, 사회적, 경제적 난관을 극복해나가는 과정을 풀어 나간다.

그런데 클라크의 글을 읽다보면 곧바로 떠오르는 사람이 있다. 바로 베른이다. 클라크의 글은 베른의 글처럼 고도의 과학기술 지식에 기반하여 매우 세밀하고 구체적으로 기술되어 있다. 우주 엘리베이터가 설치될 위치, 설득해야 할 사람들, 건설을 위한 후원 확보, 우주 엘리베이터의 구조 및 재질, 추진력 그리고 엘리베이터 선이 받게 될 장력 등 우주 엘리베이터를 실제로 제작하고 가동하기 위해 고려해야할 모든 문제들을 구체적으로 고찰하고 있는 것이다. 가령, 아래의 글에서는 우주 엘리베이터를 가동시킬 때 반드시 고려해야 하는 문제를 하나 제시하고 있다.

"아직도 사소한 문제가 한 가지 있습니다. 모건 박사님. 우린 하강에 대해서는 완벽한 자신을 가지고 있습니다. 모든 시험과 컴퓨터 시뮬레이션은 박사님이 보신 대로 만족스럽습니다. 정거장 안전국에서 걱정하는 것은 필라멘트를 다시 감아 들이는 것입니다."

모건은 빠르게 눈을 깜빡였다. 모건도 그 문제에 대해서는 거의 생각을 하지 않았다. 필라멘트를 펼치는 것에 비교한다면 그것을 다시 감아 들이는 것은 사소한 문제 같았다. 틀림없이, 필라멘트와 같은 섬세하고 두께가 다양한 재료를 다루는 데 알맞도록 특별히 개조한 간단한 동력 운전 원치만 있으면 될 거야. 그러나 모건도 우주에서는 그 어떤 것도 절대 당연시해서는 안 된다는 것을 알고 있었다. 그리고 직관-특히 지구에 기초를 둔 엔지니어의 직관-은 참담한 결과를 불러 올 수 있다는 것도.

어디 보자. 시험이 끝났을 때 지구 쪽 끝을 자르고 아쇼카에서는 필라멘트를 감아들이기 시작한다. 모건은 생각하고 있었다. 물론 그것을 아무리 세게 잡아당기더라도, 4만 킬로미터 길이의 한 쪽 끝에서는 몇 시간 동안 아무 일도 일어나지 않겠지. 그 힘이 맨 끝까지 전달되는 데는, 그래서 시스템이 전체적으로 움직이기 시작하는 데는, 하루의 반은 걸릴 거야. 따라서 우리는 장력을 유지하고 있어야 돼 … 앗!

운전 책임자가 말을 이었다.

"누군가 계산을 좀 해보았습니다. 그 결과 우리가 마침내 제 속도에 이르렀을 때는 몇 톤의 무게가 시속 1,000킬로미터로 정거장을 향해 다가오게 되더군요. 정거장 쪽에서는 그걸 아주 못마땅해 합니다."[45]

클라크는 베른과 마찬가지로, 대충 상상하거나 의미 없는 숫자들을 나열하지 않았다. 그는 실제 우주 엘리베이터를 고안한다고 할 때, 어떤 문제들을 고려해야 하며, 그것은 어떤 방식으로 해결될 수 있는지에 대해 구체적으로 고민하고 계산하였다. 인터넷이나 인공위성 그리고 우주정거장 등 클라크가 책에서 소개한 새로운 기술들이 실제로 실용화된 경우가 많았던 것도 베른과 유사했다.

우주 엘리베이터 역시 처음 소개되었을 때는 황당한 이야기로 들릴 수 있었으나, 이제는 진지하게 논의되고 있다. 2002년 국제 학회가 시작된 이후로 학자들은 우주 엘리베이터 기술과 그 재료에 대해 진지하게 연구하고 논의해왔다. 초전도자석을 이용한 자기부상 기술 역시 다루어졌는데, 이 기술은 이미 클라크가 『낙원의 샘』에서 언급했던 것이었다. SF 소설『낙원의 샘』이 우주 엘리베이터라는 낯선 기술에 대한 실용화 연구가 시작되는 데 미친 영향은 무시하기 힘들 것이다.

2015년에는 캐나다 민간 우주 개발 회사 토스 테크놀러지Thoth Technology가 우주 엘리베이터로 미국과 영국에서 특허를 받았다. 비록 달까지 닿는 엘리베이터는 아니지만, 해수면에서 20킬로미터까지 올라가는 엘리베이터가 3단 로켓 대신 1단 로켓만으로 바로 우주로 나아갈 수 있는 전초기지 역할을 해주길 기대하고 있는 것이다.[46] 그야말로 상상이 이루어낸 성과라 할 것이다.

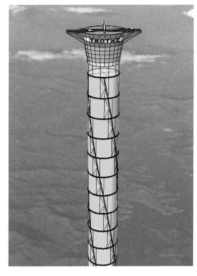

| 그림 22 | 토스 테크놀러지의 우주 엘리베이터 조감도

상상으로 만들어갈 세계

인간은 오래 전부터 달에 가고자 하는 욕망을 품어 왔다. 그러한 욕망은 현실의 과학기술 연구를 자극하였고, 발전한 과학기술은 보다 더 독창적인 상상을 가능케 했다. 19세기 후반 과학기술의 발전과 함께 현실성이 커진 달로의 탐험은 다양한 소설 및 영화 등을 통해 보다 구체적으로 그려졌다. 그리고 20세기 후반 달 탐험이 실제로 성공한 이후, 이제 정기적인 달 여행을 위한 민간 우주선 개발과 우주 엘리베이터 그리고 우주 호텔 등의 개발이 보다 구체적으로 논의되고 있다.

역사적으로 인간의 상상은 새로운 창조를 가능하게 했으며, 과학기술은 보다 창조적인 상상을 부추겨왔다. 그리고 그러한 상상이 과학기술자들에게만 국한되지는 않았다. 오히려 작가들은 과학자들이라면 하지 못했을 것들을 과감하게 상상했고, 그러한 상상은 어느 순간 현실이 되었다. 화성 탐사를 이야기하는 21세기에도 달 여행은 여전히 먼 이야기처럼 여겨진다. 그런데 이런 중에도 과감한 상상으로 달 여행을 준비하는 이들이 있다. 상상은 새로운 세계를 가능하게 한다. 그들의 달 여행에 대한 진지한 상상과 연구가 조만간 인류의 새로운 여행을 현실화시킬지도 모르겠다.

8

인간이 상상한 우주

경험하지 못한 것의 시각화

우주와 같이 우리가 실제로 경험하지 못한 대상을 상상하기란 쉽지 않다. 그 형태를 알지도 못하고, 그것을 구성하는 물질을 이해하는 것조차 쉽지 않기 때문이다. 그러나 인류는 상상력을 발휘하여 우주를 구체화하고 시각화하는 작업을 계속해왔다. 철학자들은 깊은 사색을 통해 우주의 특성에 대해 고찰하였고, 천문학자들은 수학적 계산을 통해 우주의 구조를 추정하였다. 근대에 들어서는 망원경이 개발되면서 우주를 좀 더 직접적으로 바라볼 수 있게 되었다. 물론 망원경으로 보는 우주는 제한적이었고, 그것을 다시 구체적인 시각적 이미지로 재현하는 것은 상상을 필요로 했다. 20세기에는 관측 기술이 향상되면서 천문 사진 안에 태양계의 행성은 물론이고 은하까지 담아내기 시작했다. 하지만 천체 사진도 우주의 일부만을 담아낼 수 있을 뿐이며, 나머지 우주는 여전히 미지의 영역이다.

그러나 경험하지 못했다고 해서 상상할 수 없는 것은 아니다. 상상을 이용해 구체적인 이미지를 그리는 순간 그것은 생명을 얻고, 그곳을 탐험하고자 하는 욕망을 자극하게 되는 것이다. 이 장에서는 역사적으로 우주를 어떻게 바라보고, 어떻게 시각적으로 표현해 왔는지를 살펴볼 것이다. 이를 통해 인류가 경험하지 못한 것을 어떻게 상상하고 구체화해왔는지에 대해 이야기할 수 있을 것이다.

우주의 기하학적 구조

하늘에 떠 있는 행성들과 수많은 별들은 인류에게 늘 익숙한 동경의 대상이었다. 고대 그리스의 철학자들이 추상적이고 본질적인 것에 대해 사색할 때, 그들은 우주에 대한 상상을 빼놓지 않았다. 그런데 고대 그리스 철학자들은 우주의 구조를 상상할 때, 독특하게도 기하학적인 방식으로 바라보았다. 지구를 중심으로 하는 동심원 우주 구조가 바로 그것으로, 행성과 항성들은 텅 빈 공간에 떠서 회전하는 것이 아니라 모두 거대하고 투명한, 완전한 구 형태의 천구celestial sphere에 박혀 돌고 있다고 본 것이다.

사실 행성이 텅 빈 공간에 떠서 그 사이를 회전한다고 하게 되면, 영원히 움직이는 것 같은 행성의 회전 운동이 어떤 동력으로 가능할지를 설명하기가 어려워진다. 그러나 태초에 천구에 원운동이 부여되어 회전하고 있다고 하면, 행성이나 항성의 회전 운동이 어떻게 멈추지 않고 지속될 수 있는지를 설명하지 않아도 된다. 이들이 생각하

| 그림 1 | 독일의 지도제작자 셀라리우스Andreas Cellarius의 『대우주의 조화』(1660)에 실린 고대 그리스 철학자들이 상상한 우주 구조

기에 우주는 겹겹이 둘러싼 천구들로 구성된 기하학적 구조를 지니고 있었다.

다만 고대 그리스 철학자들은 이러한 동심원 천구 우주 구조를 참된 진리로 받아들이면서도, 세부적인 내용에 있어서는 학자들마다 조금씩 견해가 달랐다. 최초로 이 구조를 제시한 피타고라스에 따르면, 행성과 별들이 박혀 있는 천구는 중심인 지구로부터 떨어진 거리와 회전 속력에 따라 각기 다른 높이의 음흡을 냈다. 그리고 그 회전 속력의 비가 협화음의 비율을 이루어 아름다운 하모니가 만들어진다고 생각했다. 가령, 지구로부터 가까운 거리에서 공전하는 행성들은

8.
인간이 상상한
우주

느리게 회전하며 저음의 소리를 내고, 지구로부터 멀리 떨어진 행성들은 빠르게 회전하며 고음의 소리를 내는데, 이 음들이 함께 하모니를 이룬다고 생각한 것이다.[1]

피타고라스의 기하학적이고 수학적인 우주 모형은 플라톤에게 깊은 영향을 미쳤다. 플라톤은 이성을 통해 접근할 수 있는 형상의 세계를 참되고 본질적인 이데아Idea의 세계라 생각했다. 그는 조물주가 세계를 완벽한 형상에 따라 창조했고, 세계를 구성하는 근본 물질 역시 기하학적인 형상을 지니고 있다고 생각했다. 그는 흙, 물, 불, 공기를 세계를 구성하는 근원적인 원소라고 생각했는데, 그것이 각각 기하학적으로 조화로운 정육면체, 정이십면체, 정사면체 그리고 정팔면체의 형상을 지니고 있다고 보았다. 이 경우 정다면체의 각 면은 정삼각형과 정사각형으로 구성되는데, 그것 역시 다시 두 가지 종류의 직각 삼각형으로 구성되어 있으며, 그 삼각형의 구성에 따라 다른 크기의 물질들이 만들어진다고 생각했다.[2]

플라톤의 이러한 생각은 우주에 대한 사고에도 영향을 미쳤다. 그는 감각적으로 경험되는 현실의 불완전한 상태와는 달리, 천상계는 이성으로만 접근 가능한 완전한 세계라고 생각했다. 따라서 그곳에서는 가장 완벽한 운동인 원운동만이 가능하고, 속력은 일정해야 했다. 천상계를 구성하는 물질 역시 지상계를 구성하는 물질과 달라야 했다. 플라톤은 천상계를 구성하는 물질에 구와 가장 많이 닮은 정십이면체를 연결시켰다. 정십이면체의 한 변은 정오각형으로, 앞에서 살펴본 것처럼 두 가지 종류의 직각삼각형으로 구성될 수 있는 도형이 아니었다. 그런 면에서 천상계를 구성하는 물질이 지상계의 물질

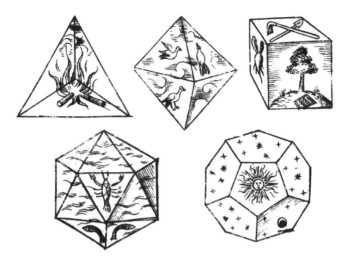

| 그림 2 | 플라톤이 생각한 원소의 기하학적 형상. 위 왼쪽부터 불, 공기, 흙의 형상이고, 아래 왼쪽부터 물과 우주의 물질의 형상이다.

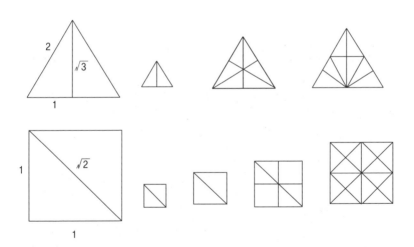

| 그림 3 | 플라톤의 4원소를 구성하는 삼각형들

과 다르다는 점은 기하학적 형태로도 잘 설명될 수 있었다.[3]

그런데 플라톤의 주장과 실제 감각적으로 경험되는 우주의 모습은 일치하지 않았다. 행성의 회전 속도는 일정하지 않았으며, 한쪽 방향으로만 회전하지도 않았다. 역행 운동은 대표적인 사례였다. 천구 우주 구조에서 역행 운동은 거대한 천구의 회전 방향이 바뀌는 것을 의미했다. 행성이 왼쪽으로 움직이다 어느 순간 다시 오른쪽으로 움직이고, 또 다시 얼마 있다 왼쪽으로 방향을 트는 운동은 천구의 왼쪽 방향의 등속 원운동으로는 설명하기 어려웠다.

이를 설명하기 위해 플라톤은 감각을 통해 관측되는 현상 그 자체가 우주의 참된 모습을 보여주는 것은 아니라고 주장하였다. 겉으로 볼 때는 역행 운동을 하는 것처럼 보이지만, 실제로는 그렇지 않다는

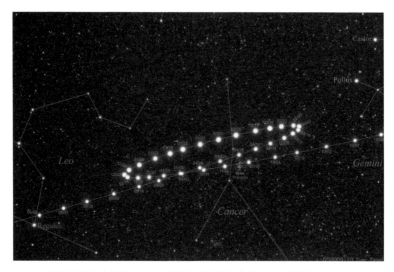

| 그림 4 | 천문 사진 작가 테젤Tunç Tezel의 목성 역행 운동 사진(2010). 역행 운동의 궤적을 보여주기 위해 맨 오른쪽의 10월 2일 관측 사진부터 맨 왼쪽의 6월 5일 관측 사진까지를 한꺼번에 담았다.

것이었다. 그러나 만약 역행 운동이 사실이 아니라면, 천상계의 유일한 운동인 등속 원운동만으로 역행 운동을 어떻게든 설명할 수 있어야 했다. 플라톤이 제자들에게 등속 원운동으로 천상계의 불규칙한 현상들을 설명하라는 과제를 남긴 것은 그 역시 그 문제에 대해 고민했음을 보여준다.[4]

플라톤의 철학이 아리스토텔레스의 철학으로 이어지면서, 그리스 수학자들 및 천문학자들의 과제는 등속 원운동으로 천체 운동을 설명하는 것이 되었다. 이들은 다양한 원들을 상상하였는데, 행성이 지구 중심이 아니라 그것으로부터 떨어진 점center of deferent을 중심으로 회전하는 대원deferent 위를 움직인다고 상상한다거나, 천구 궤도 위의 한 점을 중심으로 다시 작은 원을 그리며 회전하는 주전원epicycle을 가정하는 것이 바로 그것이었다.

시간이 흐르면서 천문학자들의 주된 작업은 부가적인 원들을 추가해 그러한 원운동을 통해 행성의 기하학적 궤도를 관측 자료와 일치하도록 조정하는 것이 되었다. 이러한 작업은 2세기 헬레니즘 시대에 이르러 클라우디우스 프톨레마이오스Claudius Ptolemy(대략 100~170)에 의해 체계적으로 집대성되었다. 그는 행성의 부등속 운동을 설명하기 위해 등각속도점Equant 역시 추가하였는데, 그의 천문학 연구가 다루는 가상의 원은 80개가 넘었다.[5] 하지만 가상의 원은 실재하는 것이 아니라고 생각했으므로, 천문학자들의 계산이 복잡했음에도 불구하고, 우주는 여전히 기하학적으로 아름다운 구조로 남아 있었다.

단테의『신곡』속 우주

지구 중심의 동심원 천구 구조는 플라톤의 제자였던 아리스토텔레스의 철학 안에서 체계적으로 정리되었다. 부가적인 원들은 천체 현상을 설명하기 위한 상상의 도구일 뿐이었고, 달 아래의 지상계와 달부터 항성 천구까지의 천상계는 더욱 명확히 구분되었다. 시간이 흐르면서 아리스토텔레스의 철학과 우주론은 이슬람 세계를 거쳐 기독교 사회인 중세 유럽으로 전해졌다. 철학이 '신학의 하녀'로 기능했던 중세 유럽에서 아리스토텔레스의 지구 중심 우주 구조는 인간 중심의 기독교 신학과 조화를 이루어갔다.

바로 그렇게 조화를 이룬 중세식의 지구 중심 우주 구조를 가장 잘 들여다볼 수 있는 작품 중 하나가 단테Durante degli Alighieri(1265~1321)

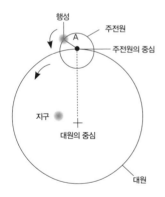

| 그림 5 | 대원과 주전원

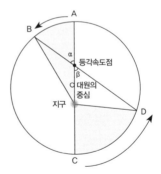

| 그림 6 | 프톨레마이오스의 등각속도점. 행성이 등각속도점을 중심으로 A에서 B로 α만큼 회전한 시간이 C에서 D로 α와 같은 각도인 β만큼 회전한 시간과 같아진다. 그 결과 A에서 B로 움직일 때보다 C에서 D로 움직일 때 더 빠르게 회전하게 되어 부등속 운동을 설명할 수 있게 된다.

346

의 『신곡』(1308~1321)이다. 『신곡』은 단테가 일주일에 걸쳐 지옥, 연옥, 천국을 여행하면서 자신이 경험한 것을 표현한 시다. 1314년경에 '지옥편'과 '연옥편'을 집필했고, 말년에 이르러 '천국편'을 완성했다. 그런데 시라고는 해도 묘사가 매우 구체적이고 자세해서, 읽다보면 곧바로 그곳의 상황이 머릿속에서 그려질 정도다. 그 결과, 『신곡』은 당시 사람들이 우주를 상상하고 머릿속에서 시각화하는 데 큰 영향을 미쳤다.

신곡은 먼저 지옥을 여행하는 것으로 시작한다. 주인공 단테는 어두운 숲을 헤매다 밝은 언덕으로 올라가려던 찰나, 표범과 사자, 그리고 암늑대를 만나 어두운 숲으로 물러난다. 이때 위대한 로마 시인 베르길리우스Publius Vergilius Maro(B.C 70~19)의 영혼이 나타나자 그에게 호소해 보지만, 베르길리우스는 하나님의 은총이 가득한 곳에 닿기 위해서는 다른 길이 없으며 지옥과 연옥을 거쳐 천국에 이르러야 한다고 이야기한다. 결국 단테는 베르길리우스를 따라 예루살렘 바로 아래에 있는 지옥의 입구로 들어선다. 그곳에서 저승의 강인 아케론 Acheron 강을 건너면 지옥의 1원이 시작된다. 지옥은 1원부터 9원까지 지구의 중심으로 갈수록 반지름이 작아지는 방식으로 구성되어 있다. 죄인들의 영혼은 현생에서의 죄의 경중에 따라 각각의 원에 배정되고, 가장 큰 죄를 받은 이들의 영혼은 지구의 중심에 맞닿은 9원에 배치된다.[6]

단테는 지옥을 지나 연옥에 도착한다. 연옥은 북반구에 있는 예루살렘과 정반대되는 남반구의 지점에 우뚝 솟아 있다. 지옥과 연옥은 서로 연결되어 있는데, 지옥에서 지구 중심을 지나는 동굴을 통과

| 그림 7 | 산드로 보티첼리Sandro Botticelli(1445~1510)가 그린 『신곡』 속 지옥 지도(1480~ 1495). 보티첼리는 단테가 지옥의 입구로 들어가서 나오기까지의 에피소드들을 상세하게 순서대로 담았다. 보티첼리는 『신곡』 전편에 대한 삽화를 계획하였으나, 일부만 완성하고 중단되었다.

하면 연옥 산이 있는 해변에 이르게 된다. 연옥 역시 지옥처럼 7개의 원이 위로 갈수록 반지름이 작아지는 방식으로 차곡차곡 포개져 있다. 해변에서부터 힘겹게 산을 올라가면 문이 있는데, 그 문을 통과하면 회개를 위한 세 개의 계단이 있고, 그 계단을 다 오르면 연옥의 문이 나타난다. 그 뒤에 골목길처럼 좁은 길을 따라 산을 오르면, 높이가 사람 키의 세 배 가량 되는 첫 번째 둘레 원이 나타난다. 각각의 둘레 원에는 지상에서 덕을 쌓은 정도에 따라 각 영혼들이 배치되는데, 그 둘레를 돌아 다시 좁은 계단을 오르면 다음 둘레 원이 나타나는 구조다.[7]

마지막의 일곱 번째 둘레 원을 지나면 불길이 나 있다. 그곳을 지나 암벽 사이에 난 계단을 오르면 지상천국에 도착하는데, 단테는 이곳에서 그가 평생을 사랑했던 베아트리체Beatrice di Folco Portinari (1266~1290)를 만난다. 그녀에게 자신의 죄를 고백한 뒤 그 죄의식으로 정신을 잃은 단테는 레테Lethe 강에 잠겨 그 물을 마시고, 현생에서의 죄의 기억을 잊는다. 그런 다음 에우노에Eunoe의 강물을 마시고 완전히 깨끗해진 뒤 천국으로 올라간다.

천국 역시 아홉 개의 하늘로 나뉘어져 있다. 월천, 수성천, 금성천, 태양천, 화성천, 목성천, 토성천, 항성천, 원동천 그리고 마지막 엠피레오가 바로 그것이다. 이러한 구조는 고대 그리스의 지구 중심 천구 우주 구조와 유사하다. 천구 우주 구조에서는 지구를 중심으로 달, 수성, 금성, 태양, 화성, 목성, 토성 그리고 항성이 박힌 천구들이 겹겹이 배열되어 있었다. 원동천과 엠피레오는 고대 그리스의 우주 구조에서는 등장하지 않는 천구인데, 이는 중세에 이르러 하나님이 거하는 자리를 완전수 10으로 맞추려는 의도에서 덧붙여진 것이었다. 이렇게 해서 엠피레오에 이르면, 천사들이 마치 장미와 같은 형상으로 둘러싼 매우 강렬한 빛이 나타난다. 강한 광채 때문에 하나님을 볼 수 없게 된 단테가 보게 해달라고 기도하자, '완전히 동일한 세 가지 빛깔의 세 개의 원'인 삼위일체의 하나님을 바라보게 된다.[8]

『신곡』이 보여준 지옥과 연옥 그리고 천국의 이미지는 유럽 사회에 강렬한 인상을 남겼다. 단테가 묘사한 지옥의 끔찍하고도 생생한 풍경들은 너무 구체적이어서 한 번 듣고 나면 쉽게 잊기 힘들었다. 또한 그 구조 역시 너무나 구체적으로 묘사되어 있어, 『신곡』을 읽고 나면 우주의 구조를 보다 명확하게 상상할 수 있었다. 중세 기독교 사회

| 그림 8 | 구스타브 도레Gustave Doré(1832~1883)가 그린 단테와 베아트리체가 엠피레오를 바라보는 모습 (1868)

에서 신학적 상상과 아리스토텔레스의 우주론이 만나면서 독특한 우주 구조가 만들어진 것이었다.[9]

천문학(수학): 가상의 도구에서 실재의 반영으로

단테의 우주관이 중세 서유럽 사회에 널리 퍼져 가던 당시, 서유럽의 천문학 수준은 고대 그리스에 비해 한참 뒤쳐져 있었다. 서유럽이 처음 고대 그리스의 천문학을 흡수했던 경로는 주로 12세기 이슬람 학자들을 통해서였다. 고대 그리스의 천문학을 집대성했던 프톨레마이오스의 천문학 서적은 이슬람어로 번역되어 이슬람 학자들에게 전해졌고, 이후 다시 라틴어로 번역된 『알마게스트Almagest』를 통해 서유럽 사회에 전해졌다. 그런데 번역 과정에서 일부 지명이나 용어, 수치 그리고 기하학적 도형들이 변형 또는 삭제되어 왜곡이 불가피했다. 더욱이 서유럽에는 고대 그리스와 같은 지적 전통이 부재했다. 결국 서유럽 사람들이 프톨레마이오스의 난해한 수리천문학을 제대로 이해하기는 쉽지 않았다.

그런데 르네상스기를 통해 고대의 원전들이 발굴되면서 고대 그리스의 천문학이 제대로 이해되기 시작했다. 비엔나 대학의 천문학 교수였던 포이어바흐George von Peuerbach(1423~1461)와 그의 제자이자 동료였던 레기오몬타누스Johannes Regiomontanus(1436~1476)는 대표적인 인물들이었다. 그들은 서유럽에서 프톨레마이오스의 『알마게스트』를 제대로 이해한 첫 세대에 속했다. 그들의 연구를 통해, 『알마게스트』의 내용을 체계적으로 정리하고, 관측 내용에 비춰 일부 내용을 수정한 『알마게스트 요약』(1496)이 집필될 수 있었다. 그리고 바로 그 책이 서유럽에서 프톨레마이오스를 부활시키는 데 주된 역할을 했다.[10]

니콜라스 코페르니쿠스는 이탈리아의 볼로냐 대학에서 공부하던 중 『알마게스트 요약』을 접하고, 프톨레마이오스의 천문학에 매료되어 천문학 연구에 매진했다. 그는 천문학 계산을 개선하기 위해 다양한 시·공간에서, 또한 서로 다른 문화권에서 기록된 천문 관측 자료들을 조사하였다. 여러 문화권에서 이루어진 기록들을 이해하기 위해 여러 언어나 표시 방법 등에 익숙해지고자 노력했고, 지명이나 달력, 연표 등을 꾸준히 조사하였다. 이 과정을 통해 마침내 태양 중심설 이론이 고안되었고, 1543년에는 『천구의 회전에 관하여』가 출판되었다.[11]

코페르니쿠스의 태양 중심설이 발표된 뒤에도 여전히 지구 중심의 기존 우주관은 오랫동안 지속되었다. 이렇게 된 데에는 앞에서도 살펴보았듯이 그의 이론이 천문학자들의 편의를 위한 계산 도구 정도로 여겨졌던 점이 한몫했다. 사실 코페르니쿠스의 태양 중심 구조는 주전원과 대원 그리고 투명한 천구의 존재 등을 그대로 둔 채, 크게 보아 기존의 천문학 이론에서 태양과 지구의 위치만 살짝 바꾼 것과 유사했다.

물론 지구의 위치가 바뀌는 것은 신학적으로나 철학적으로 심각한 문제를 야기할 수 있었다. 그러나 당시 천문학자들의 역할 등을 고려할 때, 『천구의 회전에 관하여』가 심각한 사회적 도전으로 받아들여지지는 않았다. 이는 『천구의 회전에 관하여』의 인쇄를 도왔던 신학자 안드리아 오시안더Andreas Osiander(1498~1552)의 서문을 통해서도 잘 드러난다. 출판 당시 오시안더는 코페르니쿠스와 상의 없이 책 앞에 자신의 서문을 끼워 넣었다. 그는 코페르니쿠스의 이론이 실제 우주의 운행을 보여주는 것이 아니라 천문 현상을 설명하기 위한 하나의 계산 틀일 뿐이라고 강조하였다. 당시 천문학이 천체 현상을 설명하기 위한 가상의 계산 도구로 여겨지던 상황에서, 오시안더의 주장은 자연스럽게 받아들여졌다. 출판 이후 많은 천문학자들이 코페르니쿠스의 책을 읽으며 동료들과 서로 논의하였지만, 실제 지구의 회전에 대해서는 진지하게 고민하지 않았다.[12]

이러한 가설들이 반드시 사실이거나 사실에 근접할 필요는 없습니다. 이와는 반대로 가설들은 관측 결과와 일치하는 계산을 할 수 있을 정도면 충분합니다. 이 이론이 불규칙한 겉보기 운동의 원인에 대해 전혀 설명하지 못한다는 점은 너무도 분명합니다. 실제로도 많은 경우 그러하듯, 만약 상상력을 동원해 이 원인들을 고안해냈다 하더라도, 그 원인들은 진실성을 설득해내기 위해 만들어진 것이 아니라 계산의 믿을 만한 토대를 마련하기 위한 것일 뿐입니다.

…

이 가설들은 놀랍고도 쉬우며 막대한 학술적 관측의 보고를 가지고 있기 때문에 이제 더 이상 확실성이 없는 옛 가설들 위에 이 새로운 가설이 널리 알려지는 것이 필요한 때입니다. 인지의 용도를 위해 만들어진 것을 사실이라고 믿는 사람은 이 학문에 입문할 때보다 더 심한 바보가 되어 이 학문을 떠나게 될 것입니다. 천문학은 우리에게 확실한 것은 아무것도 주지 않으니 가설에 관한 한 천문학으로부터 어떠한 확실성도 바라지 말도록 해야 할 것입니다.[13]

그러나 이런 중에도 천문학이 제시하는 수학적 구조에 대해 새롭게 받아들이는 이들이 있었다. 사실 이러한 경향은 앞에서 살펴본 포이어바흐 시기부터 나타났다. 프톨레마이오스의 천문학을 제대로 이해하게 되면서, 천문학 이론에서 제시하는 모델이 실제 우주 구조와 일치할거라는 생각이 자라나기 시작한 것이다. 가령, 포이어바흐가 쓴 천문학 교재 『행성들에 대한 새로운 이론 체계』(1454)는 그가 편심과 대원 등의 기하학 장치들이 실제로 존재한다고 생각했음을 보여준다.[14]

덴마크의 천문학자 티코 브라헤 역시 천문학의 기하학적 모형이 단지 관념적인 우주론을 반영하거나 계산을 용이하게 하기 위한 계산 틀이 아니라, 실제 행성의 운동을 반영하는 것이어야 한다고 생각했던 인물이었다. 이를 위해서는 브라헤의 삶에 큰 영향을 미쳤던 천체 현상을 기억할 필요가 있다. 1572년 브라헤는 카시오페이아 별자리에 그 전에는 없던 별 하나가 보이는 것을 발견하였다. 전통적인

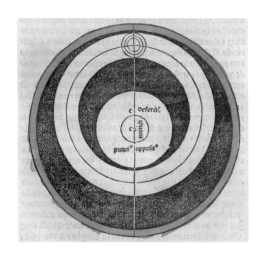

| 그림 9 | 포이어바흐의 『행성들에 대한 새로운 이론 체계』에 등장하는 그림. 우주의 중심은 지구지만, 달은 지구의 중심에서 벗어난 편심을 중심으로 두터운 천구(흰색)에 박혀 돌아가고 있다. 우주의 빈 공간에 존재하는 두터운 천구의 모습은 그가 편심 등이 실제로 존재한다고 생각했음을 보여준다.

아리스토텔레스의 우주론에 따르면, 완벽하다고 여겨졌던 천상계에서는 변화나 생성 같은 것이 존재할 수 없었다. 변화나 생성은 불완전한 지상계에서만 가능한 것으로, 혜성이나 새로운 별이 나타나는 현상은 달 아래 지상계의 영역에서 일어나야 했다. 그런데 브라헤의 관측에 따르면, 새로운 별은 달을 넘어 훨씬 더 먼 곳에 존재했다. 결국 새로운 별의 존재를 인정할 때, 지상계와 천상계의 구별은 무의미해질 수밖에 없었다.[15] 이는 곧 아리스토텔레스의 우주론이 불완전함을 의미했다.

브라헤는 벤Hven 섬에 세운 자신의 천문대를 통해 고도로 정밀한 천문 관측을 수행하면서 실제 우주 현상들을 제대로 이해하기 위해 노력하였다. 그는 1588년 『천상계의 가장 최근의 현상들에 관하여』라는 책에서 기존의 우주 모형을 수정한 새로운 우주 구조를 제시하였다. 그의 우주 구조에서 전 우주의 중심은 지구이지만, 위성인 달과 태양만이 지구 주변을 돌 뿐, 나머지 행성들은 모두 태양을 중심으로 돌고 있었다. 결국 브라헤의 우주 구조는 기존의 지구 중심설의 우주론을 훼손시키지 않으면서도 실제 관측 자료와 일치하는 태양 중심 우주 구조의 이점을 모두 취할 수 있었다.[16] 그런 까닭에 이시기에 가장 우수한 우주 모델로 인정되었던 것은 다른 무엇도 아닌 브라헤의 우주 구조였다. 실제 관측 자료를 잘 반영하면서도, 여전히 정원들과 등속 원운동으로 이루어진 전통적인 우주 구조를 지니고 있었기 때문이었다.

| 그림 10 | 셀라리우스의 『대우주의 조화』에 실린 브라헤의 우주 구조를 표현한 그림.

기하학적 우주의 신비

기하하적 우주 구조에 대한 생각은 이후 브라헤의 조수가 되는 케플러에 이르러 기하학적 원리가 신이 창조한 우주의 심오한 본질을 드러내준다는 생각으로 발전하였다. 신플라톤주의자였던 케플러는 우주가 기하학적 원리에 의해 조화로운 방식으로 창조되었다고 믿었다. 따라서 그러한 기하학적 원리를 발견할 수만 있다면 신이 세상을 왜 그런 방식으로 창조했는지를 이해할 수 있을 거라 생각했다.

그의 이러한 생각은 1596년에 출판한 『우주의 신비』에서 잘 드러

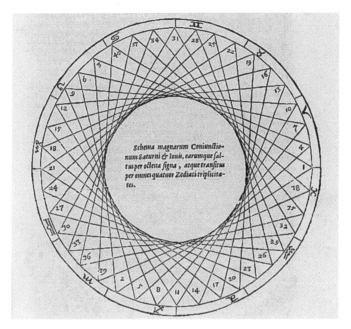

| 그림 11 | 케플러는 황도(바깥 원) 위에서 목성과 토성이 만나는 점을 시간 순으로 연결했을 때, 삼각형이 그려지면서 가운데 작은 원이 만들어지는 것을 발견하였다. 케플러의 『우주의 신비』에 삽입된 그림.

난다. 그는 황도 위에서 목성과 토성이 만나는 지점을 연결하는 과정에서 황도 궤도에 내접하는 삼각형과 그 삼각형에 내접하는 원을 발견하였다(그림 11). 이에 놀란 그는 원과 다면체 사이의 관계에 대해 고민하기 시작하였다. 그리고 세상에 다섯 개의 정다면체만 존재한다는 사실로부터 정다면체들이 우주의 기하학적 원리와 관련된 것이 아닌지를 의심하였다. 이 과정에서 행성의 원 궤도들 사이에 원에 내접하거나 외접하는 정다면체를 두는 구조가 실제 천체 관측치와 대략 5% 오차 내로 거의 일치함을 발견하였다.

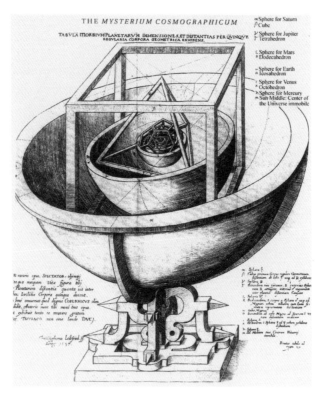

| 그림 12 | 케플러가 『우주의 신비』에서 소개한 정다면체 우주 구조

그 구조에 의하면, 우주의 중심에는 태양이 있고, 그 다음에는 수성의 원 궤도, 그 원 궤도에 외접하는 정팔면체, 정팔면체에 외접하는 금성의 원 궤도, 그 원 궤도에 외접하는 정이십면체, 정이십면체에 외접하는 지구의 원 궤도, 그 원 궤도에 외접하는 정십이면체, 정십이면체에 외접하는 화성의 원 궤도, 그 원 궤도에 외접하는 정사면체, 정사면체에 외접하는 목성의 원 궤도, 그 원 궤도에 외접하는 정육면체 그리고 정육면체에 외접하는 토성의 원 궤도 순으로 배열되어 있

었다. 정다면체의 기하학적 원리는 신이 왜 행성의 궤도를 원 궤도로 만들었고, 행성은 왜 여섯 개만을 창조했는지 등을 설명해줄 수 있는 것처럼 보였다.[17] 우주는 신의 조화로운 계획에 다름 아니었고, 그 원리는 무엇보다도 기하학적인 것이었다.

그런데 이렇듯 놀라운 케플러의 정다면체 우주 구조는 이후 브라헤의 조수로 합류하여 그의 놀라운 관측 자료를 접하면서 폐기되었다. 기하학적 구조가 실제 우주의 원리여야 했으나, 정다면체가 만들어내는 원 궤도들은 브라헤의 관측 자료로 계산할 때 일치하지 않았다. 그럼에도 우주의 기하학적 원리에 대해 확신하고 있었던 케플러는 원 대신, 고대 그리스 수학자 아폴로니우스Apollonius of Perga(B.C 262~190)의 원뿔곡선에 주목했다. 이 과정에서 그는 타원의 초점에 태양이 위치하고, 행성은 그 타원 위를 회전하는 구조를 발견하였다 (케플러 제1법칙).[18]

또한 실제 우주에 주전원과 같은 가상의 원들은 존재하지 않는다고 생각했던 그는 행성의 불규칙한 운동을 설명하기 위해 타원의 면적 속도 법칙을 고안하였다. 이 법칙은 태양을 중심으로 행성이 타원 궤도 위를 지나가는 면적은 어디에서든 일치한다는 것으로(케플러 제2법칙), 태양에서 가까운 지점에서는 빨리 회전하고, 태양에서 먼 지점에서는 상대적으로 느리게 회전하는 것을 잘 설명할 수 있었다. 케플러는 이 발견을 1609년에 출판한 『신천문학』에서 소개하였다. 당시 천문학계가 원 궤도를 고수하고 있었음을 감안할 때, 그의 연구는 기존의 연구보다는 신이 부여한 우주의 기하학적 질서를 끈질기게 고집한 결과라 할 수 있었다.[19]

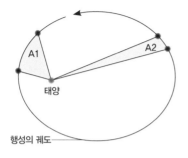

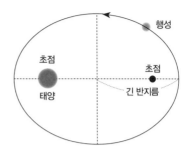

| 그림 13 | 케플러의 제2법칙을 보여주는 그림. 면적 A1과 면적 A2는 동일해야 하므로, 상대적으로 A1을 만들면서 지나가는 행성은 A2를 만들면서 지나가는 행성에 비해 빠른 속도로 회전해야 한다.

| 그림 14 | 케플러의 행성운동의 제3법칙을 보여주는 그림.

케플러가 보여준 우주의 기하학적 원리는 1619년에 출판된 『우주의 조화』에서 통합적으로 정리되었다. 이 책은 다섯 개의 장으로 이루어져 있는데, 천문학 외에도 기하학, 음악 그리고 점성술 등에서 드러나는 기하학적 조화의 원리를 통해 자신이 천문학에서 보여준 행성 운동의 기하학적 원리가 신의 창조의 질서와 조화를 보여줌을 주장하고 있다. 특히, 마지막 장인 '행성 운동의 조화'에서 그는 이전의 연구에 더해 행성 운동의 제3법칙을 소개하였다. 제3법칙은 행성 궤도의 반장축의 길이의 세제곱과 회전 주기의 제곱의 비가 모든 행성에 대해 동일하다는 내용이다. 앞의 두 법칙에 비해서는 훨씬 더 복잡하지만, 여전히 행성 운동을 관할하는 원리를 기하학적 비에서 찾았던 것은 이전 방식과 유사했다.[20]

케플러의 행성 운동의 법칙들은 이후 뉴턴의 연구를 통해 수학적으로 증명되었다. 운동의 법칙과 중력의 법칙으로부터 케플러의 법칙들을 기하학적인 방식을 통해 유도해낸 것이다. 그의 연구는 1687년에 출판된 『자연철학의 수학적 원리』에서 체계적으로 정리되었다. 자연 세계의 현상들의 직접적 원인이 되는 힘을 상정하고, 그 힘의 수학적 원리를 발견할 때 왜 그런 현상들이 나타나는지를 이해할 수 있다고 본 것이다. 뉴턴 이후 우주는 명백히 수학적 원리에 따라 돌아가는 것이 되었다. 비록 구체적인 내용은 달랐지만, 플라톤 이후 우주를 수학적으로 상상하며 구체화했던 것은 결국 틀리지 않았다.

망원경이 보여준 하늘의 비밀

이론 천문학이 우주를 수학적으로 상상하고 구체화하는 동안, 갈릴레오에 의해 망원경 관측이 시작되면서 우주에 대한 생각과 그 시각적 이미지는 조금씩 변화하기 시작했다. 갈릴레오는 1610년에 자신이 망원경을 통해 관측한 내용을 담아 『별의 전령』을 출판하였다. 17세기 초까지도 아리스토텔레스의 우주론이 굳건한 지위를 지니고 있었던 상황에서, 『별의 전령』에서 제시한 망원경 관찰의 결과들은 명확히 기존의 우주 구조에 결함이 있음을 드러내고 있었다. 완벽한 천상계의 행성인 태양은 흑점을 지니고 있었고, 우주의 중심도 아닌 목성에는 지구에만 유일하게 있다고 여겨졌던 위성이 네 개나 존재했다.

갈릴레오의 책이 더욱 충격을 안겨주었던 것은 달 표면을 묘사한 그림이었다.[21] 중세 유럽을 지배했던 아리스토텔레스의 철학에서 달은 천상계의 존재였다. 지상계는 변화와 소멸이 가능하고 불규칙한 운동이 가능한 곳이었지만, 천상계는 완벽하고 흠이 없으며 오로지 기하학적 형상을 통해서만 이해할 수 있는 곳이어야 했다. 그런 우주론에서 달은 완벽한 구 형태여야 했고, 표면 역시 티 없이 맑으며 유리처럼 매끈해야 했다.

그런데 밤하늘의 달을 관측하면 표면이 얼룩을 지닌 것처럼 깨끗하지 않음을 쉽게 파악할 수 있다. 중세인들 역시 이런 사실을 잘 알았기에 이를 설명하기 위한 여러 가설을 제시하였다. 가령, 달 내부 물질의 밀도 차이에 따라 그림자가 비쳐 얼룩이 생긴다거나, 지구와 달 사이에 구름과 같은 물질이 있어 지구에서 볼 때 얼룩이 있는 것처럼 보인다는 설명이 그 예였다.[22] 아리스토텔레스에 의하면, 달 아래는 지상계이기에 지상계를 구성하는 물질들로 이루어져 있어야 했다. 따라서 그는 지구와 달 사이에 물, 불, 공기가 섞여 있다고 설명했는데, 그런 물질들이 달을 가린다고 생각하는 것은 자연스러워 보였다.

하지만 갈릴레오는 망원경으로 달을 관측한 뒤, 달의 표면에 얼룩이 있는 것처럼 보이는 것은 달의 표면이 산이나 구덩이 같은 것들로 울퉁불퉁하게 덮여 있어 지구에서 보면 얼룩져 보이는 것이라고 주장했다. 그는 자신의 주장을 지지하기 위해 직접 스케치한 그림을 제시하였다. 당대 이탈리아 예술가들과 교류하면서 원근법과 명암대조법을 이해하고 있었던 갈릴레오는 달이 태양의 빛을 받을 때 생기는 음영 및 그림자 등을 사실적으로 표현해 자신이 본 것을 훌륭하게 재현하였다. 갈릴레오의 그림은 그에 앞서 몇 달 전 영국의 자연철학자 토마스 해리엇Thomas Harriot(1560~1621)이 그린 엉성한 달 그림에 비

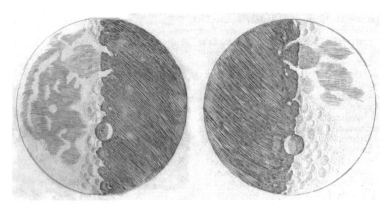

| 그림 15 | 『별의 전령』에 실린 갈릴레오의 달 스케치

하면 더 한층 진보한 것이었다. 그가 달의 음영 등을 통해 달의 울퉁불퉁한 지면을 짐작할 수 있었던 것은 그가 미술에 재능이 있었을 뿐만 아니라 미술 이론에 익숙했던 데 기인했다.[23]

그런데 관찰과 재현은 사실상 또 다른 문제였다. 갈릴레오의 그림은 달의 울퉁불퉁함을 강조하기 위해 상당히 과장해서 그려져 있었다. 달의 밝은 부분과 어두운 부분 사이의 경계는 너무도 분명했고, 아래 쪽의 분화구의 크기는 상당히 컸다. 사실 동일한 대상을 스케치해도 그리는 사람에 따라 약간씩 달라진다. 근대 이전 자연사 서적이나 해부학 서적 등에 삽화를 거의 사용하지 않거나 상징적으로만 사용했던 것도 바로 그래서였다. 학자들은 갈릴레오의 달 분화구가 커다란 원 모양을 하고 있는 것을 원에 대한 그의 집착에서 찾는다. 결국 망원경을 사용해서 우주를 관찰한다고 하더라도 그것을 시각화하는 과정에는 또 다른 상상이 개입될 수밖에 없었다.[24]

그러나 그럼에도 분명했던 것은 달이 완벽하지 않다는 사실이었다.

갈릴레오의 관측을 통해 하늘의 놀라운 현상들이 알려지면서, 이후 망원경 관측은 천문학자들 사이에서 빠른 속도로 퍼져 나갔다. 그런데 당시에 사용하던 망원경 끝 부분의 볼록렌즈는 망원경의 상을 번지게 만드는 색수차 현상chromatic aberration[25]이 심해 뚜렷한 상을 만들어내지 못할 때가 많았다. 또한 눈 가까이의 접안렌즈는 오목렌즈로 되어 있어 시야 역시 매우 좁았다. 결국 갈릴레오의 망원경 관측 결과는 한동안 계속해서 논란에 휩싸였다. 망원경을 사용해도 갈릴레오가 보여주었던 것을 관측하기 어려울 때가 많았기 때문이다.[26]

이에 케플러는 기존 망원경의 단점을 보완하기 위해 대물렌즈와 접안렌즈를 모두 볼록렌즈로 사용하는 굴절 망원경 방식을 제안하였다. 이후 천문학자들 사이에서는 케플러식 망원경에 렌즈를 덧대면서 대물렌즈의 초점거리를 길게 만드는 망원경이 유행하였다. 가령, 아마추어 천문학자였던 요한 하벨리우스Johann Hevelius(1611~1687)는 초점거리를 길게 만드는 굴절 망원경을 제작하여 달을 포함해 여러 천체 현상들을 세밀하게 관측하는 데 성공하였다.

하벨리우스는 그렇게 얻은 천문학적 지식들을 자신의 책 『월면月面지리학』(1647)을 통해 소개하면서 천체 망원경의 위력과 그 진실성을 설득해나갔다. 여기에는 1646년에 출판된 프란체스코 폰타나Francesco Fontana(1580~1656)의 책이 자극이 되었다. 아마추어 천문학자였던 폰타나는 자신이 제작한 망원경으로 천체를 관측했다고 주장하며, 실제보다 왜곡되고 상상이 가미된 그림들(그림 17 참조)을 담아 책을 출판하였다. 자연히 망원경 관측의 진실성은 확보되기 어려웠다.

이런 상황에서 하벨리우스는 자신의 천체 관측 결과를 설명하기

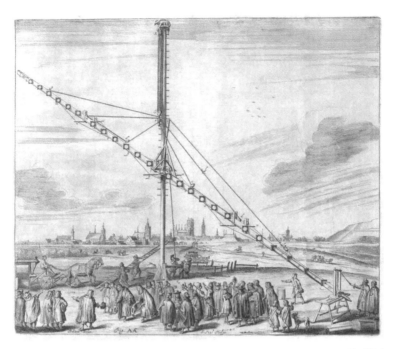

| 그림 16 | 하벨리우스의 망원경 관측과 이를 지켜보는 사람들(1673). 하벨리우스는 꾸준한 망원경 개선을 통해 나중에는 대략 45미터가 넘는 초점거리를 가지는 굴절 망원경을 제작하였다. 그런데 이 망원경은 워낙 크기가 크다 보니, 그림에서처럼 설치하는 데도 여러 사람들의 도움이 필요했고, 구조적으로 흔들릴 수밖에 없어 정확한 상을 얻어내기 힘들었다.

전에 먼저 관측하기까지의 과정을 구체적으로 설명하였다. 자신이 가진 천체 망원경의 렌즈 제작 과정부터 시작해 렌즈의 특징과 망원경 제작 과정 그리고 망원경 설치 방식에 이르기까지 모든 세세한 과정들을 소개한 것이다. 특히 하벨리우스는 각각의 과정을 그림으로 상세히 묘사해가며 자신의 달 그림들이 실제 망원경 관측을 통해 얻어진 것임을 강조하였다. 비록 다음 세기 천문학의 성과들은 하벨리우스의 천체 관측의 실수를 드러내주었지만, 그의 책을 통해 망원경

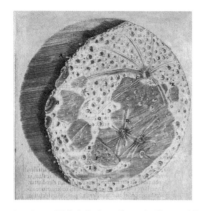

| 그림 17 | 폰타나의 달 그림(1646). 왼쪽 그림은 마치 오렌지와 같은 모습을 보여주며, 오른쪽 그림에서는 달의 뒷면이 깊은 절벽과 푹 내려앉은 부분들로 채워져 있는 듯하다.

관측으로 얻은 천문학적 지식의 사실적 지위는 충분히 확보될 수 있었다.[27]

한편, 하벨리우스가 묘사한 풍성한 그림들은 사람들로 하여금 천체를 직접 들여다보는 듯한 경험을 선사하였다. 사실 하벨리우스 이전에 이미 갈릴레오의 책에서 달의 표면이 상세하게 묘사되었지만, 갈릴레오의 책에서 달 그림은 텍스트를 보조하는 삽화에 가까웠다. 그러나 하벨리우스의 책에서는 텍스트가 반대로 그림을 보조하는 역할을 하고 있었다. 하벨리우스의 책에서 달에 대해 가장 잘 설명해줄 수 있는 것은 다른 무엇도 아닌 그림이었다. 이전에 수학적이고 철학적인 분야에 가까웠던 천문학은 망원경 관측 기술의 발전과 함께 점차 시각적인 분야가 되어가고 있었다.[28]

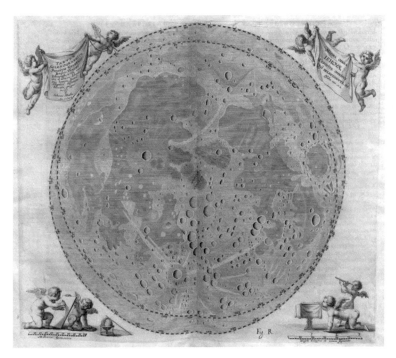

| 그림 18 | 하벨리우스가 제작한 달의 표토 지도(1647)

다원 우주 및 무한 우주에 대한 상상

갈릴레오는 『별의 전령』에서 가까운 태양계의 행성들 외에도 먼 우주의 모습을 함께 다루었다. 가령, 항성의 하나라고 여겨졌던 은하수가 실제로는 많은 별들이 모여 이루어진 것이라는 사실 등은 당시 유럽 사회에 큰 충격을 안겨주었다. 천상계와 지상계의 구분은 점점 더 무의미해졌고, 우주는 생각한 것보다 훨씬 더 크다는 것이 드러나고 있었다.

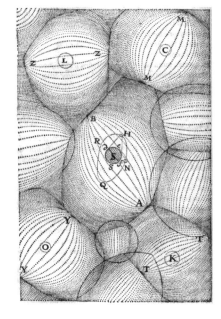

| 그림 19 |
데카르트의 기계적 철학에
따른 우주(1664)

　　이런 상황에서 데카르트는 자신의 철학적 체계를 세우면서 다원
우주를 상상하였다. 그는 자연 현상의 가장 근본적인 토대로 미세한
물질과 그것의 운동을 가정하여, 그것으로 모든 자연계의 현상들을
설명하고자 했다. 그가 보기에, 신은 빈 공간을 허용할 리 없었고, 아
무리 의심하고 부정해도 물질과 변화가 존재한다는 것을 부정할 수는
없었다. 또한 그는 지상계나 천상계의 공간은 모두 세 가지의 기본 원
소들로 구성되어 있다고 보았다. 태양을 구성하는 1차 원소와 우주에
퍼져 있는 미세 물질인 2차 원소 그리고 지구나 행성 같은 큰 덩치의
물체를 구성하는 3차 원소가 그것이었다. 결국, 태양과 행성 등을 제
외한 우주의 모든 공간이 동일한 미세 물질들로 가득 차 있는 구조에
서 지상계와 천상계의 구분이 있을 리 만무했다. 가령, 그림 18에서

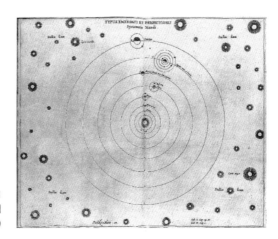

| 그림 20 |
게리케의 『새로운 실험』에
실린 우주의 모습(1672)

가운데의 S는 태양을 의미하고, S 주위의 기호들은 태양계의 행성을
의미하는데, 그림에서 보이듯 태양계와 비슷한 종류의 항성계는 C,
K, L, O 등을 중심으로 계속해서 이어지고 있었다.[29]

이런 가운데 우주에 대한 새로운 발상들이 나타나기 시작했다. 사
실 1584년에 조르다노 브루노가 우주와 세계의 무한성에 관해 논하
기도 했지만, 그가 종교 재판을 통해 화형당한 것에서도 알 수 있듯,
그러한 생각들이 당시에는 일반적인 지지를 받기 어려웠다. 그러나
17세기 말에 이르면, 무한 우주에 대한 생각들은 공공연히 논의되기
에 이르렀다. 가령, 정전기 발생기나 공기 펌프 발명가로 유명했던
오토 폰 게리케는 천문학 및 우주론에도 많은 관심을 가지고 있었는
데, 그가 고안한 우주 모형은 이전 시기의 것과는 다른 모습을 하고
있었다. 1672년에 출판한 『새로운 실험』의 모형은 코페르니쿠스의
태양 중심 구조와 유사했지만, 천구가 없다는 점이나 행성들이 태양
에서 멀수록 커진다는 점 그리고 항성들이 맨 마지막 궤도에 몰려 있

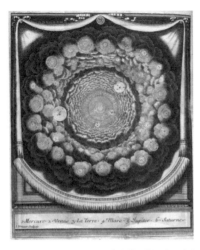

| 그림 21 | 『세계의 무한성에 대한 고찰』 권두 삽화

| 그림 22 | 『우주의 이론과 새로운 가설』(1750)의 삽화. 외계 생명체가 살고 있는 세계의 다원성을 주장했으나, 창조주의 눈의 이미지를 통해 그 모든 것도 창조주의 작품임을 암시하고 있다.

는 것이 아니라 마지막 행성의 궤도를 넘어 폭 넓게 퍼져 있다는 점 등에서 기존 우주 모형과 달랐다.[30] 망원경 관측을 통해 아리스토텔레스의 우주론에 관한 도전이 거세지면서 이제 더 이상 닫힌 우주는 상상하기 어려워진 것이었다.

이러한 경향은 18세기로 넘어가면서 다원 우주에 대한 생각으로 발전하였다. 베르나르 퐁트넬Bernard Le Bovier de Fontenelle(1657~1757)의 『세계의 무한성에 대한 고찰』(1688)이나 크리스티안 하위헌스 Christiaan Huygens(1629~1695)의 『우주 이론』(1698) 그리고 영국의 천문학자 토마스 라이트 Thomas Wright(1711~1786)의 『우주의 이론과 새로운 가설』(1750) 등은 다원 우주나 외계 생명체에 대한 논의들을 통해 우주에 대한 새로운 상상을

불러일으켰다. 17~18세기에
출판되었던 소설들에 달세계
탐험이나 월인들의 세계 그리
고 먼 우주의 이성적 존재에
대한 논의가 담기기 시작했던
것도 이와 무관하지 않을 것
이다.

1862년에는 켈빈 경William
Thomson, 1st Baron Kelvin(1824~
1907)이 지구 크기의 구체가
당시와 같은 온도로 냉각되
는 데 걸리는 시간을 2,000~

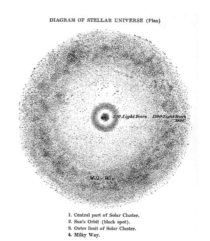

| 그림 23 | 켈빈 경의 계산과 당시까지 알려진 정
보에 기반해 월러스가 그린 우주의 모습으로, 진
한 까만 점이 태양계다. 『우주 속 인간의 위치』에
실려 있다.

4,000만 년으로 계산하여 우주의 역사가 당시 사람들이 생각했던 것
보다 훨씬 더 오래되었음을 주장하였다. 다윈과 마찬가지로 자연선
택설을 연구했던 앨프레드 러셀 월러스Alfred Russel Wallace(1823~1913)
는 말년에 천문학 연구들을 공부한 뒤 『우주 속 인간의 위치』(1903)
에서 당시 천문학자들의 연구와 켈빈의 계산 등을 종합하여 지름
3,600 광년의 우주를 묘사하였다.

생물학자이자 지리학자였던 월러스가 가장 염두에 두었던 것은
우주에서의 지구의 위치와 인간의 존재였다. 월러스의 책에 삽입된
그림에서 지구가 포함된 태양계(중심 바로 왼쪽의 점)는 넓디넓은 우주
의 중심 부근에 위치해 있었다. 그가 보기에, 지구상의 독특한 조건
등을 감안할 때, 인간이 살 수 있는 곳은 지구 외에 우주 어디에도 없

었다. 우주는 더욱 광활해졌지만, 그 속에서도 인간과 지구는 여전히 그 특별한 존재감을 잃지 않고 있었다.[31]

천체 망원경의 발전과 고흐가 바라본 별이 빛나는 밤

천체 망원경 기술은 17세기 이래 꾸준히 향상되었다. 우선 1671년에 뉴턴은 케플러식 굴절 망원경의 색수차 현상을 개선하는 과정에서 망원경 내부에 오목한 거울(주경)을 넣어 빛이 다시 거울(부경)에 반사되도록 하는 반사 망원경을 제작해 선보였다. 뉴턴식의 반사 망원경은 색수차 현상의 단점을 보완해주었지만, 대신 반사를 통한 상이 불안정하다는 단점을 지니고 있었다. 이후 여러 천문학자들은 이를 개선할 수 있는 다양한 방식을 제시하였다.

허셜Frederick William Herschel(1738~1822)은 당시 거울 제작의 수준을

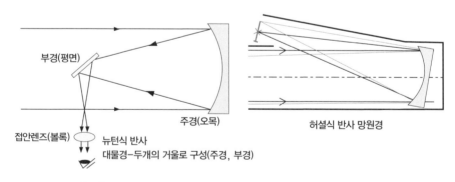

| 그림 24 | 왼쪽은 뉴턴식 반사 망원경으로 왼쪽에서 들어오는 빛이 오른쪽의 오목거울에 반사된 뒤 다시 가운데 기울어진 작은 거울에 반사되어 아래쪽 경통 밖에서 상을 인식하는 구조. 오른쪽은 허셜식 반사 망원경

감안하여 중간의 부경을 제거하고 주경인 오목거울로부터 곧바로 상
을 얻어내는 허셜식 반사 망원경을 제작하였다. 1789년에는 반사 망
원경의 렌즈를 1.2미터 정도까지 확대하고 초점 거리를 12미터 정도
까지 늘렸는데, 이를 통해 최초로 천왕성을 관측하는 등 천체 관측의
정밀도를 크게 향상시켰다.[32]

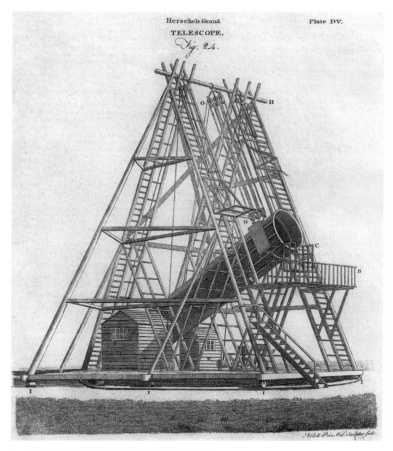

| 그림 25 | 허셜의 49인치(1.2미터) 반사망원경(1789)

허셜의 성공에 힘입어 망원경은 계속해서 대형화되어 갔다. 1845년에 설치된 윌리엄 파슨스William Parsons(1800~1867)의 반사 망원경은 렌즈 길이가 1.8미터까지 늘어나는 등 망원경 제작 기술은 계속해서 발전했다. 파슨스는 자신의 망원경으로 천체를 정밀 관측하고, 허셜과 마찬가지로 자신의 관측 결과를 스케치하여 그림으로 남겼다. 그런데 1845년 봄에 관측한 성운의 모습은 파슨스를 포함하여 그가 초청한 두 천문학자들을 흥분시켰다. 관측 결과는 허셜의 견해와 마찬가지로, 성운이 기존의 견해와는 달리 단일한 물리적인 실체가 아니라 수많은 별들이 모여 이루어진 것으로 보였기 때문이다. 특히, '소용돌이 성운M51'의 모습은 이들을 흥분시켰는데, 파슨스의 관측 결과와 그의 스케치는 1845년 6월에 열린 영국 과학진흥협회British Association for the Advancement of Science에서 공개되면서 영국 사회 내에서도 큰 관

| 그림 26 | 파슨스의 소용돌이 성운M51 스케치(1845)

심을 불러 일으켰다.[33]

파슨스의 관측 결과는 유럽 대륙에서도 큰 반향을 불러 일으켰다. 여러 천문학자들이 파슨스의 소용돌이 성운 등을 관찰하고 연구하였는데, 이들이 그린 조금씩 다른 제각각의 성운 그림들은 전문적인 천문학자들은 물론이고 지식 대중들 사이에서 천체에 관한 큰 관심을 불러일으켰다.[34] 특히, 프랑스 천문학자 카미유 플라마리옹Camille Flammarion(1842~1925)은 소용돌이 성운의 모습을 관찰하고 이를 자신의 책 『대중 천문학』(1879)에서 소개하였는데, 이것이 베스트셀러가 되면서 프랑스 사회에서 큰 주목을 받았다.

플라마리옹의 책에는 파슨스의 소용돌이 성운 스케치도 포함되어 있었는데, 그의 책을 읽은 독자 중에는 빈센트 반 고흐Vincent van Gogh(1853~1890)도 있었다. 고흐는 밤하늘의 별을 관찰하는 것을 좋아했다

| 그림 27 | 고흐의 「별이 빛나는 밤」

고 하는데, 아무리 좋은 눈을 가지고 있다고 하더라도 밤하늘에서 소용돌이 성운을 관찰할 수는 없다. 고흐의 「별이 빛나는 밤」(1889)의 거대한 소용돌이의 모습을 보고 있자면 고흐가 마치 망원경으로 들여다본 밤하늘의 모습을 옮겨놓은 것처럼 보인다. 파슨스가 망원경으로 바라본 소용돌이 성운의 모습을 종이 위에 스케치한 것처럼 말이다.[35]

18세기 말부터는 유리 세공 기술이 발전하면서 대형 망원경의 정밀도가 크게 향상되었다. 그 결과, 1888년에 제작된 릭Lick 천문대의 굴절 망원경과 같이 대형 색지움 유리 렌즈를 장착한 대규모 굴절 망원경들이 나타나기 시작했다. 또한 금속 거울 대신 대형 유리 거울을 사용한 반사 망원경이 제작되면서, 1917년에는 윌슨산Mount Wilson 천문대에 렌즈 길이 2.5미터의 반사 망원경이, 1948에는 팔로마Palomar 천문대에 렌즈 길이가 5미터나 되는 반사 망원경이 제작되는 등 정밀도의 개선과 함께 대형화되어 갔다.

천체 사진으로 촬영한 우주

망원경의 발전과 함께 19세기 중반 사진 기술이 개발되면서 천체 사진 기술 역시 크게 발전하였다. 1826년 조제프 니세포어 니엡스Joseph Nicéphore Niépce(1765~1833)가 기존의 카메라 옵스큐라에 감광 물질을 바른 종이를 노출시켜 최초의 이미지를 얻어낸 후, 사진 기술은 빠른 속도로 발전했다. 1834년에는 영국인 윌리엄 헨리 폭스 탤벗William Henry Fox Talbot(1800~1877)이 포토제닉 드로잉Photogenic Drawings 기술을 개발하였고, 이후 1841년에 이르면 그의 기술은 칼로타입Calotype 사진 기술로 발전하였다. 1837년에는 프랑스인 미술가였던 루이 다게레오Louis Daguerre(1787~1851)에 의해 다게레오타입Daguerreotype 사진 기술이 개발되었다.

이 중 다게레오 타입 사진 기술은 1839년에 이르러 일반에 공개 되었다. 이후 여러 분야에서 사진 기술이 널리 활용되기 시작했다. 1840년에 미국에서 활동하던 과학자 존 윌리엄 드레이퍼John William Draper(1811~1882)가 다게레오타입으로 최초의 달 사진을 얻을 수 있었던 것도 바로 이러한 상황의 산물이었다. 비록 드레이퍼의 사진이 공개 즉시 큰 반향을 불러 일으키지는 못했으나 촬영 기술이 서서히 개선되면서 얼마 지나지 않아 과학 연구를 위한 주요 도구로 인식되기 시작했다.[36]

1847년에는 하버드 대학교 천문대의 천문학자 윌리엄 크랜치 본드William Cranch Bond(1789~1859)가 다게레오타입 사진가였던 존 애덤스 위플John Adams Whipple(1822~1891)과 함께 천체 사진을 찍기 시작했다. 이들은 1851년 선명한 달 사진을 얻을 수 있었는데, 이것이 1851년에 개최되었던 수정궁 박람회에 전시되면서 큰 반향을 불러 일으켰다. 이들은 1950년에는 최초로 별 사진을 찍고, 이후 달에 이어 목성의 표면을 촬영하는 등 천체 사진이 제대로 주목받지 못했던 시기 천체 사진의 가능성을 보여주는 데 크게 기여하였다.[37]

망원경과 함께 천체 사진 기술이 발전하면서 천체 사진이 담는 대상 역시 확대되었다. 1880년에는 헨리 드레이퍼Henry Draper(1837~1882)가 최초로 오리온 성운을 촬영하였다. 이어 미국 천문학자 에드

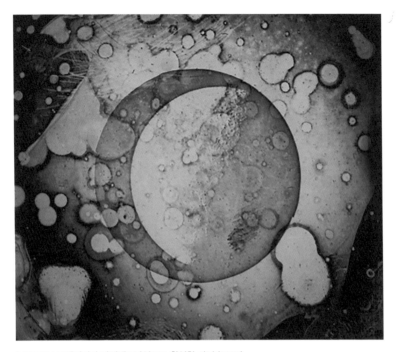

| 그림 28 | 드레이퍼가 다게레오타입으로 촬영한 사진 (1840)

워드 에머슨 바나드Edward Emerson Barnard(1857~1923)는 다양한 종류의 성운들을 촬영하고 그 특성을 관찰하여 182개의 암흑 성운 목록을 작성하였다.[38] 유럽에서도 천체 사진의 가능성이 확인되면서 천체 사진이 활발하게 만들어졌다. 가령, 스코틀랜드의 천문학자 데이비드 길David Gill(1843-1914)은 1895년부터 1900년 사이에 남아프리카의 왕립 천문대에서 천체 사진을 촬영하였고, 45만 개 이상의 별의 위치와 밝기를 기록한 성표를 제작하였다.[39] 이제 망원경의 상이 모이는 곳에 사진 건판을 놓고 몇 시간 동안 노출만 시켜 놓으면, 눈으로 보고 스케치한 것처럼 분명한 상을 얻을 수 있게 된 것이다.

천체 그림의 진화와 새로운 예술 장르의 탄생

망원경과 천체 사진 기술이 발전하면서 우주의 시각적 이미지가 점차 쌓여갔고, 사람들은 이전까지는 할 수 없었던 새로운 경험을 하게 되었다. 이 과정에서 새로운 예술 장르를 개척하는 인물도 나타났다. 에띠엔느 트루베로Étienne Trouvelot(1827~1895)는 대표적인 인물이었다. 프랑스의 예술가이자 삽화가였던 그는 1870년에 오로라를 관찰한 이후 우주의 천문 현상 및 다양한 행성의 이면을 그림에 담아내기 시작했다.

트루베로는 하버드 대학교 천문대의 천문학자들에게 자신의 그림을 보여주었는데, 트루베로의 그림에 강한 인상을 받은 천문학자들은 1872년에 그를 천문대에 정식으로 초청했다. 그곳에서 그는 렌즈 지름 38센티미터짜리 굴절 망원경으로 천체를 눈으로 직접 관측하면서 천체 그림 수백 점을 그렸다. 그 그림 중 35점이 1876년 「하버드

| 그림 29 | 1875년 미 해군 천문대에서 트루베로가 그린 「오리온 성운의 중심부」(1875)

연보_Havard Annals_」에 실리며 큰 호평을 받았다. 트루베로의 천체 그림이 큰 인기를 모으면서, 1875년에는 미 해군 천문대의 초청을 받아 그곳에 있던 당시 세계 최대 규모의 굴절 망원경이었던 66센티미터짜리 천체 망원경을 사용할 수 있게 되었다. 트루베로는 해군 천문대의 망원경을 통해 먼 우주를 관측하였고, 그곳에서 오리온 대성운과 백조 성운 등을 관찰하며 그림을 그렸다.[40]

트루베로가 천체 그림을 그리던 당시에는 천체 사진 기술이 발전하며 천문 사진도 늘어나고 있었다. 그러나 당시에는 아직 전문적인 천문학자들이 사진보다는 육안으로 직접 망원경을 관측하고 그림으로 스케치하는 것을 더 선호하고 있었다. 천체 사진의 상이 부정확했기 때문에 사진보다는 그림으로 표현하는 것이 더 효과적이라고 생각했기 때문이다.[41] 그래서 윌리엄 허셜을 포함해서 많은 천문학자들이 망원경 관찰 후 직접 그림을 그렸고, 그러지 않는 경우에는 제임스 버자이어_James Basire_(1730~1802)나 사무엘 헌터_Samuel Hunter_같은 전문 화가들이나 조수들을 고용해 망원경으로 관찰한 천체 그림을 그리도록 했다.[42] 트루베로 역시 카메라가 인간의 눈을 따라잡을 수는 없다고 보았다. 그는 "천체는 대기의 미묘한 변화에도 영향을 받고 심지어는 안 보일 수도 있는데, 잘 훈련된 눈만이 그러한 천체의 구조와 배치의 미묘하게 세밀한 부분들을 파악할 수 있다"고 주장했다. 트루베로는 7,000점이 넘는 천체 그림을 그렸는데, 1882년에는 그중 15점을 모아 『트루베로 천체 그림』이라는 이름으로 작품집을 출판하였다.[43] 천문학 연구를 위해 개발된 망원경과 천체 사진 기술을 통해 천체 그림이라는 새로운 예술 장르가 만들어진 셈이었다.

천체 관측 기술의 발전과 보이지 않는 것의 시각화

트루베로가 천체 그림을 그리던 동안에도, 천체 사진 기술의 발전은 계속되고 있었다. 가령, 1882년에는 윌리엄 허긴스William Huggins (1824~1910)가 분광학과 사진 기술 등을 활용해 성운의 구성 물질 성분 및 상태 그리고 회전 속도 등을 파악할 수 있는 선 스펙트럼 촬영 기술을 발전시켰다. 이 기술의 발전은 에드윈 파월 허블Edwin Powell Hubble(1889~1953)의 발견으로 이어졌다. 1923년 허블은 성운들이 우리 은하에 속해 있는지 아니면 외부의 새로운 은하에 속해 있는지를 조사하기 위해 안드로메다 성운을 촬영하였다. 그런데 이 과정에서

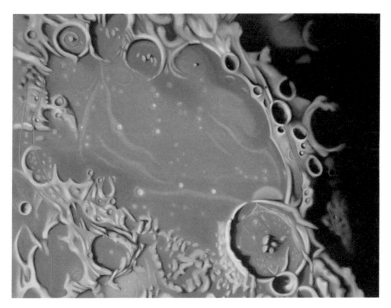

| 그림 30 | 『트루베로 천체 그림』에 실린 1875년 작품. 달 표면의 '습기의 바다'를 그린 그림.

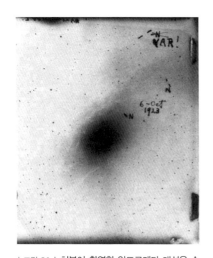

지구로부터의 거리를 짐작할 수 있는 세페이드 변광성(별의 밝기가 변하는 별)을 발견했다. 그리고 계산을 통해 안드로메다 성운이 태양계가 속한 우리 은하 내부에 있는 것이 아니라, 외부의 먼 우주에 존재함이 확인되었다. 이는 우리 은하가 우주의 유일한 은하라고 여기던 당시 천문학의 주장을 부정하고, 우주가 그때까지의 견해보다 훨씬 더 크다는 사실을 밝혀준 것이었다.

| 그림 31 | 허블이 촬영한 안드로메다 대성운 속 신성들(N). 신성들의 밝기를 관찰한 결과, 오른쪽 위의 신성이 주기적으로 밝기가 변화하는 변광성임을 확인하고 N을 지우고 변광성을 의미하는 'VAR!'라고 표기하였다. 이 변광성의 주기가 31.4일임을 관측한 후, 계산을 통해 이것이 지구로부터 100만 광년 떨어진 별임을 확인하였다.

허블은 먼 은하에서 나오는 빛의 스펙트럼을 관찰하면서 빛을 내는 물체가 가까워지거나 멀어질 때 내는 색깔이 달라진다는 해석을 통해 1929년 우주의 은하계가 서로 멀어지고 있으며, 멀어지는 속도는 지구에서 은하계까지의 거리에 비례한다는 사실을 발견하였다.[44] 결국 우주를 포착하려던 천체 사진 기술의 발전을 통해 우주의 규모가 끝없이 팽창하고 있다는 사실이 밝혀진 것이었다.

20세기 들어 천체 망원경 기술은 더욱 발전했다. 허블이 안드로메다 성운이 우리 은하 바깥에 있다는 것과 우주 팽창을 발견했던 것은 1917년에 설치된 윌슨산 천문대의 렌즈 지름 2.5미터의 후커Hooker 망원경을 통해서였다. 망원경 기술은 여기서 멈추지 않았는데, 가령

1948년에 완성된 팔로마 천문대Palomar Observatory의 헤일Hale 망원경은 렌즈 직경이 5.08미터로 맨 눈으로 보는 것에 비해 4,000만 배나 향상된 이미지를 선사하였다. 그 결과 수많은 성단과 성운 그리고 이전에는 볼 수 없었던 수많은 은하들의 실체를 볼 수 있게 되었다. 이후 컴퓨터 기술의 발전과 함께 대형 망원경이 컴퓨터로 제어되고 여러 망원경을 조합하는 것이 가능해지면서 1993년에 설치된 켁Keck 망원경의 경우 헤일 망원경에 비해 4배나 더 많은 빛을 모을 수 있게 되었다. 1990년에는 나사NASA가 허블 우주 망원경Hubble space telescope을 우주에 쏘아 올리고, 이후 계속된 수리를 통해 망원경을 보완함으로써 지구상에서는 얻기 힘든 사진들을 얻을 수 있게 되었다. 보이지 않는 것을 보게 된 것이었다.[45]

1930년대 후반부터 인지되기 시작한 전파 망원경과 전파 수신기의 가능성 역시 제2차 세계대전 이후 거대 전파 망원경 건설로 이어지면서 이전까지 보지 못했던 우주의 다양한 모습들을 보여 주었다. 우주에서 도달하는 빛의 스펙트럼을 각 대역별로 분석하여 은하계의 구조 및 은하들의 형성 과정, 암흑 성운의 존재 그리고 우주배경복사 등을 연구하는 것이 가능해진 것이다. 최근에는 X선 망원경X-ray telescope이나 감마선 망원경Gamma-ray Space Telescope 등이 대기권 밖으로 보내지면서 대기권 안에서는 관측하기 힘들었던 관측 결과들이 축적되고 있다.

망원경의 발전과 함께 천체 사진술 역시 크게 발전하였다. 20세기 전반기에 대형 천문대에서 훨씬 더 정교한 관측이 이루어지면서 천문대는 천체 사진을 찍는 엔지니어를 따로 두기 시작했다. 그리고 그

| 그림 32 | 1958년 밀러가 촬영한 사진을 데이비드 멀린David Malin이 디지털 작업을 하여 개선시킨 안드로메다(M31)의 모습. 최초의 천체 컬러 사진 중 하나이다.

들의 노력을 통해 기술적 한계에도 불구하고 천체 사진은 이전 세기에 비해 훨씬 더 활발하게 촬영되었다. 특히 1948년부터 1975년 사이에 윌슨산 천문대와 팔로마 천문대에서 활동했던 천체 사진가 윌리엄 밀러William C. Miller(1910~1981)는 천체 사진 분야의 선구자적인 인물이었다. 그는 새로운 감광 기술 개발을 통해 천체 사진의 수준을 높이고 최초로 컬러 천체 사진을 제작하는 등 현대적인 천체 사진이 자리 잡는 데 크게 기여하였다.[46]

　　다만 천체 사진은 1960년대까지도 기술적 한계로 인해 상이나 색이 선명하지 않다는 문제를 지니고 있었다. 이런 상황에서 1969년 벨 연구소의 윌러드 보일Willard Boyle과 조지 E. 스미스George E. Smith의 연구를 통해 반응 속도가 느리던 사진 건판의 은이 실리콘으로 대체되고 감광 입자가 빛을 감지하는 픽셀로 대체되면서 빠른 시간 내에 방대하고 정확한 상을 얻는 것이 가능해졌다. 더욱이 소프트웨어 개발을 통해 디지털 영상을 확대하거나 합성하고, 또 선명하게 개선하는 것이 가능해지면서 이전보다 훨씬 더 해상도가 높고 많은 정보를 담은 천체 사진을 얻는 것이 가능해졌다. 이것이 이후 사진 예술로서의 천체 사진 장르를 예고한 것이었음은 물론이다.[47]

이렇듯 망원경 및 천체 사진 기술 등이 발전하면서 가령 1991년에는 우주선 마젤란호로부터 전송된 데이터들을 통해 금성의 풍경이 재현되었다. 금성의 대기로는 가시광선 스펙트럼 내의 전자기파가 통과하지 못해 사실상 눈으로 금성의 풍경을 바라보는 것이 힘들다. 그런데 마젤란호는 고성능 레이더 탐사기를 통해 엄청난 양의 디지털 데이터를 수집하였고, 이를 전송받은 나사가 복잡한 컴퓨터 분석 및 합성 과정 등을 통해 마치 눈으로 보는 것 같은 금성의 풍경 사진을 만들어냈다.

1997년에는 우주선 갈릴레오호의 데이터 수집을 통해 목성의 대기 이미지도 제작되었다. 같은 해 6월 영국 일간지 인디펜던트The Independent는 목성의 이미지를 실으면서 "이것은 터너의 그림으로 보일지도 모른다"고 소개했다. 사실 광대한 디지털 정보들을 분석해서 이런 사진을 제작하는 과정에는 풍경을 축소시키거나 확대시키고, 우주의 숭고한 이미지를 전달하기 위해 아름다운 가짜 색을 입히거나 대기의 흐름을 유화처럼 표현하는 등 인위적인 작업들이 대거 동원된다. 눈으로 볼 수 없는 풍경을 시각적인 이미지로 재현하는 과정

| 그림 33 | 마젤란호에서 수집한 정보를 기반으로 만들어진 금성의 표면 사진(1991)

에는 과학적 분석에 더해 예술적 감성이 발휘되어야 하는 것이다.[48] 그러나 그렇게 만든 인위적인 이미지는 대중에게 전달되는 순간 사실이 된다. 그것이 바로 이미지가 가지는 힘일 것이다.

「2001 스페이스 오디세이」 속 '빛의 터널'

천체 망원경과 천체 사진 기술 등이 획기적으로 발전하였음에도 불구하고, 우주가 거의 무한대에 가까운 크기임을 생각하면 망원경이나 천체 사진으로 보는 우주의 모습은 여전히 제한적일 수밖에 없다.

더욱이 우주에 대한 이해가 진전됨에 따라 우주가 단순한 구조가 아니라 매우 복잡한 구조를 가지고 있다는 것을 알게 되었으므로, 이를 시각화하는 것은 더욱 어려운 일이 되었다. 특히 20세기 이후 상대성이론이나 양자역학 등의 성과로 블랙홀, 빅뱅 우주, 흑체 복사, 광전효과 그리고 불확정성의 원리 등이 밝혀졌는데, 이러한 원리들이 작동하는 우주를 시각적으로 표현하는 것은 결코 쉽지 않았다. 20세기 중반 이후 우주 탐사가 이루어지면서 구체적인 사진이나 영상들이 전해졌고, 천체 망원경 및 천체 사진의 발전을 통해 보다 정교한 이미지들이 만들어지고 있던 상황에서 과거처럼 과감한 상상을 하기란 어려워졌음이 분명했다.

하지만 우주를 주제로 다루는 영화라면, 그러한 어려움에도 불구하고 어떤 식으로든 우주를 시각화할 필요가 있다. 더욱이 영화에 광활한 우주를 여행하는 내용이 포함된다면, 그 우주의 모습을 시각화하거나 우주 여행의 방식을 구체적으로 표현하는 것은 필수 과제일 것이 분명하다. 그러한 전형을 만든 영화가 있는데, 바로 스탠리 큐브릭 감독의 SF 영화 「2001 스페이스 오디세이」(1968)다. 유명한 SF 작가인 아서 클라크의 소설을 영화화한 이 작품은 많은 이들이 역사상 최고의 SF 영화로 손꼽기를 주저하지 않는다. 이 영화는 우주를 배경으로 한 SF 영화의 수준을 한 단계 끌어올렸다고 평가받는데, 「스타워즈」의 조지 루카스나 스티븐 스필버그와 같은 유명한 SF 감독들이 모두 이 영화의 영향을 받았다고 알려져 있다.

그런데 찬사 일색의 「2001 스페이스 오디세이」를 처음 보면 자칫 따분하게 느껴질 수 있다. 끝없이 이어지는 우주 풍경이 지루하기도

하고, 스토리 역시 그다지 스펙터클하지 않기 때문이다. 하지만 이 영화의 진가를 제대로 평가하기 위해서는 이 영화가 컴퓨터 그래픽 기술이 없었던 1968년에 만들어졌다는 사실을 상기할 필요가 있다.

1969년 아카데미 우수효과상을 수상했던 「2001 스페이스 오디세이」는 과학적 개연성과 사실적인 영상을 위해 큐브릭 감독이 고집스럽게 작업했던 작품이었다. 그의 시나리오 뒤에는 SF 소설계의 전설적인 인물로 기억되는 클라크가 있었다. 런던 킹스 칼리지에서 물리학과 수학을 전공하고 이후 공군으로 복무했던 클라크는 자신의 물리학 및 수학 지식을 활용해 과학적으로 매우 개연성 있는 SF 작품들을 선보인 것으로 유명했다. 실제 그의 작품에 나온 기술들은 나중에 실용화된 경우가 많았는데, 개인용 PC, 인터넷, 검색 엔진, 스마트폰, 스마트 워치 등이 그 예에 해당한다. 소설 「2001 스페이스 오디세이」는 단편 소설 「센티널The Sentinal」(1951)을 포함하여 여러 작품들의 흥미로운 요소들을 창조적으로 활용하는, 새로운 시나리오 작업을 거쳐 만든 작품이었다.[49]

큐브릭 감독은 클라크와 공동으로 시나리오를 만든 이후에도, 나사 NASA 출신의 전문가를 기술 고문으로 영입하여 시나리오의 과학적 개연성을 높이는 데 주력하였다. 그 결과 큐브릭 감독은 컴퓨터 그래픽이 존재하지 않았던 상황에서 제작비의 반 이상을 특수 효과에 투자해 가며 마치 실제 우주를 유영하는 듯한 느낌이 들 정도로 생생한 화면을 창조해 냈다. 우주선의 디자인 역시 NASA 출신 우주선 디자이너 해리 레인지Harry Lange를 고용해 사실감을 높였던 경우였다.[50]

「2001 스페이스 오디세이」의 특수 효과 중에서도 우주비행사가 우주의 다른 시간대로 이동하는 장면은 영화의 압권 가운데 하나다. 사실 일반적으로 3차원 공간에서는 질량을 가진 물체가 빛보다 더 빠른 속도로 운동하거나 시간을 거슬러 여행하는 것이 불가능하다. 그러나 영화 말미에서 주인공을 태운 캡슐은 스타게이트stargate를 통과하면서 우주의 다른 시공간으로 이동한다. 이는 지금의 웜홀 wormhole[51] 개념에 가깝다. 아인슈타인의 상대성 이론에 의하면 중력이 작용하는 공간(중력장)은 휘어져 있고, 작용하는 중력의 세기에 따라 시간은 다르게 흐른다. 따라서 조금 더 상상을 가미하면, 특정 시간이 흐르는 휘어진 중력장의 한 지점과 다른 시간이 흐르는 휘어진 중력장의 한 지점이 가깝게 연결될 수 있어, 도저히 다다를 수 없는 먼 거리라도, 이론상으로는 단시간에 이동하는 것이 가능해진다.

문제는 그러한 시공간 이동을 시각적으로 어떻게 표현할 것인가 하는 것인데, 「2001 스페이스 오디세이」에서는 당시의 혁신적인 특

| 그림 34 | 「2001 스페이스 오디세이」 중 스타게이트 이동 화면

수 효과 촬영 기술이었던 슬릿 스캔slit scan 방식을 통해 이를 환상적으로 표현하였다. 슬릿 스캔은 이동이 가능한 가림막에 가느다란 구멍을 내고 카메라 셔터를 열어 둔 채 가림막을 빠르게 움직이면서 촬영하는 방식인데, 시험적인 이 방식을 영화에 사용함으로써 특수 효과 역사상 가장 인상적인 장면 가운데 하나가 만들어졌다.[52] 직접 보지 않고 경험하지 않은 것을 시각화하기란 쉬운 일이 아니다. 큐브릭 감독이 새로운 촬영 기법을 통해 4차원 이상의 세계를 창의적인 방식으로 표현했듯이, 보다 독특하고 창의적인 표현 방식을 고안하는 것은 이후 세대 영화감독들의 몫일 것이다.

영화 「인터스텔라」에서 그려진 5차원 테서렉트

2015년 크리스토퍼 놀란 감독은 「2001 스페이스 오디세이」를 오마주하여 영화 「인터스텔라Interstellar」를 선보였다. 놀란 감독은 보도 자료를 통해 자신의 목표가 일관된 것이었음을 밝힌 바 있다.

난 관객들이 거대한 스크린을 통해 영화 속으로 빨려 들어가길 원한다. 「인터스텔라」를 통해 훌륭한 배우들, 창의적인 제작진들과 함께 일할 수 있었다. 사실적인 장면을 만들기 위해 모두가 힘을 합쳐 열의를 가지고 작업했다. 은하계를 탐험하면서 느낄 수 있는 전율을 관객들도 함께 경험했으면 한다.[53]

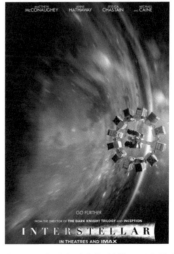

| 그림 35 | 「2001 스페이스 오디세이」와 「인터스텔라」의 포스터 역시 상당히 비슷한 구도를 취하고 있다.

놀란 감독은 자신이 무엇보다도 우주를 사실적으로 묘사하는 데 주력했고, 과학적 이론에 기반한 개연성 있는 이야기를 만들고자 노력했다고 설명했다.

놀란 감독은 무엇보다도 시나리오에 공을 기울였다. 세계적 물리학자인 킵 손Kip Thorne 교수와 함께 작업하였을 뿐만 아니라, 시나리오 작업을 맡았던 놀란 감독의 동생 조나단 놀란Jonathan Nolan 역시 영화를 위해 4년간 칼텍California Institute of Technology에서 손 교수로부터 상대성 이론과 웜홀 이론 등에 대해 배웠다. 손 박사는 인터뷰를 통해 "놀란 형제의 재능 덕분에 이야기 틀이 잡혔지만 모든 서사는 입증된 과학적 지식 내에서 전개되었으며, 인간 지식의 한계를 넘어서는 부분에 대해서는 이성적으로 추측 가능한 선에서 표현하려고 했다"고 설명했다.[54] 「인터스텔라」를 다른 SF 작품과 차별화시켰던 것은 바로 이 지점이었다. 자극적인 스토리 없이, 과학적 원리에 기반하여 블랙홀이나 웜홀 등을 형상화한 장면들은 그동안 이론적으로만 배웠거나, 대중 서적이나 언론을 통해 들어본 것들을 눈앞에 펼쳐 주었다.

그중에서도 관객들에게 특별한 흥미를 선사했던 것은 5차원 테서렉트tesseract였다. 「2001 스페이스 오디세이」에서 스타게이트 속 빛의 터널이 새로운 시공간의 이동을 가능하게 했다면, 「인터스텔라」에서는 블랙홀 속 5차원 테서렉트가 그러한 이동을 가능하게 했다. 놀란은 인터뷰에서 1963년에 출판된 매들렌 렝글Madeleine L'Engle의 소설 『시간의 주름A Wrinkle in Time』에 나오는 '5차원 테서렉트'라는 개념을 이용해 원거리 시간 여행을 고안했다고 설명했다.[55]

『시간의 주름』에서 아이들은 아버지를 찾기 위해 커다란 날개를 가진 이상한 아줌마의 안내로 5차원 공간인 테서렉트에 대해 듣게 되고, 서로간의 대화를 통해 이 개념을 이해해간다.

"알았어. 1차원은 뭐지?"

"그거야 직선 아냐."

"좋아 2차원은?"

"직선으로 정사각형을 만드는 거지. 납작한 네모는 2차원이잖아."

"그럼 3차원은?"

"2차원을 정사각형으로 만든 거고. 그러면 정사각형은 이젠 더 이상 납작하지 않게 되지. 바닥과 옆면, 윗면이 생기니까."

"그 다음 4차원은?"

"으음. 수학 용어로 말하자면 정사각형을 제곱하는 거. 하지만 앞의 것 세 가지처럼 연필을 그려 보일 수는 없어. 아인슈타인과 시간이 어떤 관련이 있다는 건 알아. 4차원은 시간이라고 부를 수 있는 건지도 모르겠어."

"맞았어"

찰스가 말했다.

"잘 아는데. 자 그렇다면 5차원은 4차원을 제곱하는 게 아닐까?"

"그러겠지."

"그러니까, 5차원은 테서렉트야. 다른 4차원에 테서렉트를 추가하면 아주 먼 길을 돌아가지 않아도 공간을 이동할 수 있게 돼. 고대 유클리드나 옛날식 평면 도형을 빌어 다시 말하자면, 직선이 두 점 사이의 최단 거리가 아니라는 거야."[56]

| 그림 36 | 「인터스텔라」에 나오는 5차원 테서렉트의 모습

　렝글은 5차원을 4차원 입방체로 보았는데, 놀란은 그러한 5차원 테서렉트를 책장이라는 아이디어를 이용하여 매우 흥미롭게 시각화하였다. 영화에서 주인공 쿠퍼는 지구로 다시 돌아가기 위해 블랙홀 중심으로 빨려 들어간 뒤 자신의 딸 머피의 방 책장 바로 뒤 5차원 테서렉트에서 과거의 딸과 교감하고자 한다. 놀란은 5차원 테서렉트를 위해 그림 34와 같이 시간 차원이 더해진 4차원 정육면체의 흐름들을 3차원의 세 방향으로, 지그재그로 결합해 5차원의 테서렉트를 창조하였다. 그런 다음 이를 영상으로 구현하기 위해 실제 세트를 만들어 쿠퍼가 있는 5차원 공간을 중심으로 4차원 테서렉트의 일부를 없애 어느 방향에서든 딸 머피의 책장이 바로 비치도록 만들었다.[57]

　그런데 이 영상을 보면서 나는 영화 「래빗홀Rabbit Hole」(2010)에 나

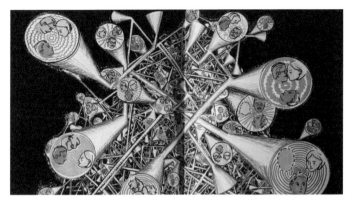

| 그림 37 | 「래빗홀」에 나오는 제이슨의 그림책 페이지

오는 제이슨의 그림책이 떠올랐다. 루이스 캐럴Lewis Carroll(1832~
1898)의 『이상한 나라의 앨리스』(1865)에서 앨리스는 토끼를 따라 가
면서 래빗홀에 빠지고, 이후 이상한 나라에 들어간다. 따라서 래빗홀
은 흔히 현실과는 다른, 복잡하고 혼란스러운 또 다른 현실로 연결되
는 개념상의 통로로 비유된다. 영화 「래빗홀」은 아이를 사고로 잃은
부모가 아픔을 극복해나가는 과정을 담은 영화인데, 왜 제목에 래빗
홀을 붙였는지는 영화에서 사고를 낸 고등학생 제이슨의 그림책이
등장하면서 이해되기 시작한다.

제이슨의 그림책에서 삶이라는 우주는 여러 차원을 지닌 모습으
로 나타난다. 즉, 시간의 차원이 끊임없이 변화하며, 각각의 현실 세
계가 복잡하게 얽히고 교차된 모습으로 나타나는 것이다. 평행우주
이론에 따르면 지금의 나는 또 다른 어딘가에 다른 시점의 나로 존재
하게 된다. 우주에서는 매 순간 선택이 주어지고, 그 두 가지 가능성
에 따라 우주가 갈라진다는 것이다.[58] 실제 제이슨의 그림책에서는

매 순간 두 개의 세계로 갈라지면서 무한한 세계가 만들어져 존재한
다. 영화에서 제이슨은 한 사람의 세계 역시 여러 차원의 세계로 이
루어져 있으며, 그런 의미에서 현재는 슬픈 버전일 뿐, 또 다른 차원
에서는 행복한 버전이 있을 수 있다고 이야기한다. 제이슨의 그림책
속 래빗홀이 정확히 몇 차원의 구조물인지는 알 수 없으나, 시간 개
념이 포함된 4차원 입방체로서의 5차원 테서렉트의 개념과 유사함
은 분명해 보인다.

우주에 대한 질료적 상상과 김윤철의 광결정

이제 우주는 20세기의 과학적 성과들과 수많은 SF 영화들을 통해 상
당히 익숙한 소재가 되었다. 그런데 경험하지 않은 것을 상상해서 시
각적으로 형상화하는 것은 여전히 어려운 작업임에 틀림없다. 수식
으로 표현되는 현대 우주론의 연구들을 시각적으로 표현하기는 매우
어려울 뿐만 아니라, 그렇게 한다고 하더라도 일정 부분 왜곡을 피할
수 없기 때문이다.

   그런데 경험하지 않은 것을 시각적 이미지로만 상상할 수 있는 것
은 아니다. 가스통 바슐라르Gaston Bachelard(1884~1962)의 주장처럼 질
료(형식을 갖출 때 일정한 것이 되게 하는 재료)의 운동을 통해 상상할 때,[59]
우리는 우주에 대해 새롭게 이해할 수 있다. 가령 특정 음식의 경우,
그 음식의 형태나 색 그리고 그것에 관해 생각할 때 떠오르는 직관
등을 통해 해당 음식이 어떤 음식인지를 이해할 수도 있겠지만, 그

음식에 들어가는 재료를 자를 때 나는 향이나 질감, 그것을 씹으면서 느끼는 맛이나 혀의 느낌, 끊이거나 튀길 때 변화되는 양상, 그것이 다른 음식이나 그릇과 어울릴 때의 느낌 혹은 그 음식이 묘사된 글이나 그것을 먹고 있는 사람의 모습 등을 통해서도 그 음식이 어떤 음식인지 알 수 있다. 마찬가지로 질료의 운동을 통해 우주를 상상할 때 우주는 우리에게 새롭게 다가올 수 있다.

「인터스텔라」를 감상하면서 화려한 이미지의 블랙홀이나 테서렉트 등에 관심이 갔던 것은 사실이지만, 영화를 보면서 그리고 보고 난 이후, 꾸준히 내 머릿속을 맴돌았던 것은 우주의 배경 이미지와 겹쳐지는 김윤철 작가의 작품들이었다. 당초 음악을 전공했던 김윤철 작가는 독일에서 바슐라르의 철학을 접하면서 질료적 상상에 대한 사유를 통해 질료에 관심을 갖기 시작했다. 이후 데카르트가 우주를 꽉 채우는 물질로 가정했던 미묘한 유체subtle fluid나 산소를 알기 전에 음의 무게를 지닌 물질이라고 여겨졌던 플로지스톤phlogiston 그리고 잃어버린 질량missing mass으로 간주되는 암흑물질dark matter 등에 대해 사유하면서 이해하기 힘든 것들이나 불가능한 것들에 대해 생각하고 상상하는 것이 새로운 철학적 사유와 예술적 감수성을 발전시킬 수 있다고 보았다. 그리고 그러한 가상의 질료들에 대해 상상하는 데는 형상이나 이미지보다는 그러한 질료가 움직이고 변화하며 상호작용하는 과정에 주목할 필요가 있다고 생각했다. 질료의 흐름을 통해 인간과 삶에 관한 다양한 상상과 사유를 은유적으로 표현하는 방식에 대해 본격적으로 고민하기 시작한 것이다.[60]

이후 김윤철 작가는 작품에서 실시간으로 변화되는 독특한 유체의 흐름을 통해 자신만의 메시지를 전달하는 데 주력하기 시작했다. 그 바탕에는 새로운 질료에 대한 추구와 그 질료의 본질 및 역동적인 운동성에 대한 관심이 자리 잡고 있었다. 질료는 변화를 통해 새로운 생명력을 얻고, 그러한 질료를 가지고 상상할 때 대상에 대한 깊이 있는 이미지가 만들어진다고 본 것이다. 이를 위해 그는 광결정photonic crystal이라는 질료와 그것의 운동에 주목했다. 그가 주로 사용하는 재료인 광결정은 전자기장에서 반응할 뿐만 아니라, 특정 파장의 빛만 회절시키거나 투과하지 못하도록 하여 특정한 색을 띠게 할 수 있는데, 김윤철 작가는 이 점을 활용하였다. 즉, 컴퓨터 알고리즘을 통해 전자기장 발생기와 자기계, 모터 그리고 공기 펌프가 실시간으로 작동되도록 하여, 전자기장의 세기나 빛의 회절 등에 따라 광결정이 만들어내는 유체 흐름의 형태와 색이 계속해서 변화하도록 한 것이다.

가령, 그는 질료로 꽉 차 있는 공간에 대해 사유하면서, 「트리엑시얼 필라스Triaxial Pillars」(2011) 같은 작품을 통해 우주 공간을 광결정의 운동을 통해 형상화하였다. 데카르트는 기계적 철학을 발전시키면서, 공간은 물질로 꽉 차 있고, 진공은 존재하지 않는다고 주장하였다. 김윤철은 바로 그러한 데카르트의 우주관에 대해 사유하는 가운데, 광결정이 꽉 찬 유리관 속에서 성운과 먼지 원반 같은 현상을 만들어냈다. 김윤철은 이러한 작품들이 우주에 대한 상상을 불러일으킬 수 있으며, 새로운 이미지를 보여줄 수도 있다고 보았다.

김윤철은 베를린에서 「트리엑시얼 필라스」와 「에펄지Effulge」(2012) 같은 작품을 선보이며 평단의 큰 호평을 이끌어냈다. 그리고 메타 물질(자연에서 발견되지 않는 특성을 갖도록 조절된 물질)의 일종인 광결정이

만들어내는 독특한 유체의 흐
름들은 전문 과학자들 사이에
서도 마치 우주의 암흑물질과
암흑에너지를 시각화한 것처
럼 보인다는 평가를 받았다.[61]

김윤철 작가의 작품이 주목
을 끌게 되면서 2012년에는
'Fluid Skies'라는 새로운 융합
프로젝트가 시작되었다. 2011
년 독일에서 열린 전시회 작
품을 관람했던 이들 중에 천

| 그림 38 | 김윤철 작가의 「트리엑시얼 필라스」

체 물리학자인 제이미 포페로-로메로Jaime E. Forero-Romero 박사와 과
학사 및 미술사가인 루치아 아얄라Lucia Ayala 박사가 있었던 것이 계
기가 되었다. 우선, 포페로-로메로 박사는 천문학자들이 태양 표면을
시뮬레이션한 것과 김윤철 작가의 작품이 유사하는 점에 착안해 다
양한 금속성 물질의 특성과 그것의 자기장 운동에 대해 관심을 기울
이기 시작했다. 마찬가지로 천문학의 역사를 통해 당시 사회에 소개
된 다양한 우주의 이미지들을 중심으로 논문을 준비하고 있었던 루
치아 아얄라 박사 역시 우주의 이미지를 새로운 방식으로 이미지화
한 김윤철 작가의 작품에 주목하였다. 서로 전공이 달랐지만, 우주의
'물질성'과 그 '이미지'라는 주제에서 공통점을 발견했던 세 사람은
2012년 의기투합해 'Fluid Skies'라는 프로젝트 팀을 만들었다.

이후 그들은 '우주의 유체적 물질성에 대한 고찰'이라는 주제로 흥

| 그림 39 | 김윤철 작가의 「에펄지」(2012)

미로운 공동 작업을 진행하였다.[62] 이들은 여러 곳에서 김윤철 작가의 작품을 전시하였고, 그와 관련된 내용을 강연하면서 예술적이고도 철학적인, 또는 과학적인 사유를 이끌어냈다. 이 팀은 과학과 인문학 그리고 예술이 어떻게 성공적으로 융합될 수 있으며, 그 결과 얼마나 흥미로운 결과물을 낳을 수 있는지를 모범적으로 보여주는 사례라 할 것이다.

김윤철은 활발한 작품 활동을 통해 2016년에는 과학과 예술의 창조적 융합에 기여한 공로로 세계적 과학연구기관인 유럽입자물리연구소CERN에서 주관하는 '콜라이드 국제상COLLIDE International Award'을

| 그림 40 |
송은 아트스페이스에 전시된
김윤철 작가의 「캐스케이드」
(2016)

수상하였다. 이를 계기로 유럽입자물리연구소에서 두 달 동안 과학자들과 교류할 수 있었는데, 그때 이전부터 구상하던 작품 「캐스케이드Cascade」를 발전시켜 나갔다.

계속된 연구를 거쳐 김윤철은 2016년 송은아트스페이스에서 「캐스케이드Cascade」(2016)를 선보였다. 이 작품의 모티브는 우주의 에어샤워air shower 현상이다. 매우 높은 에너지를 가진 우주의 입자들이 지구 대기로 날아와 대기 속의 각종 입자들과 부딪치면 충돌 과정에서 새로운 입자들이 생성된다. 이후 새로운 입자들이 다른 입자들과 부딪쳐 계속해서 새로운 입자들이 생성되면 그렇게 생성된 입자들이 폭포수처럼 흘러내리는 에어 샤워 현상이 발생한다. 김윤철은 이 현상에 착안해 9미터 높이의 벽면에 미세역학적 장치를 설치하여 투명한 유체가 천천히 미세관을 흐르도록 설계하였다. 그 결과 오른쪽 투명한 패널 아래에는 수많은 미세관 속의 유체의 흐름들과 빛의 반사 등이 어우러져 새롭게 재해석된 에어 샤워가 완성되었다. 질료의 운동을 통해 우주 현상을 재해석한 작품을 감상하며 관람객들은 우주 현상을 저만의 방식으로 상상할 수 있게 된 것이다.

경험하지 못한 것의 시각화

이제 우주는 20세기의 과학적 성과들과 수많은 SF 영화를 통해 상당히 익숙한 대상이 되었다. 그러나 광활한 미지의 우주를 모두 경험해 본 사람은 없다. 그러기에 경험하지 않은 우주를 구체화하고 시각화하는 것은 여전히 매우 어려운 작업임에 틀림없다. 더구나 우주와 관련된 현대 연구의 상당 부분은 수식이나 기호 등으로 이루어져 있다. 이미 우주론과 관련된 물리학 및 천문학의 연구가 다른 어느 과학 분야보다도 수준 높은 발전을 이루고 있는 상황에서, 전문가라 하더라도 우주를 구체적으로 시각화하는 데는 상당한 부담이 따를 것이다.

그러나 인간이 속한 우주는 여전히 호기심의 대상이며, 우주에 대한 인간의 상상은 멈추지 않을 것이다. 경험하지 못했던 우주를 시각화하려는 욕망은 새로운 도전과 성취를 낳았고, 그렇게 해서 얻어진 과학기술은 우주에 대한 새로운 이해를 가능하게 했다. 우주를 기하학적으로 상상하든, 이미지나 질료의 운동 등을 통해 상상하든, 그렇게 상상한 우주는 인간에게 새로운 우주를 열어줄 것이다.

1. 인간과 기계: 인간을 닮은 기계, 자동인형

1 김영식(1984) 83~84.
2 이 연구의 일부분이 1637년부터 다른 책에 포함되어 출판되었으나, 완전한 원본은 데카르트 사후인 1677년에야 『세계론 *Le Monde*』이라는 제목으로 출판되었다.
3 툴민(1997) 81~147; 김영식(1999) 121~122; 디어(2011) 153~190.
4 pineal이라는 이름은 고대 그리스 의학자 갈레노스가 잣과 비슷하게 생겼다고 생각해서 붙인 이름이다. 갈레노스 이후 여러 학자들이 송과선을 포함한 뇌 심실의 여러 기관들을 통해 인간의 영적이고 정신적인 작용의 원인을 설명하고자 했다. Agutter, Singh and Tubbs(2016) 583~584.
5 고대 의학자 갈레노스가 인간의 인지 기능을 담당하는 기운이라고 생각했던 정기.
6 데카르트는 자연에는 진공이 존재하지 않는다고 생각했다.
7 Lokhorst(2016).
8 흔히 철학이나 심리학 교과서에서 데카르트가 신체와 영혼의 상호작용을 위해 송과선을 선택한 이유로 그것이 동물에게는 없고 인간에게만 있기 때문이라고 설명하지만, 동물의 뇌에도 송과선이 실제 존재한다. 데카르트는 인간의 송과선만이 동물의 영의 흐름을 조정할 수 있다는 점에서 유일하다고 보았다. Finger(1995) 166~182.
9 야마모토 요시타카(2010) 127~156.

10 같은 책, 133~150.

11 학자들은 칼카르 외에도 여러 화가들이 해부도를 함께 작업했으며, 이를 칼카르가 감독했을 것으로 추측한다.

12 정은진(2012) 184~211.

13 실로 묶는 방법은 히포크라테스로까지 거슬러 올라가지만, 출혈 문제로 일반적으로 사용되지 않았었다. 파레가 지혈 도구를 고안하여 자신의 책 『외과학 10권』(1564)에 소개한 이후 일반화되었다.

14 야마모토 요시타카(1995) 174~187; Sellegren(1982) 13.

15 최초의 인공 보철물은 B.C. 1295~B.C. 664년까지 거슬러 올라간다. 현재 남아 있는 것으로는, 카이로 박물관에 전시된 미이라의 오른쪽 엄지발가락에 씌워진 나무와 가죽으로 만든 인공 발가락이 있다.

16 Choi(2007).

17 Hernigou(2013) 1195~1197; Thurston(2007) 1114~1119.

18 Zuo and Olson(2014) 44~45.

19 김영식(1984) 119~126.

20 Schultz(2002) 175~180; 페이겔(1984) 137~161.

21 Finger(1995), 179.

22 BBC(2013)

23 야마모토 요시타카(2010) 435, 466~468.

24 같은 책, 472~479.

25 같은 책, 435~445.

26 Riskin(2012) 21.

27 김영식(1984) 68~71.

28 Riskin(2012) 34~35.

29 데카르트 『인간론』의 첫 번째 절 제목이 "인체라는 기계에 대하여On the machine of the body"이며, 그는 이 책 전체에 걸쳐 인간을 줄곧 기계로 지칭하였다.

30 Descartes(1998) 107. [ ]는 지은이의 해설임.

31 Riskin(2012) 21~22.

32 Ben~Yami(2015) 93~96.

33 Riskin(2012) 21~23.

34 Provencher and Abdu(2000) 131~136.

35 게이비 우드(2004) 50~51.

36 같은 책, 51~56.

37 같은 책, 57.

38 같은 책, 57~58.

39 BBC(2013).

40 BBC(2013).

41 La Mettrie(2009) 28. [ ]는 지은이의 해설임.

42 ibid. 5.

43 ibid. 26.

44 ibid. 24~30.

45 ibid.

46 ibid. 29.

47 게이비 우드(2004) 100~107.

48 같은 책, 124~126.

49 이 시기 호프만은 『자동인형』(1814)과 『호두까기 인형』(1816)을 연이어 발표했다. 이 작품들에서는 자동인형이 주인공의 갈등의 중요한 매개로 등장한다. 최현순(2012) 223~247.

50 호프만(2008) 7~25.

51 같은 책, 97~98.

52 정윤희(2004) 365~374.

53 같은 책, 374~375.

54 호프만(2008) 111~112.

55 같은 책, 14~21.

56 전주현(2013) 245~259.

57 작은 오페라를 의미하는 이탈리아어로, 서민들이 즐길 수 있도록 가볍고 재미있는 주제로 구성되는 경우가 많았다.

58 황승경(2014) 140~141.

59 미국판의 제목은 Edison's Eve, 유럽판의 제목은 Living Doll이다.

60 Henneman(2007).

61 ibid.

62 게이비 우드(2004) 256~261.

63 같은 책, 261.

64 같은 책, 284~288.

65 같은 책, 245~249.

66 같은 책, 277~281.

67 같은 책, 282.

68 『위고 카브레』의 배경은 프랑스이지만, 영화 「휴고」는 미국에서 제작되어 '위고'

대신 '휴고'로 번역되었다.

69 전승민(2014) 52~59.

70 같은 책, 270~272.

2. 생명과 마음의 자리: 프랑켄슈타인과 생명 창조의 비밀

1 프랑켄슈타인 박사가 창조한 생명체는 원작에서 he, monster, creature, murderer, devil 등의 여러 가지 이름으로 불린다.

2 메리 셸리(2013) 167~170.

3 같은 책, 267; 271.

4 같은 책, 267~270.

5 메리 셸리(2002) 339.

6 같은 책, 11.

7 핸킨스(2011) 99~105.

8 Stewart(1999) 133~153.

9 https://www.princeton.edu/~his291/Electric_Boy.html

10 Dumont and Cole(2014) 418~419.

11 핸킨스(2011) 112~114.

12 Dumont and Cole(2014) 419~420; 핸킨스(2011) 106~109.

13 Ramey and Rollin(2010) 45.

14 Frize(2013) 77~79.

15 Bernardi(2008) 103~108.

16 Piccolino(1998) 383~385.

17 ibid. 385~387.

18 Bernardi(2008) 101~102.

19 Piccolino(1998) 387~390.

20 츠바이크(2000) 48; 단턴(2016) 28~33; 237~238.

21 츠바이크(2000) 70~80.

22 메즈머가 맹인 피아니스트 파라디스Maria-Theresa Paradis를 치료한 사건에 대해서는 츠바이크(2000) 70~80에 잘 설명되어 있다.

23 단턴(2016) 85~97.

24 같은 책, 94.

25 같은 책, 103~105.

26 Piccolino(1998) 387~388.

27 ibid. 388~390.

28 ibid. 390~402.

29 Bolwig and Fink(2009) 16~17.

30 Morus(2009) 268~270.

31 Berg(2008) 99~103.

32 Ragona(2011) 26~47.

33 Mudry and Mills(2013) 447.

34 ibid. 448~452.

35 Finger and Law(1998) 161~180.

36 Tarlow(2016) 216~217.

37 ibid. 217.

38 Mellor(1987) 300~302.

39 메리 셸리(2013) 63.

40 Mellor(1987) 305.

41 윤효녕, 최문규, 고갑희(1997) 146~148; 메리 셸리(2013) 52~53.

42 메리 셸리(2013) 56~57.

43 Smith(2007) 47~48.

44 리차드 브린슬리 피케Richard Brinsley Peake의 「추정Presumption: or the Fate of Frankenstein(1823)이 최초의 작품이다.

45 Rohrmoser(2005) 17~20.

46 영화에서 처음 괴물에게 사용하려던 완벽한 뇌는 조수의 실수로 범죄자의 비정상적인 뇌로 뒤바뀐다.

47 메리 셸리(2013) 258~261.

48 Söderfeldt(2013) 1935~1958.

49 Konstantinov(2009) 453~458; Langer(2011) 1221~1222; Weir(2004) 4~5.

50 화이트는 2001년에 원숭이 머리 이식 수술을 다시 시도해 성공하였다.

51 Naish(2016).

52 연합뉴스(2016.1.22) goo.gl/4vGzFj

3. 현실로부터의 도피: 유토피아를 통해 본 현실

1 피터 힐레스는 실제 모어의 친구이고, 라파엘은 포르투갈 출신의 탐험가로 나오는 가상의 인물이다.

2 모어(2012) 36~37.

3 같은 책 37~43.

4 같은 책, 71.

5 같은 책, 39~40.

6 같은 책, 72~75.

7 같은 책, 59~65.

8 김혜정(2010) 12~17.

9 Kruyfhooft(1981) 10~12; 14.

10 ibid. 12~14.

11 마크 트웨인의 본명은 새뮤얼 랭혼 클레먼스Samuel Langhorne Clemens이다.

12 실제 마크 트웨인은 이 소설을 네 딸들에게 헌정한 바 있다.

13 마크 트웨인(2012) 150.

14 같은 책, 111.

15 같은 책, 109.

16 같은 책, 247.

17 영국의 의복법은 1363년에 처음 국법으로 제정되었고, 『왕자와 거지』의 배경이 되는 1547년까지 1463년, 1483년, 1510년, 1514년, 1515년, 1533년에 걸쳐 내용이 더해졌다. 즉, 헨리 8세 시대에 의복법이 가장 엄격했다고 볼 수 있다.

18 김민제(2007) 109~139.

19 주경철(2014) 215~245.

20 원제는 *Of the Proficience and Advancement of Learning, Divine and Human*.

21 '기관'은 지식 발견을 위한 일종의 새로운 방법을 의미한다.

22 김영식(1999) 108~113.

23 베이컨(2002) 49~50; 72.

24 같은 책, 86~88.

25 같은 책, 72~86.

26 김영식(1999) 110~114.

27 같은 책, 130~132.

28 같은 책, 132~134.

29 김영식(1984) 139~142.

30 스위프트(2003) 289~298.

31 당시에는 이론 과학에 해당하는 물리학이나 우주론 등이 '자연철학Natural Philosophy' 으로 분류되었다.

32 현대에 배우는 뉴턴의 『프린키피아』는 미적분학과 대수학의 언어로 기술되어 있지 만, 뉴턴은 기하학을 사용했다. 특히 행성의 궤도가 타원, 포물선 등인 탓에 어려운 원뿔곡선의 기하학을 사용했다. 뉴턴이 썼던 기하학적 방식으로 『프린키피아』를 읽 기 위해서는 안상현 지음, 『뉴턴의 프린키피아』(동아시아, 2015)를 참조.

33 김영식(1999) 152~154.

34 Turner(2003) 521~525; Stewart(1999) 133~153; Stewart(1998) 259~294; Fissell and Cooter(2003) 134~139.

35 Hall(2002) 166~167.

36 스위프트(2003) 323.

37 같은 책, 329~335.

38 같은 책, 335.

39 볼테르(2010) 10~13; 38.

4. 실험의 사회적 구성: 역사적이고, 사회적인

1 김영식(1999) 63~64.

2 갈릴레오(1996) 200~201.

3 Naylor(1974) 105~134.

4 Segre(1980) 227~252; Hill(1988) 646~668; Naylor(1990) 695~707.

5 MacLachlan(1973) 374~379.

6 갈릴레오(1996) 89.

7 김영식(1984) 166.

8 야마모토 요시타카(2010) 244~250.

9 김영식(1984) 71~75.

10 Anstey(2014) 111~112.

11 Schaffer and Shapin(1985) 24.

12 Anstey(2014) 106.

13 ibid. 110~115.

14 Kisby(2004) http://www.bbk.ac.uk/boyle/teachers_area/keystage3/lesson07.pdf

15 Schaffer and Shapin(1985) 167~168.

16 ibid. 45~46; 107~109; 145.

17 ibid. 59~60.

18 ibid. 55~58.

19 ibid. 60~65.

20 ibid. 115~117.

21 ibid. 90~91.

22 ibid. 91.

23 원제는 『리바이어던, 혹은 교회 및 세속적 공동체의 질료의 형상 및 권력』이다.

24 홉스(2009) 176~177.

25 같은 책, 177.

26 리바이어던의 권두 삽화에 대해서는 케스팅(2006) 41~46을 참조.

27 출판 당시 리바이어던을 상징하는 군주의 얼굴이 크롬웰과 찰스 1세를 닮아 두 사람 중 누구를 그렸는지를 놓고 논란이 벌어지기도 했다. 홉스는 이를 두고 리바이어던이 두 사람의 모습을 혼합한 모습이기를 바랬다고 이야기하기도 했다.

28 이영의(2002) 128~132.

29 케스팅(2006) 48~74.

30 Schaffer and Shapin(1985) 72~76.

31 ibid. 112~115.

32 이영의(2002) 129.

33 김용환(2005) 24.

34 Anstey(2014) 123~124.

35 이 시기 수학적 전통과 실험적 전통의 결합을 살펴보기 위해서는 김영식 편(1982; 1996)에 실린 쿤의 「물리과학의 성립에 있어서 수학적 전통과 실험적 전통」 185~219를 참조.

36 제이콥(1998) 336~337.

37 같은 책 337~338.

38 같은 책 334~337.

5. 과학기술이 바꾼 사회: 기술로 바뀐 도시의 풍경

1 Lewis(2005) 6~8.

2 Rose(1940) 273~275.

3 Encyclopedia Britannica.

4 The Lewis Walpole Library.

5 Foley(2013) 21~23.

6 쉬벨부쉬(1999) 38.

7 National Railway Museum.

8 Jones(2007) 13.

9 쉬벨부쉬(1999) 73.

10 Lemon 외(1845) 163.

11 Soppelsa(2009) 147~150.

12 Ostergaard(2011).

13 PBS(2003).

14 Sandweiss

15 피시만(2000) 164~173.

16 같은 책, 174~199; O'Connell(2013) 41~50; 69~74; Hill(2013) 110~112.

17 Seiler(2008) 36.

18 ibid. 36~67.

19 PBS(2001).

20 PBS(2001); Solomon(2015) 140~152.

21 쿠르트 뫼저(2007) 102.

22 위너(1995) 54~55.

23 Ballon and Jackson(2007) 127~128.

24 Ibata(2008) 359~362; Dominiczak(2012) 800~802.

6. 기술에 대한 두려움: 극심하거나, 혹은 막연하거나

1 세그레(1994) 12~16.

2 이재구(2010)

3 세그레(1994) 21~28.

4 같은 책, 16~21.

5 같은 책, 29~45.

6 같은 책, 52~67.

7 같은 책, 114~120.

8 김영식(1999) 276~280.

9 이렌느 졸리오~퀴리Irène Joliot-Curie(1897~1956)와 장 프레데릭 졸리오~퀴리Jean

Frédéric Joliot~Curie(1900~1958).

10 김영식(1999) 339.

11 버드·셔윈(2010) 312; 김영식(2005) 339~340.

12 버드·셔윈(2010) 312; 김영식(2005) 340~341.

13 Sweet(2002) 20~21.

14 강유나(2005) 39~61.

15 BBC(2002)

16 버드·셔윈(2010) 451~464.

17 Walker(1990) 56.

18 Sweet(2002) 20.

19 ibid. 23~24.

20 Seitz(2002).

21 버드·셔윈(2010) 455~456.

22 Sweet(2002) 23~24.

23 버드·셔윈(2010) 456.

24 Niels Bohr Archive(2002).

25 버드·셔윈(2010) 481~485.

26 같은 책, 481~485.

27 텔러는 현실에서도 실제로 실라르드의 탄원서를 들고 오펜하이머를 방문하였다.
    그러나 실라르드에게 보낸 1945년 7월 2일자 회신에서는 실라르드의 의견을 비판
    하며 원자폭탄을 사용해야 한다고 주장하였다.

28 버드·셔윈(2010) 487~536.

29 같은 책, 546~556.

30 같은 책, 582~583.

31 같은 책, 687~699.

32 같은 책, 747~803.

33 같은 책, 817~903.

34 오제명(2006) 183~185.

35 같은 책, 185~191.

36 Webb(2009) 45~49.

37 Wright(2015) 14~45.

38 ibid. 6~9.

39 ibid. 30~34.

40 Boyer(1994) 84~89.

41 Wright(2015) 41~45.; Loader, Rafferty and Rafferty(1982).

42 Loader, Rafferty and Rafferty(1982).

43 ibid.

44 Atomic Heritage Foundation.

45 Jacobs(2010) 20~22.; Boyer(1994) 90.

46 Boyer(1994) 90~91.

47 Jacobs(2010) 22~27.

48 ibid. 27~28.

49 ibid. 34~38.

50 ibid. 12~14.

51 ibid. 23.

52 Loader, Rafferty and Rafferty(1982).

53 Jacobs(2010) 102~106.

54 Jacobs(2010) 65~68; Wright(2015) 35~37.

55 Rearden(2001) 153~157.

56 Szasz and Takechi(2007) 732~735.

57 ibid. 735.

58 그레시·와인버그(2004) 56~58.

59 같은 책, 58~60.

60 같은 책, 119~120.

61 Marvel Comics(1963).

62 영화의 캐릭터들은 대부분 「적색 경보」의 인물들과 동일한데, 스트레인지러브 박사
    는 영화에서 만든 독창적인 캐릭터다.

63 이 영화의 부제는 '나는 어떻게 걱정을 멈추고 그 폭탄을 사랑하게 되었는가How I
    Learned to Stop Worrying and Love the Bomb'이다.

64 Paul Boyer(1994) 361~362.

65 한혜원·장세연(2015) 149~157.

66 Schmid(2013) 2~5.

7. 인간이 맞닥뜨린 우주: 달로 가는 방법

1 김영식(1999) 22~26.

2 Lucian(1913).

3 브루노(2000) 21~33.

4 원제는 『꿈 혹은 달의 천문학*Somnium sive astronomia lunaris*』이다.

5 원제는 The Man in the Moone or the Discovrse of a Voyage thither by Domingo Gonsales.

6 고장원(2008) 115~116.

7 『꿈』에서 두라코투스가 브라헤의 제자로 들어가고 나중에 새로운 달의 천문학을 발견하게 된다는 점 등으로 인해 『꿈』은 케플러의 자전적 소설로 읽히기도 했다. 이로 인해 케플러의 어머니 카타리나가 소설에서 마녀인 두라코투스의 어머니와 연결되면서 실제 마녀로 몰려 큰 고초를 겪었다. 케플러는 후에 소설의 내용을 해명하는 방대한 주석을 달았고, 사후 출판된 『꿈』에는 주석이 함께 실렸다.

8 최애영(2015) 526~527.

9 당시 유럽에 마녀 사냥이 성행하고 있었음을 감안하면, 주술을 통해 달까지 날아간다는 방식이 당시로서는 현실적인 방안이었을 수도 있다.

10 Rosen(1967) 11~29.

11 Louro(2014) 2~3.

12 ibid. 3~4.

13 ibid. 5~6.

14 Kotar and Gessler(2011) 9~10.

15 ibid. 11.

16 ibid. 11~12.

17 ibid. 13~14.

18 ibid. 12; 15.

19 ibid. 17.

20 ibid. 19.

21 Kim(2004) 151.

22 Kotar and Gessler(2011) 28~29.

23 Kim(2004) 151.

24 Alexander(1996) 513; Lynn(2015) 112~113.

25 포(2015) 36~37.

26 같은 책, 52.

27 Martinez(2011) 6~31.

28 포(2015) 54~56.

29 같은 책, 201~218.

30 베른(2006) 42~43.

31 같은 책, 43.

32 같은 책, 45.

33 같은 책, 200~204.

34 베른(2009).

35 베른(2006) 333.

36 우드(2004) 257~277.

37 이 부분은 웰스의 책과 다르다. 웰스의 책에서는 일행 세 사람 중 한 사람만 달의 지
    하 왕국으로 끌려가 그곳 생활을 경험한다. 지구로 귀환할 때도 한 사람만 돌아온다.

38 웰스(2012).

39 수상 부문은 다음과 같다. Video of the Year, Best Direction in a Video, Best Special
    Effects in a Video, Best Art Direction in a Video, Best Cinematography in a Video,
    and Breakthrough Video.

40 Savage(2011)

41 실제 이름은 데이빗 로버트 존스David Robert Jones이다.

42 한양대학교 과학철학교육위원회(2004) 585~604.

43 베른(2006) 188~189; 192.

44 클라크(1999) 346~351.

45 같은 책, 182~183.

46 Olanoff(2015).

8. 인간이 상상한 우주: 경험하지 못한 것의 시각화

1   원준식(2014) 189~192.

2   로이드(1996) 108~110.

3   김영식(1999) 22~23.

4   로이드(1996) 122~139.

5   김영식(1984) 21~31; 디어(2011) 42~47.

6   김운찬(2005) 77~81.

7   같은 책, 82~86.

8   같은 책, 87~89.

9   같은 책, 26; 72.

10 디어(2011) 47~50; 67~68.

11 같은 책, 68~72.; 김영식(1999) 70~72.

12 같은 책, 81~87.

13 코페르니쿠스(1998) 12~13.

14 디어(2011) 47~49.

15 퍼거슨(2004) 68~70.

16 같은 책, 175~176.

17 디어(2011) 144~147.; 퍼거슨(2004) 244~236.; 조송현(2013) 163~165.

18 디어(2011) 147~148.

19 같은 책, 148.

20 같은 책, 409~415.

21 갈릴레오(2009) 75~86.

22 켐프(2012) 60~61.

23 켐프(2012) 60~63; 홍성욱(2012) 103~107.

24 홍성욱(2012) 108.

25 빛의 종류에 따라 유리의 굴절률이 달라지면서 망원경의 상 주위에 색이 번져 흐릿한 상이 생기는 현상.

26 갈릴레오(2009) 153; 켐프(2012) 59.

27 Field and James(1993) 97~110.

28 ibid. 110~116.

29 디어(2011) 166~168; 180~182.

30 Schimank(1967) 32.

31 Wallace(1998) 293~299.

32 Steinicke(2010) 14~28; 실링·크리스텐센(2009) 20~21.

33 실링·크리스텐센(2009) 23~25; Steinicke(2010) 109~111; Nasim(2013) 87~90.

34 Nasim(2013) 100~118.

35 ibid. 118~121.; 배로(2008) 37~40.

36 Gillespie(2012) 241~254.

37 Hirshfeld(2004) 38; Hughes(2012) 326~337.

38 Ré 5.

39 실링·크리스텐센(2009) 67.

40 Corbin(2007) 352~354.

41 Hirshfeld(2004) 38.

42 Nasim(2013).

43 Corbin(2007) 354~355.

44 배로(2008) 87~90.

45 실링·크리스텐센(2009) 27~70.

46 Gendler(2009) 18~19.

47 실링·크리스텐센(2009) 68~70.

48 켐프(2012) 76~81.

49 클라크(2004) 13~15.

50 Frayling(2014) 20~22.

51 쉽게 말해 다른 시공간의 세계를 연결하는 지름길이라 할 수 있다.

52 Ryu(2007) 98.

53 워너 브러더스 코리아(2014).

54 워너 브러더스 코리아(2014).

55 Burr(2014).

56 렝글(2001) 105~106.

57 Jobson(2015).

58 피코버(2003) 140~144.

59 이지훈(2004) 66~80.

60 Ayala(2013) 105~113.

61 홍성욱(2014) 321.

62 홍성욱(2014) 320.

갈릴레오 갈릴레이 지음, 앨버트 반 헬덴 번역 해설, 장헌영 옮김, 『시데레우스 눈치우스
　　: 갈릴레이의 천문노트』(승산, 2004)

갈릴레오 갈릴레이 지음, 이무현 옮김, 『새로운 두 과학』(서울: 민음사, 1996)

강유나, "Copenhagen-새로운 질문, 오래된 대답", 『현대영미드라마』 18(3) (2005), pp.
　　39-61.

게이비 우드 지음, 김정주 옮김, 『살아 있는 인형』(이제이북스, 2004)

고베르트 실링, 라르스 크리스텐센 지음, 2009 세계 천문의 해 한국 조직 위원회 옮김,
　　『하늘을 보는 눈: 갈릴레오 망원경에서 우주 망원경까지 천문학 혁명 400년의
　　역사』(사이언스북스, 2009)

고장원, 『세계과학소설사』(채륜, 2008)

공임순, "원자탄과 스파이, 전후 세계상의 두 표상: 보이지 않는 중심과 관리(통제)되는
　　양심,내면의 지도", 『민족문학사연구』 48(0) (2012), pp. 242-277.

김민제, "영국 헨리 8세 시대 의복에 관한 사회적 인식—1510년대를 중심으로", 『영국
　　연구』 17 (2007), pp. 109-139.

김영식, 『과학혁명: 근대과학의 출현과 그 배경』(민음사, 1984)

김영식, 임경순, 『과학사신론』(다산출판사, 1999)

김용환 지음, 『리바이어던: 국가라는 이름의 괴물』(살림출판사, 2005)

김운찬, 『신곡 : 읽기의 즐거움 : 저승에서 이승을 바라보다』(살림, 2005)

김준성, "과학기술에서 공학 윤리적 분석과 의사결정: 우주 왕복선 챌린저호의 참사를

중심으로", 한양대학교 과학철학교육위원회 편,『이공계 학생을 위한 과학기술의 철학적 이해』(한양대학교 출판부, 2004)

김혜정, "최초로 세계지도첩을 발간한 오르텔리우스",『본질과 현상』20 (2010), pp. 12-17.

노혜옥, "E. T. A. 호프만의「모래요정」에 나타난 자동인형 모티브 고찰",『헤세연구』24 (2010), pp.119-136

니콜라우스 코페르니쿠스 지음, 민영기, 최원재 옮김,『천체의 회전에 관하여』(서해문집, 1998)

랜던 위너, "기술은 정치를 가지는가", 송성수 편역,『우리에게 기술이란 무엇인가』(녹두, 1995), pp. 51-67.

로버트 단턴 지음, 김지혜 옮김,『혁명 전야의 최면술사: 메스머주의와 프랑스 계몽주의의 종말』(알마, 2016)

로버트 피시만 지음, 박영한·구동회 옮김,『부르주아 유토피아: 교외의 사회사』(한울, 2000)

로이드, G. E. R. 지음, 이광래 옮김,『그리스 과학사상사 : 탈레스에서 아리스토텔레스까지』(지성의 샘, 1996)

로이스 그레시, 로버트 와인버그,『슈퍼영웅의 과학』(한승, 2004)

마거릿 제이콥, "기독교와 뉴턴적 세계관", 데이비드 C. 린드버그, 로널드 L. 넘버스 편집, 이정배·박우석 옮김,『신과 자연: 기독교와 과학, 그 만남의 역사』상 (이화여대 출판부, 1998), pp.

마크 트웨인 지음, 남문희 옮김,『왕자와 거지: 모든 시대의 젊은 사람들을 위한 이야기』(북큐브네트웍스, 2012)

마틴 켐프 지음, 오숙은 옮김,『보이는 것과 보이지 않는 것』, (을유문화사, 2010)

매들렌 렝글 지음, 최순희 옮김,『시간의 주름』(문학과지성사, 2001)

메리 셸리 지음, 서민아 옮김,『프랑켄슈타인』(인디북, 2003)

메리 셸리 지음, 한애경 옮김,『프랑켄슈타인』(을유문화사, 2013)

박민수, "근대 유럽의 "섬-유토피아" 문학과 시민적 사회이상 (1)-고중세의 섬-이상향과 르네상스의 섬-유토피아",『비교문학』62 (2014), pp.109-132.

볼테르 지음, 이병애 옮김,『미크로메가스 캉디드 혹은 낙관주의』(문학동네, 2010)

볼프강 쉬벨부쉬 지음, 박진희 옮김.『철도여행의 역사: 철도는 시간과 공간을 어떻게 변화시켰는가』(궁리, 1999)

볼프강 케스팅 지음, 전지선 옮김,『홉스』(인간사랑, 2006)

브라이언 셀즈닉 지음, 이은정 옮김,『위고 카브레: 자동인형을 깨워라』(뜰북, 2012)

브래들리 C. 에드워즈 & 필립 라가 지음, 이태식 옮김,『스페이스 엘리베이터로 떠나

　　는 우주여행』(동명사, 2012)

서민우, "말의 정치, 사물의 정치: 조너던 스위프트의 "과학" 비판과 근대성", 『18세기
　　영문학』7(2) (2010), pp. 1-41.

슈테판 츠바이크 지음, 안인희 옮김, 『정신의 탐험가들』(푸른숲, 2000)

스티븐 툴민 지음, 이종흡 옮김, 『코스모폴리스』(경남대학교출판부, 1997)

아닐리르 세르칸 지음, 홍성민 옮김. 『우주 엘리베이터』(월북, 2009)

아서 C. 클라크 지음, 정영목 옮김, 『낙원의 샘』(시공사, 1999)

아서 C. 클라크 지음, 『2001 스페이스 오디세이 : 아서 C. 클라크 장편소설』(황금가지,
　　2004)

야마모토 요시타카 지음, 남윤호 옮김, 『16세기 문화혁명』(동아시아, 2010)

에드가 앨런 포 지음, 바른번역 옮김, "풍선 장난", 『환상 편 : 한스 팔의 환상 모험 외』
　　(코너스톤, 2015), pp. 201-218.

에드가 앨런 포 지음, 바른번역 옮김, "한스 팔의 환상 모험" 『에드가 앨런 포 소설 전집-
　　환상편』(코너스톤, 2015), pp. 9-58.

에드워드 그랜트 지음, 홍성욱,김영식 옮김, 『중세의 과학』(지만지, 2014)

에른스트 호프만 지음, 권준혁 옮김, 『모래 사나이』(지만지, 1816, 2011)

에미리오 세그레 지음, 박병소 옮김, 『X-선에서 쿼크까지』(교통신문출판국, 1994)

엘리자베스 L. 아이젠슈타인 지음, 전영표 옮김, 『근대 유럽의 인쇄 미디어 혁명』(커뮤
　　니케이션스북스, 2008)

여인석, "라메트리의 인간기계론과 뇌의 문제", 『의철학연구』7 (2009), pp. 81-98.

여인석, "기계론에서 행복론으로-라메트리의 기계론과 생명, 죽음, 그리고 행복", 『의철
　　학연구』18 (2014), pp.33-51

연합뉴스(2016) http://www.yonhapnews.co.kr/bulletin/2016/01/22/0200000000A
　　KR20160122080700083.HTML

오제명, "키파르트의 기록극: 『J. 로버트 오펜하이머 사건』연구", 『인문학지』32 (2006),
　　pp. 181-202.

워너 브러더스 코리아, "보도자료: 인터스텔라" (2014)

원준식, "근대 과학혁명과 천구의 음악", 『미학 예술학 연구』41 (2014), pp. 185-212.

월터 페이겔 지음, 김미경 옮김, "하아비의 피 순환의 목적", 『역사속의 과학』(민음사,
　　1984), pp. 137-161.

윤효녕·최문규·고갑희 지음, 『19세기 자연과학과 자연관』(서울대출판부, 1997)

이영의, "세이핀의 사회구성주의에 대한 비판적 고찰", 『과학기술학연구』2(2) (2010),
　　pp. 123-143.

이재구, "그것은 에디슨전구에서 시작됐다", ZDNet Korea (2010)

이지훈,『예술과 연금술: 바슐라르에 관한 깊고 느린 몽상』(창작과비평사, 2004)

이화용, "토마스 모어의 세계—시대를 넘어선 16세기 사상가",『인문학연구』46 (2012), pp. 225-249.

장정희, "소설『프랑켄슈타인』과 영화 〈메리 셸리의 프랑켄슈타인〉—괴물과 서술",『문학과영상』3(2) (2002), pp. 167-190.

장정희,『프랑켄슈타인』(살림, 2004)

전승민,『휴보이즘: 나는 대한민국 로봇 휴보다』(MID 엠아이디, 2014)

전주현, "아서 생 레옹의「코펠리아Coppelia」에 내재된 현대적 예술특성 연구",『대한무용학회논문집』71(6) (2013), pp. 245-259.

정윤희, ""자동인형" 모티브에 나타난 여성성, 에로틱, 테크놀로지",『독일언어문학』25 (2004), pp.357-378.

정은진, "해부학이 미술을 만날 때- 안드레아스 베살리우스의『인체의 구조에 대하여』", 미술사학보 6 (2012), pp. 184-211.

조가영, "에.떼.아 호프만 문학의 발레화 과정에서 나타난 자동인형 모티브 연구",『대한무용학회논문집』71(2) (2013), pp.195-211.

조나단 스위프트 지음, 류경희 옮김,『걸리버 여행기』(미래사, 2003)

조르다노 브루노 지음, 강영계 옮김.『무한자와 우주와 세계 ; 원인과 원리와 일자』(한길사, 2000)

조송현,『우주관 오디세이 : 피타고라스·플라톤에서 아인슈타인·보어까지』(국제신문, 2013)

조영란, "라메트리의「인간기계론」에 나타난 심신이론과 18세기 생물학",『한국과학사학회지』13(2) (1991), pp. 139-154.

존 D. 배로 지음, 노태복 옮김,『우주, 진화하는 미술관 : 이미지로 보는 우주와 과학의 역사』(21세기북스, 2011)

주경철, "『말레우스 말레피카룸』의 악마와 마녀, 마술 개념",『서양사연구』51 (2014), pp.215-245

쥘 베른 지음, 김석희 옮김,『지구에서 달까지』(열림원, 2008)

쥘 베른 지음, 김석희 옮김,『달나라 탐험』(열림원, 2009)

질 메네갈도 편집, 이영목 옮김,『프랑켄슈타인』(이룸, 2004)

최애영, "17세기 프랑스 '근대인'의 공간적 상상력에 관한 연구- 케플러의『꿈』과 시라노 드 베르주라크의『다른 세계』를 통하여",『프랑스문화예술연구』53 (2015), pp. 515-557.

카를로 M. 치폴라 지음, 최파일 옮김,『시계와 문명 : 1300~1700년, 유럽의 시계는 역사를 어떻게 바꾸었는가』(미지북스, 2013)

카이 버드, 마틴 셔윈 지음, 최형섭 옮김, 『아메리칸 프로메테우스』 (사이언스북스, 2010)

쿠르트 뫼저 지음, 김태희, 추금환 옮김, 『자동차의 역사 : 시간과 공간을 바꿔놓은 120년의 이동혁명』 (뿌리와이파리, 2007)

클리퍼드 피코버 지음, 이충호 옮김, 『하이퍼스페이스』 (에피소드, 2003)

키티 퍼거슨 지음, 이충 옮김, 『티코와 케플러』 (오상, 2004)

토머스 모어 지음, 전경자 옮김, 『유토피아』, (열린책들, 2012)

토마스 S. 쿤 지음, 김미경·김영식 옮김, "물리과학의 성립에 있어서 수학적 전통과 실험적 전통", 김영식 편집, 『역사속의 과학』 (창작과 비평사, 1982, 1996), pp. 185-219.

토머스 핸킨스 지음, 양유성 옮김, 『과학과 계몽주의: 빛의 18세기, 과학혁명의 완성』 (글항아리, 2011)

토머스 홉스 지음, 최공웅 최진원 옮김, 『리바이어던』 (동서문화사, 2009)

프랜시스 베이컨 지음, 김종갑 옮김, 『새로운 아틀란티스』 (에코리브르, 2002)

피터 디어 지음, 정원 옮김 『과학혁명: 유럽의 지식과 야망, 1500-1700』 (뿌리와이파리, 2011)

한혜원, 장세연, "포스트 아포칼립스 게임의 플레이어 정체성 연구", 『한국컴퓨터게임학회논문지』 28(4) (2015), pp. 149-157.

홍성욱 지음, 『그림으로 보는 과학의 숨은 역사 : 과학혁명, 인간의 역사, 이미지의 비밀』 (책세상, 2012)

홍성욱, "김윤철의 〈에펄지Effulge〉와 과학—예술의 접점", 『과학기술학연구』 12 (2014), pp. 319-325.

황승경, "오페라 "호프만이야기", 『한국논단』 296(0) (2014), pp.138-145.

허버트 조지 웰스 지음, 엄진 옮김, 『달의 첫 방문자』 (페가나, 2012)

Aguiar, Marian, "Making Modernity: Inside the Technological Space of the Railway", *Cultural Critique* 68(1) (2008), pp. 66-85.

Agutter, Paul S. & Singh, Rajani & Tubbs, R. Shane, "History of the pineal gland", *Child's Nervous System* 32(4) (2016), pp. 583-586

Alessandro, Sperati G., "Volta and First Attempts at Electrotherapy of Deafness", *Acta Otorhinolaryngol Ital* 19(4) (1999), pp. 239-243.

Anstey, Peter R., "Philosophy of Experiment in Early Modern England: The Case of Bacon, Boyle and Hooke", *Early Science and Medicine* 19(2) (2014), pp.103-132.

Atomic Heritage Foundation, "Operation Plumbbob—1957" http://www.atomicheritage. org/history/operation-plumbbob-1957

Ayala, Lucia ed., *Yunchul Kim: Carved Air* (Argobooks, 2013)

Ballon, Hilary and Jackson, Kenneth T. eds., *Robert Moses and the Modern City: the Transformation of New York* (New York: W. W. Norton, 2007)

BBC, 「Copenhagen」 (2002)

BBC(documentary), 〈Mechanical Marvels: Clockwork Dreams〉 (2013)

Beaumont, Matthew and Freeman, Michael J., *The Railway and Modernity: Time, Space, and the Machine Ensemble* (Bern: Peter Lang, 2007)

Ben-Chaim, Michael, *Experimental Philosophy and the Birth of Empirical Science: Boyle, Locke and Newton* (Aldershot, Hampshire, England: Ashgate, 2004)

Ben-Yami, Hanoch, *Descartes' Philosophical Revolution: A Reassessment* (Springer, 2015)

Berg, Hermann, "Johann Wilhelm Ritter—The Founder of Scientific Electrochemistry", *Review of Polarography* 54(2) (2008), pp.99-103.

Bernardi, Walter, "The Controversy on Animal Electricity in Eighteenth-Century Italy: Galvani, Volta and Others", *Revue d'histoire des Sciences* 54(1) (2001), pp. 53-70

Bolwig, G. Tom and Fink, G., Max, "Electrotherapy for Melancholia: The Pioneering Contributions of Benjamin Franklin and Giovanni Aldini", *The Journal of ECT* 25(1) (2009), pp. 15-18.

Boyer, Paul, *By the Bomb's Early Light: American Thought and Culture at the Dawn of the Atomic Age* (New York, Pantheon Books, 1985)

Burr, Ty, "'Interstellar' is Ambitious, for Better and for Worse", *Boston Globe* (2014) https://www.bostonglobe.com/arts/movies/2014/11/04/interstellar-ambitious-for-better-and-for-worse/FQqxcvw51VymDZpjl9HcnI/story.html

Cecile Kruyfhooft, "A recent discovery: Utopia by Abraham Ortelius," *The Map Collector* 16 (1981), pp. 10-14.

Cho, Adrian, "Letters Aver Physicist Supported Nazi Bomb", *American Association for the Advancement of Science* 295(5558) (2002), pp. 1210-1211.

Choi, Charles Q., "World's First Prosthetic: Egyptian Mummy's Fake Toe" Live Science(2007) http://www.livescience.com/4555-world-prosthetic-egyptian-mummy-fake-toe.html

Corbin, Brenda G., "Etienne Leopold Trouvelot (1827-1895), the Artist and Astronomer", *ASP Conference Series* 377 (2007), pp. 352-360.

Dear, Peter, "Miracles, Experiment and the Ordinary course of Nature", *Isis* 81 (1990), pp. 663-683.

Dear, Peter, *Discipline and Experience: The Mathematical Way in the Scientific Revolution*

(Chicago : University of Chicago Press, 2009)

Descartes, René, Gaukroger, Stephen tr., *The World and Other Writings* (Cambridge University Press, 1998)

Dominiczak, Marek H., "On Storms, Ships, and Railways. J.M.W. Turner", *Clinical Chemistry* 58(4) (2012), pp. 800-802.

Dumont, Quentin and Cole, Richard B., "Jean-Antoine Nollet: The Father of Experimental Electrospray", *Mass Spectrometry Reviews* 33(6) (2014), pp. 418-423.

Encyclopædia Britannica, "Nicolas-Joseph Cugnot: French Engineer".

Ferenc M. Szasz, "Atomic Comics: The Comic Book Industry Confronts the Nuclear Age,", Zeman, Scott C. and Amundsen, Michael A. eds. *Atomic Culture: How We Learned to Stop Worrying and Love the Bomb* (Boulder: University Press of Colorado, 2004), pp. 11-33.

Field J. V. and James. Frank A.J.L. ed., *Renaissance and Revolution: Humanists, Scholars, Craftsmen & Natural Philosophers in Early Modern Europe* (Cambridge: Cambridge University Press, 1993)

Finger, S. and Law, MB, "Karl August Weinhold and His "Science" in the Era of Mary Shelley's Frankenstein: Experiments on Electricity and the Restoration of Life", *J Hist Med Allied Sci.* 53(2) (1998), pp. 161-180.

Finger, Stanley, "Descartes and the pineal gland in animals: A frequent misinterpretation", *Journal of the History of the Neurosciences* 4(3-4) (1995), pp. 166-182.

Fissell, Mary and Cooter, Roger, "Exploring Natural Knwoledge: Science and the Popular", Porter ed., *The Cambridge History of Science* (Cambridge University Press, 2003), pp. 134-139.

Foley, Michael, *Britain's Railway Disasters: Fatal Accidents From the 1830s to the Present Day* (Pen and Sword, 2013)

Frayling, Christopher, "The Creation of 2001: A Space Odyssey", *Sight and Sound* 24(12) (2004), pp.18-24.

Frize, Monique, *Laura Bassi and Science in 18th Century Europe* (Springer, 2013)

Gale E. Christianson, "Science Fiction Studies" http://www.depauw.edu/sfs/backissues/8/christianson8art.htm

Gallagher, Leigh, ⌜The End of the Suburbs: Where the American Dream Is Moving⌟ (2013)

Gallen, Ulrich Schmid, St., "Post-Apocalypse, Intermediality and Social Distrust in Russian Pop Culture", *Russian Analytical Digest* 126 (2013), pp. 2-5.

Gendler, Robert, *Capturing the Stars: Astrophotography by the Masters* (Voyageur Press, 2009)

Gillespie, Sarah Kate, "John William Draper and the Reception of Early Scientific Photography", *History of Photography* 36(3) (2012), pp. 241-254.

Graham, JM. "From Frogs' Legs to Pieds-noirs and Beyond: Some Aspects of Cochlear Implantation", *J Laryngol Otol* 117(9) (2003), pp. 675-685.

Henneman, Heidi, "BRIAN SELZNICK: Every Picture Tells a Story in Selznick's "Invention"", *BookPage* (2007) https://bookpage.com/interviews/8398-brian-selznick#.WADpLfmLTmg

Hernigou, Philippe, "Ambroise Paré IV: The Early History of Artificial Limbs (from Robotic to Prostheses)", *International Orthopaedics* 37(6) (2013), pp. 1195-1197.

Hill, David K., "Dissecting Trajectories: Galileo's Early Experimens on Projectile Motion and the Law of fall", *Isis* 79 (1988), pp. 646-668

Hill, Jeffrey, "Review of Working-Class Suburb: Social Change on an English Council Estate, 1930-2010", *Sport in History* 33:1 (2013), pp. 110-112,

Hirshfeld, Alan W., "Picturing the Heavens: The Rise of Celestial Photography in the 19th Century", *Sky and Telescope* 107(4) (2004), pp. 36-42.

Hughes, Stefan, *Catchers of the Light: The Forgotten Lives of the Men and Women Who First Photographed the Heavens* (ArtDeCiel Publishing, 2012)

Ibata, Hélène, "M. W. Turner and the Dynamics of Perspective", *European Romantic Review* 19(4) (2008), pp. 351-363.

Jacobs, Robert A., *The Dragon's Tail: Americans Face the Atomic Age* (Amherst, MA: University of. Massachusetts Press, 2010)

Jobson, Christopher, "The Visually Stunning 'Tesseract' Scene in Interstellar was Filmed on a Physically Constructed Set", *Colossal* (2015) http://www.thisiscolossal.com/2015/06/interstellar-tesseract-set/

Jones, Katy, "The View from the Viaduct: The Impact of Railways upon Images of English Provincial Towns, 1830-1857", Crone, Rosalind; Gange, David; Jones, Katy eds., *New Perspectives in British Cultural History* (Cambridge Scholars Publishing, 2007)

Kepler, Johannes; Rosen, Edward, tr., *Somnium: the Dream, or Posthumous Work on Lunar Astronomy* (Dover Publications, 1967, 2003)

Kim, Mi Gyung, "Balloon Mania: News in the Air", *Endeavour* 28(4) (2004), pp. 149-155.

Konstantinov, Igor E., "At the Cutting Edge of the Impossible: A Tribute to Vladimir P. Demikhov", *Texas Heart Institute journal* 36(5) (2009), pp.453-458.

Kotar, S. L.; Gessler J. E., *Ballooning: A History, 1782-1900* (Jefferson, N.C.: McFarland, 2011)

La Mettrie, Julien Offray de, *Man—Machine* (2009) http://www.earlymoderntexts.com/assets/pdfs/lamettrie1748.pdf

Langer, R. M., "Vladimir P. Demikhov, a Pioneer of Organ Transplantation", *Transplantation Proceedings* 43(4) (2011), pp. 1221-1222.

Lewis, Adrian "Turner, Whistler, Monet: Lineage and its Function", *The Art Book* 12(1) (2005), pp. 6-8.

Loader, Jayne; Rafferty, Kevin; Rafferty, Pierce, ⌜The Atomic Cafe⌟ (1982)

Lokhorst, Gert-Jan, "Descartes and the Pineal Gland", *The Stanford Encyclopedia of Philosophy* (Summer 2016 Edition), Edward N. Zalta (ed.), URL=⟨http://plato.stanford.edu/archives/sum2016/entries/pineal-gland/⟩

Louro, Francisco Videira, "Father Bartholomeu Lourenço de Gusmão: a Charlatan or the First Practical Pioneer of Aeronautics in History", *Aerospace Sciences Meeting* (2014)

Lucian of Samosata, A. M. Harmon tr., *A True Story* (1913) http://sacred-texts.com/cla/luc/true/index.htm

Lynn, Michael R., *The Sublime Invention: Ballooning in Europe, 1783-1820* (Routledge, 2015)

MacLachlan, James, "A Test of an 'Imaginary' Experiment of Galileo's", *Isis* 64 (1973), pp. 374-379.

Marshall, Tim, *Murdering to Dissect: Grave-robbing, Frankenstein and the Anatomy* (Manchester: Manchester University Press, 1995)

Martinez, Carlo, "E. A. Poe's "Hans Pfaall" the Penny Press, and the Autonomy of the Literary Field", *The Edgar Allan Poe Review* 12(1) (2011), pp. 6-31.

Mellor, Anne K., "Frankenstein: A Feminist Critique of Science", George Lewis Levine, Alan Rauch eds., *One Culture: Essays in Science and Literature* (Madison: University of Wisconsin Press, 1987), pp. 287-312.

Morus, Iwan Rhys, "Radicals, Romantics and Electrical Showmen: Placing Galvanism at the end of the English Enlightenment", *Notes and Records of the Royal Society* 63(3) (2009), pp. 263-275.

Mudry, Albert and Mills, Mara, "The Early History of the Cochlear Implant A

Retrospective", *JAMA Otolaryngology-Head & Neck Surgery* 139(5) (2013), pp. 446-453.

Naish John, "The Real-Life Doctor Frankenstein Plotting Human HEAD Transplants: Controversial Neurosurgeon Wants to Give Paralysed Patient a New Body", *Mail Online* (2016) http://www.dailymail.co.uk/news/article-3412928/The-real-life-Doctor-Frankenstein-plotting-human-HEAD-transplants-Controversial-neurosurgeon-wants-paralysed-patient-new-body.html

Nasim, Omar W., *Observing by Hand: Sketching the Nebulae in the Nineteenth Century* (Chicago; London: University of Chicago Press, 2013)

National Railway Museum, "The Artist's Eye 500 Years of Visual Representation" http://www.nrm.org.uk/railwaystories/railwayarticles/theartistseye

Naylor, Ronald H., "Galileo and the problem of Free Fall", *British Journal of the History of Science* 7 (1974), pp. 105-134.

Naylor, Ronald H., "Galileo's Method of Analysis and Synthesis", *Isis* 81 (1990), pp. 695-707.

Niels Bohr Archive, "Release of Documents Relating to 1941 Bohr-Heisenberg Meeting: Documents Released 6 February 2002", http://langues.lgl.lu/Documents/080707_Copenhagen_2B/Bohr-Heisenberg_Draft_letters.pdf

O'Connell, James C., *The Hub's Metropolis: Greater Boston's Development From Railroad Suburbs to Smart Growth* (The MIT Press, 2013)

Ogilvie, Brian W., *The Science of Describing: Natural History in Renaissance Europe* (Chicago: University of Chicago Press, 2008)

Olanoff, Drew, "Company Awarded Patent For 'Space Elevator'", *TechCrunch* (2015) https://techcrunch.com/2015/08/18/company-awarded-patent-for-space-elevator/

Ostergaard, Tyler E., "Monsters in the Fog: The Critical Reaction to the Railroad as Subject Matter in Manet, Monet and Caillebotte's Paintings of the Gare Saint-Lazare and Pont de l'Europe", *European Studies Conference Selected Proceedings* (2011) http://www.unomaha.edu/esc/2011Proceedings/OstergaardPaper.pdf

PBS, 「Transcontinental Railroad」 (2003)

PBS, 「Streamliners: America's Lost Trains」 (2014)

Piccolino, Marco, "Animal Electricity and the Birth of Electrophysiology: The Legacy of Luigi Galvani", *Brain Research Bulletin* 46(5) (1998), pp. 381-407.

Provencher, M T and Abdu, W A, "Giovanni Alfonso Borelli: "Father of Spinal

Biomechanics"", *Spine*, 25(1) (2000), pp.131-136

Ramey, David W. and Rollin, Bernard E., *Complementary and Alternative Veterinary Medicine Considered: An Appraisal* (Wiley-Blackwell, 2010)

Ré, Pedro, "History of Astrophotography" http://www.astrosurf.com/re/history_astrophotography_timeline.pdf

Rearden, Steven L., "Reassessing the Gaither Report's Role", *Diplomatic History* 25(1) (2001), pp. 153-157.

Richardson, Ruth, Death, *Dissection and the Destitute: The Politics of the Corpse in Pre-Victorian Britain* (Routledge, 1987)

Riskin, Jessica, "The Defecating Duck, or, the Ambiguous Origins of Artificial Life", *Critical Inquiry* 29(4) (2003), pp. 599-633

Riskin, Jessica, "Machines in the Garden," *Republics of Letters* 1(2) (2010), 16-43

Rohrmoser, A,, "It Lives! Early Theatre and Film Adaptation", Smith ed., *Frankenstein* (2005), pp. 17-20, https://www.cwu.edu/theatre/sites/cts.cwu.edu.theatre/files/documents/Sourcebook.pdf

Rose, Ernst, "The Fighting Temeraire", *Germanic Review* 15 (1940), p. 273.

Ryu, Jae Hyung, *Reality & Effect: A Cultural History of Visual Effects* (Georgia State University dissertation, 2007) http://scholarworks.gsu.edu/cgi/viewcontent.cgi?article=1012&context=communication_diss

Sandweiss, Martha A., "John Gast, American Progress, 1872", *American Social History Productions*. http://picturinghistory.gc.cuny.edu/john-gast-american-progress-1872/

Savage, Sophia, "Cannes 2011: Méliès's Fully Restored A Trip To The Moon in Color To Screen Fest's Opening Night", *IndieWire* (2011) http://www.indiewire.com/2011/05/cannes-2011-meliess-fully-restored-a-trip-to-the-moon-in-color-to-screen-fests-opening-night-185510/

Schaffer, Simon and Shapin, Steven, *Leviathan and the Air-pump: Hobbes, Boyle, and the Experimental Life* (Princeton, N.J.: Princeton University Press, 1985)

Schimank, Hans, "Traits of Ancient Natural Philosophy in Otto von Guericke's World Outlook", Organon 4 (1967), pp. 27-37.

Schultz, Stanley G., "William Harvey and the Circulation of the Blood: The Birth of a Scientific Revolution and Modern Physiology", *News Physiol Sci* 17(5) (2002), pp. 175-180.

Segre, Michael, "The Role of Experiment in Galileo's Physics", *Archive for History of Exact*

Sciences 23 (1980), pp. 227-252.

Seiler, Cotten, *Republic of Drivers: A Cultural History of Automobility in America* (2008)

Seitz, Frederick, "Letters Reveal New Insights Into the Bohr-Heisenberg Meeting", *APS News* 11(8) (2002), p. 5.

Sellegren, Kim R., "An Early History of Lower Limb Amputations and Prostheses", *Iowa Orthop* J. 2 (1982), pp. 13-27.

Sellers, Vanessa Bezemer, "Gardens of Western Europe, 1600-1800", *Heilbrunn Timeline of Art History* (http://www.metmuseum.org/toah/hd/gard_1/hd_gard_1.htm)

Shapiro, Alan E., "Newtons "Experimental Philosophy"", *Early Science and Medicine* 9(3) (2004), pp. 185-217.

Shoja. Mohammadali M. & Hoepfner. Lauren D. & Agutter Paul S., Singh, Rajani, Tubbs, R. Shane, "History of the pineal gland", *Child's Nervous System* 32(4) (2016), pp. 583-586.

Smith, C. U. M., "A Strand of Vermicelli: Dr Darwin's Part in the Creation of Frankenstein's Monster", *Interdisciplinary Science Reviews* 32(1) (2007), pp. 45-53.

Söderfeldt, Ylva, "The Galvanic Treatment of Deafnes: Jean-Baptiste Vincent Labordes and the Trials at the Berlin Royal Deaf-Mute Asylum in 1802", *European Archives of Oto-Rhino-Laryngology* 270(6) (2013), pp.1953-1958.

Solomon, Brian, *Streamliners: Locomotives and Trains in the Age of Speed and Style* (Voyageur Press, 2015)

Soppelsa, Peter S., *The Fragility of Modernity: Infrastructure and Everyday Life in Paris, 1870-1914* (University of Michigan; Ph.D. Dissertation, 2009)

Steinicke, Wolfgang, *Observing and Cataloguing Nebulae and Star Clusters: From Herschel to Dreyer's New General Catalogue* (New York: Cambridge University Press, 2010)

Stewart, Larry, "A Meaning for Machines: Modernity, Utility, and the Eighteenth-Century British Public", *Journal of Modern History* 70 (1998), pp. 259-294.

Stewart, Larry, "Other Centers of Calculation, or where Royal Society didn't Count: Commerce, Coffee house and Natural Philosophy in Early Modern London", *British Journal for the History of Science* 32(2) (1999), pp. 133-153.

Szasz, Ferenc and Takechi, Issei, "Atomic Heroes andAtomic Monsters: American and Japanese Cartoonists Confront the Onset of the Nuclear Age, 1945-80", *Historian* 69(4) (2007), pp. 728-752.

Tarlow, Sarah, "Curious Afterlives: the Enduring Appeal of the Criminal corpse",

Mortality 21(3) (2016), pp. 210-228.

The Archive for Research in Archetypal Symbolism, "American Progress by John Gast", https://aras.org/sites/default/files/docs/00043AmericanProgress_0.pdf

The Lewis Walpole Library, "The Flight of Intellect : Portrait of Mr. Golightly Experimenting on Mess. Quick & Speed's New Patent, High Pressure Steam Riding Rocket"(1830) http://images.library.yale.edu/walpoleweb/oneITEM.asp?pid=lwlpr13447&iid=lwlpr13447

Thurston, Alan J., "Paré and Prosthetics: The Early History of Artificial Limbs", *ANZ Journal of Surgery* 77(12) (2007), pp. 1114-1119

Turner, "Eighteenth-Century Scientific Instruments and Their Makers", Roy Porter ed., *The Cambridge History of Science: Eighteenth-Century Science* 4 (Cambridge University Press, 2003), pp. 521-525.

Walker, Mark, "Heisenberg, Goudsmit and the German Atomic Bomb", *Physics Today* 43(1) (1990), pp. 52-60.

Wallace, Alfred Russel, *Man's Place in the Universe: A Study of the Results of Scientific Research in Relation to the Unity or Plurality of Worlds* (New York: McClure, Phillips & co., 1903) http://people.wku.edu/charles.smith/wallace/S728-1.htm

Webb, George E.; Mariner, Rosemary B.; Piehler, G. Kurt eds., *The Atomic Bomb and American Society: New Perspectives* (Knoxville: University of Tennessee Press, 2009)

Weir, Kirsten, "Getting a Head", *Current Science* 90(7) (2004), pp. 4-5.

William, Sweet, "The Bohr's Letters: No More Uncertainty", *Bulletin of the Atomic Scientists* 58(3) (2002), pp. 20-27.

Wright, Daniel P., *Duck and Cover: How Print Media, the U.S. Government, and Entertainment Culture Formed America's Understanding of the Atom Bomb* (Wright State University MA dissertation, 2015)

Zuo, Kevin J and Olson, Jaret L, "The Evolution of Functional Hand Replacement: From Iron Prostheses to Hand Transplantation", *Plast Surg(Oakv)* 22(1) (2014), pp. 44-45.

438

욕망과 상상의 과학사
인간, 사회, 과학기술, 우주

1판 1쇄 펴냄 ㅣ 2016년 11월 28일

지은이 ㅣ 조수남
발행인 ㅣ 김병준
편집장 ㅣ 김진형
디자인 ㅣ 정계수(표지) · 박애영(본문)
발행처 ㅣ 생각의힘

등록 ㅣ 2011. 10. 27. 제406-2011-000127호
주소 ㅣ 경기도 파주시 회동길 37-42 파주출판도시
전화 ㅣ 031-955-1653
전자우편 ㅣ tpbook1@tpbook.co.kr
홈페이지 ㅣ www.tpbook.co.kr

공급처 ㅣ 자유아카데미
전화 ㅣ 031-955-1321
팩스 ㅣ 031-955-1322
홈페이지 ㅣ www.freeaca.com

ISBN 979-11-85585-30-7 03400

이 도서의 국립중앙도서관 출판시도서목록(CIP)은
서지정보유통지원시스템 홈페이지(http://seoji.nl.go.kr)와
국가자료공동목록시스템(http://www.nl.go.kr/kolisnet)에서
이용하실 수 있습니다.(CIP제어번호: CIP2016027285)

이 책은 한국출판문화산업진흥원 2016년 우수출판콘텐츠 제작 지원 사업 선정작입니다.